Hellmuth Wolf

Nachrichtenübertragung

Eine Einführung in die Theorie

Springer-Verlag
Berlin Heidelberg New York 1974

Dr.-Ing. HELLMUTH WOLF

o. Professor, Leiter des Institutes für Nachrichtensysteme
der Universität Karlsruhe

Mit insgesamt 55 Abbildungen

ISBN-13: 978-3-540-06359-9   e-ISBN-13: 978-3-642-65649-1
DOI: 10.1007/978-3-642-65649-1

Offsetdruck und Einband: Julius Beltz oHG, Hemsbach

Vorwort

Der vorliegende Hochschultext entspricht meiner Vorlesung "Einführung in die Nachrichtenübertragung", die ich für Elektrotechniker im sechsten Semester an der Universität Karlsruhe halte. Er wendet sich an Studenten und Ingenieure der Elektrotechnik und benachbarter Fachgebiete.

Unter einer Einführung in die Nachrichtenübertragung kann man Verschiedenes verstehen. Eine Möglichkeit ist z.B. die Aufzählung und Beschreibung einer Vielzahl existierender Nachrichtensysteme einschließlich der apparativen Ausführung und der Funktionsweise ihrer Teilsysteme. Eine andere Möglichkeit ist die Darstellung der theoretischen
Grundlagen und der Prinzipien der Nachrichtenübertragung, die weitgehend allen Nachrichtensystemen gemeinsam sind, notwendigerweise unter Verzicht auf praktische Details. Für eine Grundlagenvorlesung dürfte die zweite Möglichkeit vorzuziehen sein,
und dieser Text ist ein Versuch in dieser Richtung. Ein Versuch schon deswegen, weil
es im gegebenen Rahmen kaum möglich ist, die Theorie schlechthin darzustellen. Es
muß vielmehr eine Auswahl getroffen werden, die einen Überblick über einige der wichtigsten Aspekte dieses Gebietes gibt, Verständnis für die Grundprobleme vermittelt
und den Zugang zu weiterführendem Studium eröffnet.

Die Theorie der Nachrichtenübertragung besteht zu einem großen Teil aus Signal- und
Systemtheorie, also aus der mathematischen Beschreibung der Signale und ihres Durchgangs durch Nachrichtensysteme, d.h. ihrer Übertragung über verzerrende und gestörte
Kanäle. Der vorliegende Text behandelt die Probleme vorwiegend unter dem Aspekt
"Signal und Störung"; es stehen also nicht die Signalverzerrungen im Vordergrund,
sondern der Einfluß der Störungen in Gestalt additiven Rauschens. Diese Betrachtungsweise erfordert eine "gleichberechtigte" Behandlung zufälliger und determinierter Signale.

Der genannten Zielsetzung entspricht auch die Einteilung des Buches. In einem einführenden Kapitel werden zunächst einige Beispiele für Nachrichtensysteme und die
wichtigsten *Aufgaben und Probleme* der Nachrichtenübertragung vorgestellt. Dann folgt
ein Kapitel über *Signale*, in dem die mathematische Beschreibung zufälliger und determinierter Signale sowie der Zusammenhang zwischen beiden Arten behandelt wird.

Das geschieht hauptsächlich mit den Mitteln der erweiterten und der eigentlichen harmonischen Analyse, d.h. durch Anwendung der Fourier-Transformation auf schwach stationäre Zufallsprozesse (Autokorrelationsfunktion und Leistungsdichte) bzw. auf determinierte Funktionen (Zeitfunktion und Frequenzfunktion). Das anschließende Kapitel behandelt *Systeme* und deren Übertragungseigenschaften. Aus den Gesetzen der Fourier-Transformation ergeben sich wichtige Grundgesetze der Nachrichtentechnik (Zeit-Bandbreite-Produkt, Abtasttheoreme). Die Diskussion der Übertragung sowohl determinierter als auch zufälliger Signale führt ansatzweise auf die Grundprobleme der statistischen Nachrichtentheorie, nämlich optimale Signalerkennung und Signalschätzung. Das Kapitel über *Modulation* beschränkt sich auf die Behandlung der Modulationsverfahren mit Sinusträger. Mit Hilfe einer geeigneten mathematischen Beschreibung determinierter und zufälliger Bandpaßsignale werden die Verfahren vornehmlich im Hinblick auf ihre Störanfälligkeit erörtert und miteinander verglichen. Das Kapitel über *Information* schließlich vermittelt elementare Begriffe aus der Informationstheorie und behandelt hauptsächlich die Frage nach der Meßbarkeit eines Nachrichtenflusses und nach der Übertragungsfähigkeit (Kapazität) gestörter Nachrichtenkanäle. Als Beispiel für die technische Anwendung dieser grundlegenden Zusammenhänge wird abschließend die Nachrichtenübertragung mit Pulscodemodulation besprochen.

Vorausgesetzt werden, neben allgemeinem elektrotechnischem und mathematischem Grundwissen, die wichtigsten Grundkenntnisse aus der Theorie linearer Systeme. Die zum Verständnis erforderlichen mathematischen Grundlagen erstrecken sich hauptsächlich auf die Wahrscheinlichkeitsrechnung und die Fourier-Transformation. Da sie bei dem bisherigen Ausbildungsstand der Studenten nicht in vollem Umfang vorausgesetzt, jedoch auch nicht erschöpfend vermittelt werden können, sind sie in Form gedrängter Abrisse und Tabellen möglichst übersichtlich zusammengestellt worden. Für sich allein dürfte diese Kurzdarstellung sicher zu knapp, bei einigen Vorkenntnissen jedoch ausreichend und vor allem für die Anwendung geeignet sein.

Die zeitliche Beschränkung, der jede Vorlesung unterliegt, erfordert auch im übrigen Teil des Textes eine knappe und gedrängte Darstellung, die auf strenge Beweise weitgehend verzichten muß und die als Kompromiß zwischen Lehrbuch und Nachschlagewerk aufgefaßt werden kann. Angestrebt werden klare Gliederung, sinnvolle Reihenfolge, plausible Erklärungen und anschauliche Beispiele. Übersichten und Tabellen, zahlreiche Gleichungshinweise, Zusammenfassungen im Text und am Ende der Kapitel, ein ausführliches Sachverzeichnis sowie ein Verzeichnis der Tabellen und der Beispiele sollen dem Überblick dienen und die Anwendung und das Nachschlagen erleichtern.

Für kritische Durchsicht und Hilfe bei den Korrekturen danke ich den Herren Dr.-Ing. *Günter Dieterich* und Dr.-Ing. *Kristian Kroschel*. Herrn Dieterich verdanke ich auch Vorschläge zur Darstellung des Abschnittes über die Winkelmodulation. Für Anregungen und Kritik bin ich auch weiteren Mitarbeitern dankbar: Herrn Dipl-Ing. *Karl Hayo Siemsen* als Betreuer der Vorlesung und den Herren Dipl.-Ing. *Peter Erdmann* und Dipl.-Ing. *Josef Rinder* sowie zahlreichen Studenten, die sich mit einem Teil dieses Textes als Basistext im Rahmen eines von der Stiftung Volkswagenwerk geförderten didaktischen Versuches auseinanderzusetzen hatten.

Karlsruhe, im September 1973

Hellmuth Wolf

Inhaltsverzeichnis

Tabellen

Beispiele

1. Aufgaben und Probleme der Nachrichtenübertragung

Die elektrische Nachrichtentechnik befaßt sich mit dem Problem der Übermittlung einer vorliegenden Nachricht an einen beliebig weit entfernten Ort. Die Nachricht kann aus Sprache, Schrift, Daten, Musik, Bildern oder anderen "Ereignissen" bestehen. Die technischen Einrichtungen zur Übertragung einer Nachricht stellen ein *Nachrichtensystem* dar, und es ist Aufgabe der Nachrichtentechnik, diese Systeme für einen gewünschten Zweck nach vorgegebenen Gütekriterien mit möglichst geringem Aufwand zu entwerfen und zu realisieren. Eine allgemeine Lösung dieser Aufgabe ist nicht möglich, da ein Nachrichtensystem wegen seiner Komplexität nicht exakt theoretisch beschreibbar ist. Die Theorie basiert vielmehr auf einem *Modell*, das sich mathematisch beschreiben läßt und das oft eine grobe Vereinfachung der Wirklichkeit ist, jedoch die gesuchten Eigenschaften mit hinreichender Genauigkeit wiedergibt. Die Entwicklung eines geeigneten Modells ist ein wesentlicher Teil der Theorie, und seine Eignung kann stets nur durch Vergleich mit der Wirklichkeit beurteilt werden.

1.1 Modell eines Nachrichtensystems

Wegen der Vielfalt existierender oder möglicher Nachrichtensysteme ist ein universelles Modell nicht angebbar. Entweder paßt es für alle Zwecke, ist dann aber so abstrakt, daß es kaum einen Nutzen hat. Oder es ist hinreichend detailliert, dann aber nur für bestimmte Systeme anwendbar. Das in Tab.1.1 angegebene Schema möge ein Kompromiß zwischen diesen beiden Fällen sein und einer ersten Orientierung dienen.

Die von der Nachrichtenquelle stammende Nachricht wird von einem Wandler in ein elektrisches *Signal* x(t) umgeformt. Dies geschieht z.B. bei Sprache und Musik durch ein Mikrofon, bei Schrift durch eine Fernschreibmaschine, bei Bildern durch eine Fernsehkamera. Das Signal x(t) ist damit zum *Träger der Nachricht* geworden.

Das aus dem Wandler kommende Signal x(t), oft auch primäres Signal genannt, eignet sich selten zur direkten Übertragung über einen gegebenen Kanal. Es ist Aufgabe des Senders, aus x(t) ein für die Übertragung geeignetes Signal s(t) zu erzeugen, das die Nachricht ebenso enthält wie x(t). Dieser Vorgang kann, je nach Aufgabenstellung,

Tabelle 1.1 Modell eines Nachrichtensystems mit Beispielen

	Nachrichtenquelle, Wandler	x(t)	(Multiplex) Sender	s(t)	Störquelle n(t) → Kanal	r(t)	(Multiplex) Empfänger	y(t)	Wandler, Nachrichtensenke
Fernsprechen	Sprache Mikrofon	analog	Modulation/Multiplex		NF-Kabel TF-Kabel Richtfunk	s(t) gestört	Selektion Demodulation	x(t) gestört	Telefon Ohr
Fernschreiben	Schrift FS-Masch.	digital	Modulation/Multiplex		Fernschreibleitung	s(t) gestört	Selektion Demodulation	x(t) gestört	FS-Masch. Auge
Datenübertragung	Datenquelle	digital	Codewandler Modulation		Datenleitung	s(t) gestört	Demod. Fehler-Korrektur	x(t) gestört	Datensenke
Rundfunk	Ton Mikrofon	analog	Modulation		drahtlos	s(t) gestört	Selektion Demodulation	x(t) gestört	Lautsprecher Ohr
Fernsehen	Bild Kamera	analog	Modulation		drahtlos	s(t) gestört	Selektion Demodulation	x(t) gestört	Bildröhre Auge
PCM	beliebig	analog	Zeitmultiplex Abtaster Quant./Codierer	digital	beliebig ggf. Mod./Demod.	s(t) gestört	Regenerator Decod./Filter Zeitselektion	x(t) gestört	beliebig
Signalerkennung	Zufallsereignis m aus $\{m_i\}$		Zuordnung von Zeitfunktion	s(t) aus $\{s_i(t)\}$	beliebig	s(t) gestört	optimale Entscheidung	Schätzwerte $\hat{s}$ $\hat{m}$	
Signalschätzung	beliebig			analog	beliebig	s(t) gestört	optimale Schätzung $\hat{s}(t)$ (oder Parameter) Interpolation, Prädiktion		

sehr kompliziert sein, so daß man bei s(t) von sekundärem, tertiärem usw. Signal sprechen kann. Außer der Umwandlung und Anpassung des Signals an den Übertragungskanal kann der Sender auch noch die Aufgabe haben, mehrere primäre Signale so zusammenzufassen, daß sie als Bündel über einen einzigen Kanal übertragen und am Empfangsort wieder voneinander getrennt werden können. Dieses Verfahren nennt man Vielfach- oder *Multiplexbetrieb*.

Das vom Sender abgegebene Signal s(t) durchläuft den Kanal, wobei es in der Regel sowohl *verzerrt* als auch geschwächt und durch *Störsignale* n(t) zusätzlich beeinflußt wird. Das den Empfänger erreichende Signal r(t) ist damit gegenüber s(t) mehr oder weniger verstümmelt.

Der Empfänger verstärkt das Signal r(t), trennt es im Fall von Multiplexbetrieb in Einzelsignale auf und macht die vom Sender vorgenommene Signalumwandlung wieder rückgängig. Am Ausgang des Empfängers tritt ein primäres Signal y(t) auf, das gegenüber dem ursprünglichen Signal x(t) *gestört* ist.

Über entsprechende Wandler kann die Nachricht der Nachrichtensenke zugeführt werden. Dies geschieht z.B. bei Sprache und Musik durch Lautsprecher, bei Schrift durch eine Fernschreibmaschine, bei Bildern durch eine Fernsehbildröhre. Entsprechend den gestörten Signalen r(t) und y(t) ist die empfangene Nachricht ebenfalls gestört oder verstümmelt.

1.2 Beispiele für Nachrichtensysteme

Zu dem besprochenen Modell sind in Tab.1.1 einige Beispiele angeführt. Eine **gewisse** Willkür sowie starke Vereinfachungen sind dabei unvermeidlich. Die Tabelle soll daher auch nur dem Überblick und der Einführung einiger Begriffe dienen. Die ersten fünf Zeilen betreffen die großen öffentlichen Nachrichtennetze, nämlich das *Fernsprechen*, *Fernschreiben*, die *Datenübertragung* sowie *Rundfunk* und *Fernsehen*. Die sechste Zeile stellt ein Übertragungsverfahren dar, das prinzipiell für beliebige Nachrichten geeignet ist und *Pulscodemodulation* (PCM) genannt wird. Die beiden letzten Zeilen betreffen zwei wichtige Probleme der sog. statistischen Nachrichtentheorie, nämlich die *Signalerkennung* und die *Signalschätzung*. Die Beispiele werden im folgenden kurz besprochen.

Beim *Fernsprechen* muß das analoge Sprachsignal x(t) ("analoge" und "digitale" Signale vgl. Abschnitt 2.1) übertragen werden. Damit die Sprache noch gut verständlich bleibt, ist hierzu ein Frequenzband von 300 Hz bis 3400 Hz erforderlich. Im einfachsten Fall wird das Signal direkt über Niederfrequenzkabel (NF) übertragen, im Ortsverkehr ohne und im Weitverkehr mit Verstärkung. Viele Übertragungskanäle sind jedoch durch ein einziges Gespräch bei weitem nicht ausgenützt oder für die Übertragung in der ursprünglichen Frequenzlage überhaupt nicht geeignet. In diesen Fällen wendet man die *Trägerfrequenztechnik* (TF) an. Hauptaufgabe des Senders ist dabei die Modulation oder Frequenzumsetzung, bei der das Sprachsignal in einer mehrstufigen Aufbereitung in eine höhere Frequenzlage gebracht wird. Wählt man für verschiedene Sprachsignale jeweils verschiedene benachbarte Frequenzlagen, so lassen sich viele Gespräche als Bündel gleichzeitig über einen einzigen Übertragungskanal leiten. Auf diese Weise überträgt man bis zu 2700 Gespräche über ein TF-Kabel im Bereich von 60 kHz bis ca. 12,3 MHz und plant noch stärkere Bündel von bis zu rund 10000 Geprächen im Bereich von ca. 3 bis 60 MHz. Nach weiteren Modulationsvorgängen überträgt man solche Bündel auch über Richtfunkstrecken im Bereich von ca. 7 GHz oder ca. 11 GHz. Die Trägerfrequenztechnik ist ein typisches Beispiel für einen Multiplexbetrieb, und zwar spricht man hier von *Frequenzmultiplex*, weil bei der Trennung oder Selektion der Signale im Empfänger ihre Frequenzlage als Kriterium dient. Neben dieser Frequenz-Selektion besorgt der Empfänger auch noch die Demodulation, d.h. die Umsetzung der Signale in ihre ursprüngliche Frequenzlage. Die Modulation dient also, wie bei den meisten Nachrichtensystemen, einem doppelten Zweck, nämlich der Frequenzumsetzung und der Mehrfachausnützung.

Beim *Fernschreiben* muß das von der Fernschreibmaschine gelieferte digitale Signal x(t) übertragen werden. Es ist ein binäres Signal, also eine rechteckförmige Schwingung mit nur zwei Amplitudenwerten, wobei die Wechsel von einem Wert zum anderen einen Mindestabstand von 20 msec haben. Damit beträgt die sog. Fernschreibgeschwindigkeit 50 Binärzeichen/sec oder 50 Baud. Das Signal x(t) beansprucht zu seiner Übertragung lediglich ein Frequenzband von 0 bis 40 Hz, so daß eine Leitung bei Direktübertragung noch schlechter ausgenützt wird als beim Fernsprechen. Man wendet deswegen auch hier Modulation und Frequenzmultiplex an und überträgt die Signale entweder über ein eigenes Fernschreibnetz oder über Fernsprechleitungen. Man bringt ein Bündel von 24 Fernschreibsignalen im Frequenzbereich von 300 bis 3400 Hz unter. Damit hat dieses Bündel den gleichen Frequenzbereich wie ein Sprachsignal und kann über eine beliebige Fernsprechleitung einschließlich Richtfunkverbindung wie ein einziges Gespräch übertragen werden.

Bei der *Datenübertragung* müssen prinzipiell gleiche digitale Signale übertragen werden wie beim Fernschreiben, jedoch mit zwei wichtigen Unterschieden. Erstens sind die Daten i.a. empfindlicher gegen Störungen, da sie aus Zahlen bestehen (Rechenergebnisse, Buchungen usw.), die nicht verfälscht werden dürfen. Ein verfälschtes Fernschreibzeichen dagegen läßt sich meist aus dem Sinn des übermittelten Textes rekonstruieren. Zweitens strebt man zur raschen Übermittlung großer Datenmengen eine höhere Übertragungsgeschwindigkeit als beim Fernschreiben an. Deswegen benützt man für die Datenübertragung nicht einzelne Fernschreibkanäle, sondern eigene Datenleitungen oder Fernsprechkanäle, wobei die Signale ebenfalls moduliert werden müssen und ggf. auch im Frequenzmultiplex übertragen werden. In einem Fernsprechkanal lassen sich dabei z.B. 6 Datenkanäle zu 200 Baud oder ein Datenkanal zu 1200 Baud übertragen. Zur Datensicherung gegen Störungen verwendet man Codewandler, in denen die Zeichen so umcodiert werden, daß der Empfänger Fehler erkennen oder sogar Fehler korrigieren kann.

Der *Rundfunk* hat im Gegensatz zum Fernsprechen nicht nur verständliche Sprache, sondern klangtreue Töne zu übertragen. Hierzu muß das primäre Signal ein Frequenzband von 30 Hz bis 15 kHz haben. Mit diesem Signal wird eine hochfrequente Trägerschwingung moduliert,die vom Sender abgestrahlt und drahtlos zum Empfänger übertragen wird. Die Modulation hat hier in erster Linie die Aufgabe, das Signal in eine zur Übertragung geeignete Form zu bringen, da die drahtlose Übertragung niederfrequenter Signale praktisch nicht möglich ist. Vom Empfänger aus betrachtet handelt es sich jedoch um ein Frequenzmultiplex, da viele Sender gleichzeitig auf verschiedenen Trägerfrequenzen in Betrieb sind. Es muß also sowohl eine Selektion als auch eine Demodulation stattfinden. In der Rundfunkversorgung unterscheidet man zwei Sendernetze. Die Sender im Bereich der Lang-, Mittel und Kurzwellen haben Trägerfrequenzen zwischen ca. 100 kHz und 30 MHz im Abstand von 9 kHz, relativ große Reichweite und schlechte Tonqualität, da nur Tonfrequenzen bis ca. 4,5 kHz übertragen werden können. Die Sender im Bereich der Ultrakurzwellen haben Trägerfrequenzen zwischen 88 und 100 MHz im Abstand von 0,3 MHz, relativ geringe Reichweite, gute Tonqualität mit Tonfrequenzen bis 15 kHz und die Möglichkeit der stereophonen Übertragung.

Beim *Fernsehen* muß ein kombiniertes Bild- und Tonsignal übertragen werden. Dieses
hat gegenüber den Rundfunksignalen die wesentlich größere Bandbreite von 0 bis 5 MHz.
Die Sender arbeiten mit Trägerfrequenzen in der Umgebung von 50 MHz, 200 MHz, 500
MHz oder 700 MHz im Abstand von ca. 7 MHz und haben relativ geringe Reichweite.

Die *Pulscodemodulation* (PCM) ist ein universelles Übertragungsverfahren, das nicht
an ein bestimmtes Nachrichtennetz gebunden ist. Sie gestattet es, ein beliebiges analoges Signal vorgegebener Bandbreite digital zu übertragen und am Empfangsort wieder
in ein analoges Signal zu verwandeln. Hierbei wird das analoge Signal x(t) zunächst
abgetastet, d.h. es werden ihm in regelmäßigen Abständen Amplitudenproben entnommen.
Diese Proben werden quantisiert, d.h. endlich vielen Amplitudenbereichen zugeordnet,
und es wird lediglich ein Kennzeichen dafür übertragen, in welchen Bereich eine Probe
gefallen ist. Dieses Kennzeichen ist meist ein binäres Codewort. Es wird also in
regelmäßigen Abständen sozusagen dem Empfänger "telegrafiert", in welchem Amplitudenbereich sich das Signal x(t) gerade befindet. Der Empfänger rekonstruiert daraus
ein gestörtes Abbild y(t) des Signals x(t). Zwischen zwei Codewörtern können dabei
längere Pausen entstehen, die man zur Übermittlung anderer Signale ausnützen kann.
Man spricht hierbei von *Zeitmultiplex*, weil die Signale zeitlich ineinandergeschachtelt sind. Im Empfänger ist dann zur Trennung der Signale eine Zeitselektion erforderlich. Die Pulscodemodulation hat nicht nur den Vorteil, analoge Signale digital
übertragen zu können, sondern sie stellt auch ein informationstheoretisch wichtiges
Vergleichsverfahren dar.

Die beiden letzten Beispiele aus Tab. 1.1 werden im nächsten Abschnitt besprochen.

1.3 Übertragungsprobleme

Neben den wenigen in Tab.1.1 genannten Beispielen gibt es noch eine große Anzahl
anderer Nachrichtensysteme und Übertragungsverfahren, so z.B. die beweglichen Land-,
See- und Flugfunkdienste, Trägerfrequenztechnik auf Hochspannungsleitungen, Faksi-
mileübertragung, Funkortung und Telemetrie, Flugsicherung u.a. Bei allen liegen
spezifische Aufgaben und Probleme vor.

Allen Systemen jedoch ist gemeinsam, daß am Eingang und Ausgang des Empfängers *gestörte* Abbilder r(t) und y(t) der entsprechenden Sendesignale s(t) und x(t) liegen.
Die Störungen bestehen aus linearen und nichtlinearen *Verzerrungen* sowie aus zusätzlich eingedrungenen *Störungen* n(t), z.B. *Rauschen*. Das Problem der Nachrichtenübertragung läßt sich daher so formulieren: Das Empfangssignal soll *so gut wie erforderlich* sein, und dieses Ziel soll mit *möglichst geringem Aufwand* erreicht werden. So

einfach diese Forderung klingt, so schwierig ist sie bei der Vielfalt der Nachrichten und Übertragungsverfahren zu beurteilen und zu realisieren.

Schon das Kriterium "so gut wie erforderlich" bereitet Schwierigkeiten. Zunächst muß das Signal x(t) in irgendeiner Form mathematisch beschrieben werden. Dann ist aus Gründen der Wirtschaftlichkeit festzulegen, wieviel von dem Signal, also etwa welcher Frequenz- oder Amplitudenbereich, überhaupt übertragen werden muß. Die mathematische Beschreibung des Signals sollte ferner so beschaffen sein, daß sich die Vorgänge im System, also z.B. Modulation und Demodulation, insbesondere aber Verzerrungen und Störungen, leicht berechnen und beschreiben lassen. Selbst wenn dies gelingt, ist damit noch nichts über die Güte des Signals y(t) ausgesagt. So ist etwa bei den analogen Signalen meist nicht exakt angebbar, wie groß und welcher Art die Verzerrungen und Störungen sein dürfen, da eine Entscheidung hierüber z.B. von den physiologischen Eigenschaften des Auges und Ohres abhängt. Bei digitalen Signalen, die entweder richtig oder falsch sind, läßt sich dagegen eher ein Maß für die Güte angeben.

Man kann daher keine allgemeingültigen Beschreibungs- und Berechnungsverfahren für Nachrichtensysteme angeben. Man muß vielmehr die zur Verfügung stehenden Methoden auf das Problem zuschneiden und auf ein hinreichend vereinfachtes Modell des betreffenden Systems anwenden.

Die *klassischen Nachrichtensysteme* für Ton, Schrift und Bild sind historisch und zum großen Teil empirisch gewachsen. Sie haben sich mit einer relativ begrenzten und einfachen Theorie und unter Verzicht auf Optimalität zu hoher Reife entwickelt. Diese Theorie beruht auf der vereinfachenden Annahme, daß die zu übertragenden Signale *determiniert* sind, sich also in ihrem zeitlichen Verlauf exakt angeben lassen. Zumindest nahm man an, daß sie sich aus determinierten Komponenten zusammensetzen lassen, wobei als Komponente fast ausschließlich die *harmonische Schwingung* benutzt wurde. Hieraus erklärt sich die bedeutende Rolle der *harmonischen Analyse*, d.h. der Beschreibung aller Vorgänge bei der Übertragung unter der Annahme stationärer sinusförmiger Signale. Diese Betrachtungsweise hat wegen ihrer Einfachheit und Anschaulichkeit nach wie vor große Bedeutung.

Die Weiterentwicklung der Technik, besonders in Richtung der Digitaltechnik, hat jedoch auch zu anderen Arten der Beschreibung von Signalen geführt, etwa zu ihrem Aufbau aus rechteckförmigen Komponenten, aus Elementarfunktionen (z.B. Impuls- und Sprungfunktionen) oder aus anderen Funktionensystemen. Es besteht prinzipiell kein Grund, ein bestimmtes Funktionensystem zu bevorzugen; die Auswahl kann vielmehr nach Gesichtspunkten der Zweckmässigkeit erfolgen.

Die angedeuteten Methoden der Signalanalyse basieren jedoch alle auf determinierten Signalen. Eine solche Annahme ist - zumindest für die unterwegs eindringenden Störungen, also etwa das Rauschen - falsch, da es sich hierbei um *zufällige* (auch sto-

chastische oder statistische) Signale handelt, die nur mit statistischen Methoden
beschreibbar sind. Im einfachsten Fall beschränkt man sich hierbei auf die Angabe
der Leistung solcher Störungen im Verhältnis zur Leistung eines analogen Signals oder
auf die Angabe der Wahrscheinlichkeit für die Verfälschung eines digitalen Signals.
Der Einfluß der Störung ist dann durch das Signal-Stör-Verhältnis bzw. den *Störabstand* bei analogen und durch die *Fehlerwahrscheinlichkeit* bei digitalen Signalen charakterisiert. Andere statistische Eigenschaften werden dabei nicht berücksichtigt.

Das Streben nach immer leistungsfähigeren Nachrichtensystemen führte auf die Frage
nach der *Optimalität* einer Nachrichtenübertragung. Hierin sind zwei Teilfragen enthalten: 1. Worin besteht die zu übertragende Nachricht und 2. welches sind die Kriterien für die optimale Übertragung und wie müssen entsprechende Systeme arbeiten.

Es war durchaus bekannt, daß die *Nachricht* ihrem Wesen nach ebenfalls kein determinierter, sondern ein zufälliger Vorgang ist. Es ist leicht auch intuitiv einzusehen,
daß ein determiniertes Signal, das sich etwa als Formel niederschreiben läßt, keine
Nachricht übermitteln kann, da sein Verlauf ja damit für alle Zeiten festliegt. Das
Wesen der Nachricht beruht also auf dem Überraschungseffekt, d.h. auf der Tatsache,
daß der Empfänger nicht vorhersehen kann, wann ein Signal eintrifft oder in welcher
Weise sich das empfangene Signal ändert. Trotzdem interessierte man sich in der
klassischen Nachrichtentheorie für die Statistik der Nachricht nur bis zu dem Grade,
der es erlaubte, Signale und Systeme mit Hilfe von "stellvertretenden" determinierten Signalen zu beschreiben. Eine quantitative Erfassung des Begriffes "Nachricht"
war dabei nicht möglich. Erst die *Informationstheorie* hat, ausgehend vom grundsätzlich zufälligen Charakter der Nachricht, ein technisch brauchbares Maß für den Nach-
richten- oder Informationsgehalt geschaffen. Nachricht oder Information ist damit -
zumindest in technischer Bedeutung - *meßbar* geworden und es wurde möglich, Systeme
hinsichtlich ihrer Übertragungsfähigkeit zu beurteilen.

Die Frage nach einer optimalen Übertragung von Nachrichten konnte damit nur noch mit
Rücksicht auf alle verfügbaren *statistischen Eigenschaften* sowohl der Nutzsignale als
auch der Störsignale gestellt werden. Ergänzend zur klassischen harmonischen Analyse
entstand die *erweiterte harmonische Analyse* für zufällige Vorgänge, wodurch Signale
und Systeme in ihren statistischen Eigenschaften beschreibbar wurden. Hiermit befaßt
sich die *Statistische Nachrichtentheorie*. Zwei Grundprobleme dieses Gebietes sind
in Tab.1.1 unten genannt: die Frage nach der optimalen Signalerkennung und Signalschätzung.

Bei der *Signalerkennung* (Detektion) besteht die Nachricht aus einem Zufallsereignis
m, das in statistisch angebbarer Weise einer diskreten Menge $\{m_i\}$ möglicher Ereignisse entnommen wird. Mit Hilfe eines Signals s(t) wird die getroffene Auswahl dem Empfänger übermittelt. Infolge der unvermeidlichen Störungen kann dabei nicht eindeu-

tig festgestellt werden, welches Signal gesendet wurde. Der Empfänger hat die Aufgabe, aus den ihm bekannten möglichen Signalen $\{s_i(t)\}$ bzw. Nachrichten $\{m_i\}$ einen Schätzwert $\hat{s}$ bzw. $\hat{m}$ auszuwählen, der nach vorgegebenen Kriterien optimal ist. Er hat also zwischen mehreren Hypothesen zu entscheiden, weswegen man auch von *Hypothesentest* oder statistischer Entscheidungstheorie spricht. Das Problem ist nur lösbar, wenn man die Statistik sowohl der Nachricht als auch der Störung berücksichtigt.

Bei der *Signalschätzung* (Estimation) wird ein Signal $s(t)$ gesendet, das entweder selbst analog ist oder irgend einen analogen Parameter besitzt. Der Empfänger hat die Aufgabe, aus dem gestörten Empfangssignal einen Schätzwert $\hat{s}(t)$ des Signals selbst oder des Parameters zu liefern, der nach vorgegebenen Kriterien optimal ist. Man spricht daher oft auch von statistischer Schätztheorie oder *Parameterschätzung*, und zwar von einfacher Schätzung (zum Beobachtungszeitpunkt), von Interpolation (Schätzung innerhalb eines Beobachtungsintervalls) und von Extrapolation oder Prädiktion (Schätzung außerhalb des Beobachtungsintervalls). Auch hier muß die Statistik der Nachricht und der Störung bekannt sein.

1.4 Zusammenfassung

Nachrichtensysteme bedürfen zu ihrer Beschreibung eines *Modells*, das meist starke Vereinfachungen enthält und oft auf ein konkretes Problem zugeschnitten sein muß. Bei Erörterung einiger Beispiele aus der klassischen und modernen Nachrichtentechnik anhand eines solchen Modells zeigt sich, daß eine einheitliche Beschreibungsweise nicht möglich und auch nicht zweckmäßig ist. Die mathematischen Methoden müssen vielmehr der jeweiligen Fragestellung angepaßt werden.

So bedient sich die *klassische Nachrichtentechnik* fast ausschließlich *deterministischer* Methoden, indem sie zufällige Vorgänge durch determinierte ersetzt. Viele Fragen lassen sich damit sehr rasch, andere dagegen überhaupt nicht beantworten. Die *statistische Nachrichtentheorie*, die man grob in statistische Entscheidungstheorie und statistische Schätztheorie unterteilen kann, geht grundsätzlich von den *statistischen* Eigenschaften der Signale und Störungen aus. Sie ergänzt damit die klassische Nachrichtentechnik an den Stellen, wo deren Betrachtungsweise nicht ausreicht.

In einer knapp gehaltenen Einführung ist nur ein gedrängter Überblick über die angedeuteten Probleme möglich. Dabei ist eine Beschränkung auf das Problem "Signal und Störung" nötig, wobei alle Fragen, die nicht mit der eigentlichen *Nachrichtenübertragung* zu tun haben, wegfallen. Die Betrachtung beginnt mit dem elektrischen Signal $y(t)$, d.h. Probleme der Wandler werden nicht erörtert, da sie in die Spezialgebiete

Elektroakustik, Fernsehtechnik, Datenverarbeitung usw. gehören. Weiterhin wird das Signal $x(t)$ als gegeben betrachtet, d.h. seine Verarbeitung interessiert nur im unmittelbaren Zusammenhang mit der Übertragung, während andere Umwandlungen, Probleme optimaler Codierung, Verknüpfung und Auswertung in die Gebiete *Nachrichtenverarbeitung* sowie Informations- und Codierungstheorie gehören. (Allerdings sind die Grenzen zwischen den genannten Gebieten nicht immer scharf zu ziehen.) Schließlich werden nur die prinzipiellen Vorgänge, oft unter idealisierenden Voraussetzungen erörtert, ohne daß auf Realisierung und Schaltungstechnik eingegangen wird. (Einen kurz gefassten ergänzenden Überblick gibt z.B. [1].)

Nachrichtenübertragung in diesem Sinne ist also in erster Linie *Signaltheorie*, d.h. geeignete mathematische Beschreibung der Signale und ihres Durchgangs durch (idealisierte) Übertragungssysteme.

2. Signale

2.1 Klassifizierung der Signale

Signale lassen sich nach verschiedenen Gesichtspunkten einteilen. Ohne Anspruch auf
Vollständigkeit und Eindeutigkeit werden im folgenden einige wichtige Unterscheidungsmerkmale genannt.

In Bild 2.1 sind vier Signalarten dargestellt, die sich in ihrer Struktur in Ampli-
tuden- und Zeitrichtung unterscheiden.

Analoge und *digitale* Signale. Ein analoges Signal (a und b in Bild 2.1) kann innerhalb eines vorgegebenen Amplitudenbereiches jeden beliebigen Wert annehmen. Zwei Sig-

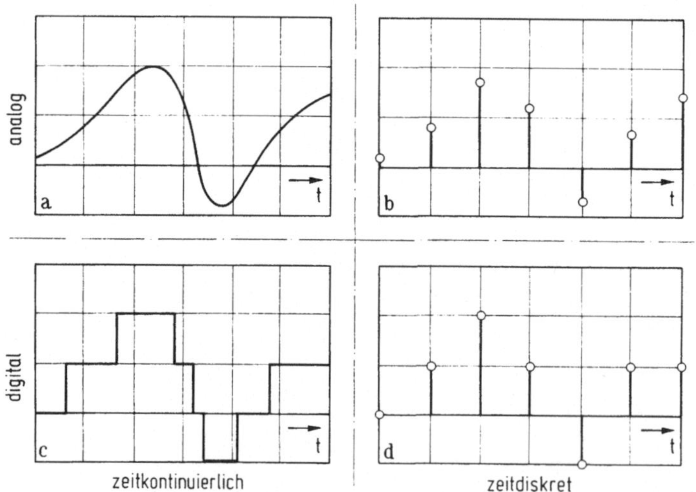

Bild 2.1. Signalarten

nale oder Amplituden können beliebig wenig voneinander abweichen. Der Wertevorrat
für die Amplituden ist nichtabzählbar. Ein analoges Signal heißt auch *amplitudenkon-
tinuierlich*. Ein digitales Signal dagegen (c und d) hat in einem endlichen Bereich
einen endlichen Wertevorrat, d.h. endlich viele Amplitudenstufen. Aus diesem Grunde
nennt man es auch *amplitudendiskret* oder *quantisiert*. Seine Amplitude kann stets

durch ein Symbol oder eine Ziffer aus einem endlichen Vorrat angegeben werden. Die digitalen Signale c und d kann man sich aus den analogen Signalen a und b durch Quantisierung entstanden denken: Das digitale Signal hat jeweils denjenigen der vorgegebenen Amplitudenwerte, dem das analoge Signal am nächsten ist.

Die Begriffe "kontinuierlich" bzw. "diskret" werden hier und im folgenden stets den zahlentheoretischen Begriffen "nichtabzählbar" bzw. "endlich" gleichgesetzt. Abzählbar unendliche Mengen werden ggf. gesondert bezeichnet.

Zeitkontinuierliche und *zeitdiskrete* Signale. Ein zeitkontinuierliches Signal (a und c in Bild 2.1) ist zu jedem Zeitpunkt in einem Intervall erklärt. Zu seiner Beschreibung sind nichtabzählbar viele Wertangaben erforderlich. Das zeitdiskrete Signal dagegen (b und d) ist nur zu bestimmten, meist äquidistanten Zeitpunkten erklärt. Es läßt sich in einem endlichen Zeitintervall mit endlich vielen Wertangaben darstellen. Ein zeitdiskretes Signal kann man sich aus einem zeitkontinuierlichen durch Abtastung, d.h. durch Entnahme von Amplitudenproben zu diskreten Zeitpunkten, entstanden denken, weswegen man zeitdiskrete Signale auch *Abtastsignale* nennt.

Die Eigenschaften analoger und digitaler sowie zeitkontinierlicher und zeitdiskreter Signale haben wichtige informationstheoretische und übertragungstechnische Konsequenzen. Es lassen sich oft analoge durch digitale und zeitkontinuierliche durch zeitdiskrete Signale ersetzen. Diese Zusammenhänge werden später besprochen. Über die beiden genannten Alternativen hinaus gibt es noch weitere Unterscheidungsmöglichkeiten.

Leistungs- und *Energiesignale*. Leistungssignale haben eine von Null verschiedene und endliche mittlere Leistung im Intervall $-\infty < t < +\infty$. Für amplitudenbeschränkte Signale, d.h. solche mit endlichem Amplitudenbereich, bedeutet dies, daß sie *nicht zeitbegrenzt* sind, d.h. von $t = -\infty$ bis $t = +\infty$ andauern. Dabei können sie *periodisch* oder *nichtperiodisch* sein. Ihre Gesamtenergie ist unendlich. Energiesignale dagegen haben eine von Null verschiedene und endliche Gesamtenergie im Intervall $-\infty < t < +\infty$, wobei die mittlere Leistung in diesem Intervall verschwindet. Für amplitudenbeschränkte Signale bedeutet dies, daß sie praktisch *zeitbegrenzt* sein müssen, d.h. entweder tatsächlich zeitbegrenzt oder so geartet sind, daß der Hauptanteil der Energie in einem endlichen Intervall liegt. Man nennt daher Energiesignale auch *pulsförmige Signale*.

Die Definitionen für die mittlere Leistung und für die Gesamtenergie werden später erörtert. Ebenso auch die Unterschiede in der mathematischen Beschreibung zwischen Leistungs- und Energiesignalen sowie die Möglichkeit, Leistungssignale durch Zeitbegrenzung in Energiesignale und Energiesignale durch periodische Fortsetzung in Leistungssignale umzuformen.

Determinierte und *zufällige* Signale. Determinierte Signale lassen sich durch eine mathematische Vorschrift in ihrem zeitlichen Verlauf angeben. Ihr Wert ist damit zu jedem Zeitpunkt in einem beschränkten oder unbeschränkten Zeitintervall bekannt. Zufallssignale dagegen entziehen sich einer exakten Angabe ihres Wertes zu irgend einem Zeitpunkt t und sind lediglich einer Beschreibung ihrer statistischen Eigenschaften zugänglich. Auch "determinierte" Signale mit einem zufälligen Parameter, also etwa eine harmonische Schwingung mit zufälliger Amplitude oder Phase, zählen daher zu den Zufallssignalen.

Die hier gegebene Klassifikation der Signale möge zunächst für den vorliegenden Zweck genügen. Später werden sich noch andere Unterscheidungsmerkmale ergeben. So wird z.B. nach Einführung des sog. Spektrums die Klasse der *bandbegrenzten* Signale eine wichtige Rolle spielen.

Wegen des grundsätzlich *zufälligen* Charakters der Nachrichtensignale werden im folgenden erst die Grundlagen für die mathematische Beschreibung von Zufallssignalen erörtert. Die determinierten Signale ergeben sich als Sonderfall und werden mit ihren zusätzlichen Eigenschaften später besprochen.

2.2 Zufällige Signale

2.2.1 Zufallsexperiment

Unter einem Zufallsexperiment versteht man eine Serie gleichartiger und voneinander unabhängiger Versuche folgender Art: Der Versuch kann auf verschiedene Weise ausgehen (hat mehrere Möglichkeiten); welcher dieser Ausgänge bei einem Versuch eintritt, ist jedoch *nicht vorhersagbar*. Diese Unsicherheit beruht entweder auf Unkenntnis oder auf zu großer Kompliziertheit der zugrundeliegenden physikalischen Gesetze.

Obwohl damit der Ausgang eines Versuches ungewiß (zufällig) ist, lassen sich in vielen Fällen *statistische* Gesetzmäßigkeiten erkennen, wenn man den Versuch nur genügend oft wiederholt. Ein solches Zufallsexperiment in der realen Welt wird folgendermaßen definiert:

a) Angabe aller möglichen *Ausgänge* eines Versuchs.

b) Angabe der *Ergebnisse*, zwischen denen man unterscheiden will, indem man die Ausgänge in geeigneter Form zu Klassen zusammenfaßt.

c) Feststellung der *relativen Häufigkeit*

$$h_A(n) = \frac{n_A}{n} \qquad\qquad (2.1)$$

eines Ergebnisses A, wobei n_A angibt, wie oft das Ergebnis A bei n unabhängigen Wiederholungen des Versuches aufgetreten ist. Dabei gilt stets $n_A \leq n$, d.h.

$$0 \leq h_A(n) \leq 1 \quad . \qquad\qquad (2.2)$$

Die Erfahrung zeigt, daß die relative Häufigkeit mit zunehmender Versuchszahl n immer mehr einem festen Wert zustrebt. Dieser Wert stellt das Resultat des Zufallsexperimentes dar, wenn es sich bei endlichem n auch nur um eine Näherung handeln
kann.

<u>Beispiel 2.1</u>

a) Es werde eine ideale Kugel über eine Ebene gerollt. Der Ausgang des Versuches sei
der Punkt der Kugeloberfläche, auf dem die Kugel zum Stillstand kommt. Die Anzahl
der möglichen Ausgänge ist nichtabzählbar, da die Kugeloberfläche ein Kontinuum
darstellt. Ein Ergebnis läßt sich definieren, indem man bestimmte Teile der Kugeloberfläche mit Farbe markiert. Das Ergebnis A möge bedeuten, daß die Kugel auf einer markierten Stelle stehen bleibt. Nun kann man durch wiederholte Versuche die relative Häufigkeit feststellen. Aufgrund der Symmetrie der Kugel ist zu erwarten, daß
sie demjenigen Wert zustreben wird, der sich aus dem Verhältnis der markierten Teile
zur gesamten Kugeloberfläche ergibt. Bedecken z.B. die farbig markierten Teile insgesamt gerade die Hälfte der Kugeloberfläche, so kann die relative Häufigkeit Gl.
(2.1) etwa den typischen Verlauf nach Bild B 2.1 haben: nach anfänglich starken
Schwankungen strebt sie mit zunehmender Versuchszahl n dem Wert 1/2 zu.

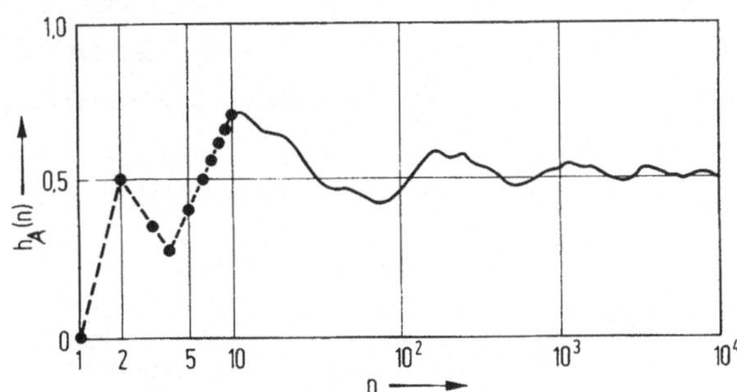

Bild B 2.1 Relative Häufigkeit

b) Statt der Kugel werde ein Spielwürfel geworfen. Die Zahl der möglichen Ausgänge beträgt 6. Als Ergebnis kann man nach einer der Augenzahlen fragen. Ebenso gut läßt sich "gerade Augenzahl" oder "Augenzahl ≤ 2" oder irgend ein anderes Ergebnis wählen. Ist das Ergebnis A z.B. durch "gerade Augenzahl" definiert, so kann wegen der Symmetrie des Würfels ebenfalls ein Verlauf nach Bild B 2.1 erwartet werden. Wäre nach einer der Augenzahlen gefragt worden, hätte man den Wert 1/6, bei "Augenzahl ≤ 2" den Wert 1/3 zu erwarten. ∎

Das Beispiel zeigt den Unterschied zwischen einem Experiment mit *kontinuierlichem* und *diskretem* Ausgang. Hierauf wird später noch zurückgekommen.

Will man Zufallsexperimente in theoretische Untersuchungen mit einbeziehen, kann man sich nicht auf lange Versuchsreihen stützen. Man bedarf vielmehr eines mathematischen Modells für das Experiment, mit dessen Hilfe statistische Aussagen möglich sind.

2.2.2 Mathematisches Modell

Das Modell eines Zufallsexperimentes wird hier nur so weit erörtert, wie es für das Erkennen der Zusammenhänge mit dem realen Experiment erforderlich ist. Die dabei vorausgesetzten Begriffe aus der Mengenlehre sind in Tab.2.1 zusammengestellt. Die drei Bestimmungsstücke des realen Experimentes nach Abschnitt 2.2.1 lassen sich folgendermaßen abstrahieren:

a) *Merkmalsmenge* M. Sie ist eine Ansammlung von Elementen $m \in M$, die man Merkmale nennt. Die Merkmalsmenge entspricht der Menge aller möglichen Ausgänge eines realen Versuchs.

b) *Ereignis* A (oder B, C usw.). Ein Ereignis A ist eine Teilmenge der Merkmalsmenge:

$$A \subseteq M \ . \tag{2.3}$$

Jede Teilmenge von M ist ein Ereignis, also auch die Nullmenge $\emptyset \subseteq M$ und die Merkmalsmenge $M \subseteq M$ selbst. Insbesondere ist auch jede einem Merkmal $m_i \in M$ entsprechende einelementige Teilmenge $\{m_i\} \subseteq M$ ein Ereignis und wird *Elementarereignis* genannt. Sind zwei Ereignisse A und B *disjunkt* ($AB = \emptyset$, vgl. Tab.2.1), so schließen sie sich gegenseitig aus. Die Elementarereignisse sind solche Ereignisse:

$$\{m_i\}\{m_j\} = \emptyset \ \text{für} \ i \neq j. \tag{2.4}$$

Die Ereignisse entsprechen den Ergebnissen des realen Experimentes.

Tabelle 2.1 Mengen und Wahrscheinlichkeiten

Grundmenge M; Nullmenge $\emptyset$ Teilmengen $A, B, C \subseteq M$, Wahrscheinlichkeiten $P(A)$, bedingte Wahrsch. $P(A|B)$

Verknüpfung	Venn-Diagramm	Eigenschaften	Wahrscheinlichkeiten
Vereinigung $A \cup B$ (A oder B)		$A \cup B = B \cup A$ $A \cup (B \cup C) = (A \cup B) \cup C$	$P(A \cup B) = P(A) + P(B) - P(AB)$ Disjunkte Ereignisse: $P(A \cup B) = P(A) + P(B)$ Statistisch unabh. Ereignisse: $P(A \cup B) = P(A) + P(B) - P(A)P(B)$
		$A \cup BC = (A \cup B)(A \cup C)$ $A(B \cup C) = AB \cup AC$	
Schnitt $A \cap B \equiv AB$ (A und B)		$AB = BA$ $A(BC) = (AB)C$ Disjunkte Mengen: $AB = \emptyset$	$P(AB) = P(A|B)P(B) = P(B|A)P(A)$ Disjunkte Ereignisse: $P(AB) = 0$ Statistisch unabh. Ereignisse: $P(A|B) = P(A); P(B|A) = P(B); P(AB) = P(A)P(B)$
Komplement $\bar{A}$ (A nicht)		$A \cup \bar{A} = M$, $\bar{M} = \emptyset$ $A\bar{A} = \emptyset$ $\bar{\bar{A}} = A$	$P(A \cup \bar{A}) = P(A) + P(\bar{A}) = 1$ d.h. $P(\bar{A}) = 1 - P(A)$ $P(A\bar{A}) = 0$
Regeln von De Morgan $\overline{A \cup B \cup C} \ldots = \bar{A}\,\bar{B}\,\bar{C}\ldots$ $\overline{A B C}\ldots = \bar{A} \cup \bar{B} \cup \bar{C}\ldots$		Regel von Bayes (M in disjunkte A_i zerlegt) $P(A|B) = \dfrac{P(B|A)P(A)}{P(B)}$ $\qquad$ $P(A_i|B) = \dfrac{P(B|A_i)P(A_i)}{\sum_i P(B|A_i)P(A_i)}$	

c) *Wahrscheinlichkeit* P. Sie ist eine Funktion, die jedem Ereignis A eine reelle
Zahl P(A) zuordnet, wobei folgende Bedingungen erfüllt sein müssen:

$$0 \le P(A) \le 1 \tag{2.5a}$$

$$P(M) = 1 \tag{2.5b}$$

$$P(A_1 \cup A_2 \cup \ldots) = P(A_1) + P(A_2) + \ldots \text{ falls } A_i A_j = \emptyset \text{ für } i \ne j \quad . \tag{2.5c}$$

Die Wahrscheinlichkeit P(A) eines Ereignisses liegt danach stets im abgeschlossenen
Intervall [0,1]. Das Ereignis M heißt das *sichere* (immer eintretende) Ereignis und
hat die Wahrscheinlichkeit P(M) = 1. Das Ereignis $\emptyset = \bar{M}$ (Tab.2.1) heißt das *unmögliche*
(niemals eintretende) Ereignis und hat die Wahrscheinlichkeit $P(\emptyset) = P(\bar{M}) = 1 - P(M) = 0$
(Tab.2.1 und Abschnitt 2.2.4) *). Die Wahrscheinlichkeit der Vereinigung disjunk-
ter Ereignisse ist gleich der Summe der Einzelwahrscheinlichkeiten. Gl.(2.5) nennt
man die *Axiome* der Wahrscheinlichkeitsrechnung.

Über den Begriff und die Definition der Wahrscheinlichkeit gibt es jahrhundertealte
Kontroversen (vgl. z.B. [2 bis 4]). Man unterscheidet den axiomatischen, statistischen
und klassischen Begriff der Wahrscheinlichkeit.

---

*) Die Umkehrung dieser Sätze gilt nicht: P(A) = 1 bedeutet nicht unbedingt das
sichere, P(A) = 0 nicht unbedingt das unmögliche Ereignis (vgl. Abschnitt 2.2.3).

Der *axiomatische* Aufbau der Wahrscheinlichkeitsrechnung nach Gl.(2.5) ist widerspruchsfrei, verzichtet jedoch auf eine explizite Definition der Wahrscheinlichkeit. Jede Zuordnung von Wahrscheinlichkeiten zu Ereignissen ist zulässig, sofern die Axiome nicht verletzt werden. Es fehlt jeder Bezug zu realen Experimenten.

Die *statistische* Definition erklärt die Wahrscheinlichkeit als den Wert, dem die relative Häufigkeit $h_A(n)$ nach Gl.(2.1) in der Regel für sehr große Versuchszahl n zustrebt:

$$h_A(n) \rightarrow P(A) \quad \text{für } n \rightarrow \infty \ . \tag{2.6a}$$

Dies ist jedoch nur ein Näherungswert für $P(A)$, da ein exakter Grenzwert der relativen Häufigkeit weder theoretisch noch experimentell angebbar ist.

Die *klassische* Definition geht von einer Anzahl k "gleichmöglicher" Elementarereignisse aus und betrachtet die für ein Ereignis A günstige Anzahl a der Elementarereignisse. Die Wahrscheinlichkeit des Ereignisses A ist dann der Quotient

$$P(A) = \frac{a}{k} \ . \tag{2.6b}$$

Diese Definition versagt, wenn man die "Gleichmöglichkeit" nicht voraussetzen kann. Außerdem bedeutet Gleichmöglichkeit nichts anderes als Gleichwahrscheinlichkeit. Es liegt hier eine Art Zirkeldefinition vor, da Wahrscheinlichkeit mit Hilfe des Begriffes Wahrscheinlichkeit definiert wird.

Für die Praxis spielen diese Unterschiede keine große Rolle. Man schneidet das mathematische Modell auf die Realität zu, indem man Approximationen nach Gl.(2.6a) oder Annahmen nach Gl.(2.6b) macht und dafür sorgt, daß die Axiome Gl.(2.5) nicht verletzt werden.

Fragt man etwa danach, mit welcher Wahrscheinlichkeit ein bestimmter Buchstabe in einer bestimmten Schriftsprache auftritt, oder eine bestimmte Augenzahl bei einem unsymmetrischen Spielwürfel, so wird man sich auf die experimentelle Beobachtung der relativen Häufigkeit nach Gl.(2.6a) stützen. Liegen dagegen gewisse Symmetrieeigenschaften der Versuchsanordnung vor, wie z.B. bei einem idealen Spielwürfel oder beim Ziehen einer Karte aus einem gut gemischten Kartenspiel, postuliert man die Gleichwahrscheinlichkeit nach Gl.(2.6b).

Bezeichnend für die sinnvolle Anwendung des mathematischen Modells auf die Realität ist der Umstand, daß man den interessierenden Ereignissen *a priori*, d.h. vor dem Versuch, Wahrscheinlichkeiten zuordnet, ohne Rücksicht darauf, auf welche Approximation oder Annahme sich diese Zuordnung stützt. Davon zu unterscheiden ist die noch zu besprechende *A-posteriori*-Wahrscheinlichkeit, bei denen der Eintritt eines bestimmten Ereignisses bereits vorausgesetzt wird.

2.2.3 Kontinierliche und diskrete Merkmalsmengen

Ein Versuch mit nichtabzählbar vielen Ausgängen hat eine hier als *kontinuierlich*
bezeichnete Merkmalsmenge M. Wegen Gl.(2.5b) kommt daher einzelnen Elementarereignissen $\{m_i\}$ die Wahrscheinlichkeit Null zu. Dies bedeutet jedoch *nicht*, daß das Elementarereignis unmöglich ist (vgl. Fußnote im Abschnitt 2.2.2), sondern lediglich,
daß das Eintreten eines bestimmten Elementarereignisses aus einer nichtabzählbaren
Menge extrem unwahrscheinlich ist. Verzichtet man der Anschaulichkeit zuliebe auf
völlig abstrakte Merkmalsmengen, so läßt sich die Wahrscheinlichkeit eines Ereignisses A folgendermaßen angeben:

$$P(A) = \int\limits_{m \in A} f(m) \, dm \, , \qquad (2.7a)$$

$$\text{mit} \quad \int\limits_{m \in M} f(m) \, dm = 1 \, . \qquad (2.7b)$$

Dabei sei f(m) eine Funktion, die jedem Punkt der Merkmalsmenge eine reelle nichtnegative Zahl zuordnet. Integriert man f(m) über denjenigen Bereich der Merkmalsmenge,
der dem Ereignis A entspricht, erhält man nach Gl.(2.7a) die Wahrscheinlichkeit
P(A). Die Funktion muß dabei stets Gl.(2.7b) erfüllen, da nach Gl.(2.5b) P(M) = 1
sein muß.

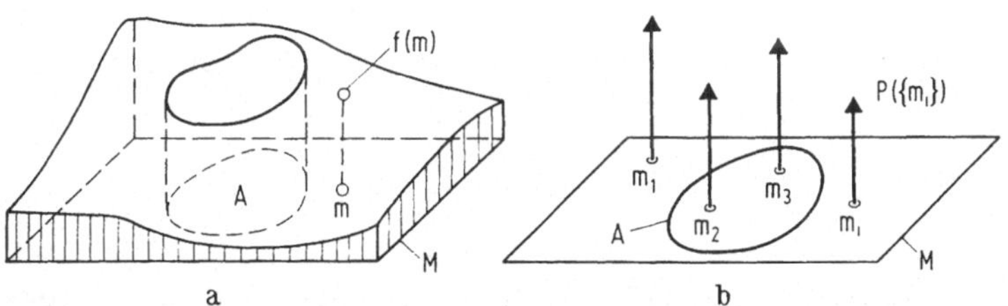

Bild 2.2 a) kontinuierliche b) diskrete Merkmalsmenge

Stellt man die Merkmalsmenge und das Ereignis A wie in Tab.2.1 als Venn-Diagramm
dar, so kann man sich die Funktion f(m) als "Gebirge" über der "Ebene" M vorstellen,
weswegen man auch vom sog. Wahrscheinlichkeitsbelag spricht (Bild 2.2). Jeder Punkt
m kann dann durch zwei Koordinaten angegeben werden, und die Größe dm in Gl.(2.7a)
läßt sich als Flächenelement interpretieren. Die Wahrscheinlichkeit P(A) findet man
durch Integration über die Fläche A; sie entspricht dem Volumen des durch f(m) begrenzten Körpers mit der Grundfläche A. Das Volumen des ganzen "Gebirges" muß nach

Gl.(2.7b) gleich 1 sein. Im Sonderfall der *Gleichwahrscheinlichkeit* entartet das
Gebirge zu einer Fläche der Höhe

$$f(m) = \frac{1}{M} = \text{const} \quad , \tag{2.8}$$

wenn mit M hier die Fläche der Merkmalsmenge bezeichnet wird. Der Wahrscheinlichkeitsbelag ist dann konstant, die Wahrscheinlichkeit eines Ereignisses A proportional seiner Fläche: $P(A) = A/M$.

Ein Versuch mit endlich vielen Ausgängen hat eine *diskrete* Merkmalsmenge M, und die
einzelnen Elementarereignisse $\{m_i\}$, $i = 1 \ldots k$, haben endliche Wahrscheinlichkeiten.
Ein Ereignis A kann als Vereinigungsmenge derjenigen Elementarereignisse beschrieben werden, die in A enthalten sind. Da die Elementarereignisse nach Gl.(2.4) disjunkt sind, gilt mit Gl.(2.5b und c):

$$P(A) = \sum_{m_i \, \epsilon \, A} P(\{m_i\}) \quad , \tag{2.9a}$$

$$\text{mit} \quad \sum_{i=1}^{k} P(\{m_i\}) = 1 \ . \tag{2.9b}$$

Jede Zuordnung nichtnegativer Zahlen zu den Elementarereignissen, die Gl.(2.9) erfüllt, genügt damit den Bedingungen Gl.(2.5). Ein Vergleich mit Gl.(2.7) zeigt,
daß in der Darstellungsweise nach Bild 2.2 der Wahrscheinlichkeitsbelag im diskreten
Fall zu einer Summe von Impulsen mit dem Gewicht $P(\{m_i\})$ entartet:

$$f(m) = \sum_{i=1}^{k} P(\{m_i\}) \cdot \delta_0(m - m_i) \quad . \tag{2.10}$$

Führt man diesen Ausdruck in Gl.(2.7a und b) ein, erhält man nach Integration die
Gln.(2.9a und b). Der Wahrscheinlichkeitsbelag im diskreten Fall läßt sich also
nach Gl.(2.10) mit Hilfe des Venn-Diagrammes entsprechend Bild 2.2b als Summe von
Impulsen deuten, deren Gewichte den Wahrscheinlichkeiten der Elementarereignisse
entsprechen. Im Sonderfall der *Gleichwahrscheinlichkeit* folgt aus Gl.(2.9b):

$$P(\{m_i\}) = \frac{1}{k} \ \text{für alle } i = 1 \ldots k. \tag{2.11}$$

Die Impulse in Bild 2.2b haben dann alle das gleiche Gewicht, die Wahrscheinlichkeit
eines Ereignisses A ist proportional der Zahl a der darin enthaltenen Impulse:
$P(A) = a/k$ (vgl. auch Gl.(2.6b)).

Bei diskreten Merkmalsmengen läßt sich auch noch die Menge aller möglichen Ereignisse angeben: es ist die sogenannte Potenzmenge der Merkmalsmenge, d.h. die Menge aller Teilmengen von M, die man auch *Ereignisfeld* oder *Ereignisalgebra* nennt. Eine Merkmalsmenge M mit k Elementen ergibt 2^k verschiedene Teilmengen, das Ereignisfeld enthält also ebensoviele mögliche Ereignisse.

Schließlich können Versuche nicht nur kontinuierlichen oder diskreten Ausgang, sondern auch eine Mischung aus beiden haben. Den Wahrscheinlichkeitsbelag kann man sich dann als Überlagerung der Bilder 2.a und b vorstellen, wobei jedoch stets Gl.(2.5b) erfüllt sein muß (vgl. hierzu Bild B 2.2).

Beispiel 2.2

a) Bei der Kugel aus Beispiel 2.1a besteht die Merkmalsmenge aus dem Kontinuum aller Punkte ihrer Oberfläche. Die Wahrscheinlichkeit eines einzelnen Elementarereignisses ist Null. Wegen der Symmetrie der Kugel kann man konstanten Wahrscheinlichkeitsbelag in Bild 2.2a annehmen. Er muß für die Einheitskugel (Radius 1) nach Gl.(2.7b) bzw. Gl.(2.8) $f(m) = 1/(4\pi)$ betragen. Die Wahrscheinlichkeit eines beliebigen Ereignisses läßt sich dann aus Gl.(2.7a) berechnen.

b) Beim Würfel aus Beispiel 2.1b besteht die Merkmalsmenge aus k = 6 Elementen m_i. Wegen der Symmetrie ist jedes Elementarereignis gleichwahrscheinlich und hat nach Gl. (2.11) die Wahrscheinlichkeit 1/6. Den Wahrscheinlichkeitsbelag kann man sich damit wie in Bild 2.2b mit sechs gleichhohen Impulsen des Gewichtes 1/6 vorstellen. Die Wahrscheinlichkeit eines beliebigen Ereignisses ergibt sich aus der Zahl a der enthaltenen Elementarereignisse zu a/6. Das Ereignisfeld (die Potenzmenge) enthält insgesamt 2^6 = 64 mögliche Ereignisse.

c) Von der Einheitskugel aus Teil a) dieses Beispiels denke man sich eine Kalotte der Fläche A abgeschnitten. Im Venn-Diagramm Bild B 2.2 entsteht dann über einer der Kalottenfläche entsprechenden Fläche A in der Merkmalsmenge ein "Loch" im konstanten Wahrscheinlichkeitsbelag, und an einer dem Mittelpunkt der Kalottenfläche entsprechenden Stelle m_1 befindet sich ein Impuls mit dem Gewicht $A/(4\pi)$ (Bild 2.2). Voraussetzung hierfür ist natürlich, daß für die fehlende Kalotte ein Gewichtsausgleich vorhanden ist, da sonst die vorausgesetzte Symmetrie gestört wäre. ∎

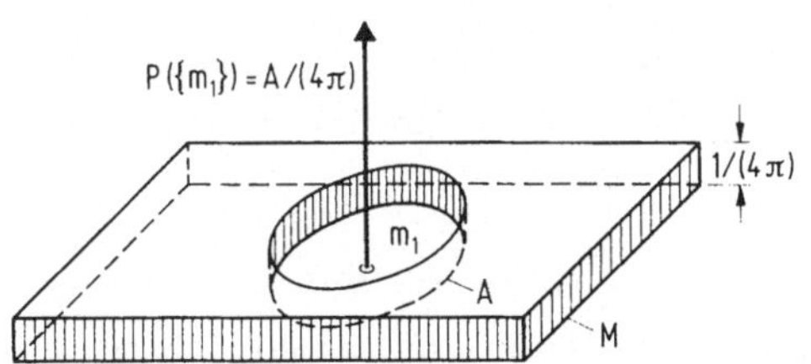

Bild B 2.2 Gemischter Wahrscheinlichkeitsbelag

2.2.4 Wahrscheinlichkeit verknüpfter Ereignisse

Hat man einzelnen Ereignissen A, B, C usw. unter Beachtung der Gl.(2.5) Wahrscheinlichkeiten zugeordnet, interessiert man sich für die Wahrscheinlichkeit von Verknüpfungen. Diese sind in Tab.2.1 ebenfalls aufgeführt. Da man sich die meisten Beziehungen anhand der Venn-Diagramme plausibel machen kann, werden sie hier nur kurz erörtert.

Die Wahrscheinlichkeit $P(A \cup B)$ der *Vereinigung* zweier Ereignisse ist die Wahrscheinlichkeit dafür, daß entweder Ereignis A *oder* Ereignis B (oder beide) eintreten.

Die Wahrscheinlichkeit $P(AB)$ des Schnittes zweier Ereignisse nennt man *Verbundwahrscheinlichkeit*. Es ist die Wahrscheinlichkeit dafür, daß Ereignis A *und* Ereignis B
(d.h. sowohl A als auch B) eintreten. Die darin vorkommenden Ausdrücke $P(A|B)$ und
$P(B|A)$ sind sogenannte *bedingte Wahrscheinlichkeiten*. $P(B|A)$ z.B. (lies "Wahrscheinlichkeit von B gegeben A") bedeutet die Wahrscheinlichkeit von B unter der Voraussetzung, daß A bereits eingetreten ist. Man beschränkt hierbei die Betrachtung auf
eine reduzierte Merkmalsmenge $M_1 = A$, und $P(B|A)$ ist dann die gewöhnliche Wahrschein-
lichkeit des in A liegenden Anteils von B, nämlich der Menge AB innerhalb M_1. Man
kann mit bedingten Wahrscheinlichkeiten wie mit gewöhnlichen Wahrscheinlichkeiten
rechnen, und sie erweisen sich für viele Berechnungen als zweckmäßig. Außerdem ist
die bereits erwähnte A-posteriori-Wahrscheinlichkeit eine bedingte Wahrscheinlichkeit
(vgl. hierzu die Beispiele 2.3a und b).

Mit Hilfe der Verbundwahrscheinlichkeit oder bedingter Wahrscheinlichkeiten läßt sich
die *statistische Unabhängigkeit* zweier Ereignisse A und B definieren (Tab.2.1).
Zwei Ereignisse sind statistisch unabhängig, wenn die bedingten gleich den nichtbedingten Wahrscheinlichkeiten sind, d.h. wenn die Verbundwahrscheinlichkeit gleich dem
Produkt aus den Einzelwahrscheinlichkeiten ist. Statistische Unabhängigkeit bedeutet,
daß die Wahrscheinlichkeit eines Ereignisses nicht vom Eintreten des anderen abhängt.
Aus Tab.2.1 folgt ferner, daß statistisch unabhängige Ereignisse nicht gleichzeitig
disjunkt sein können (abgesehen vom Trivialfall verschwindender Wahrscheinlichkeiten),
da die Verbundwahrscheinlichkeit disjunkter Ereignisse verschwindet. Disjunkte Ereignisse sind vielmehr in extremem Maße abhängig, da das Eintreten des einen Ereignisses das andere völlig ausschließt.

Die Wahrscheinlichkeit $P(\bar{A})$ des *Komplementes* schließlich ist die Wahrscheinlichkeit
dafür, daß das Ereignis A *nicht* eintritt. Sie ergänzt sich laut Tab.2.1 mit $P(A)$
zu Eins: $P(\bar{A}) = 1-P(A)$.

Die Beziehungen der Verbundwahrscheinlichkeit ergeben die *Regel von Bayes*, die ebenfalls in Tab.2.1 angegeben ist. Der linke Ausdruck folgt direkt aus der Gleichung

für P(AB). Der rechte Ausdruck gilt unter der Voraussetzung, daß die gesamte Merkmalsmenge in disjunkte Teilmengen A_i zerlegt ist. Dies ist eine für viele Anwendungen sehr zweckmäßige Form der Regel (vgl. Beispiel 2.3b).

<u>Beispiel 2.3</u>

a) Gegeben sei die Merkmalsmenge M eines Spielwürfels nach Beispiel 2.2b mit 6 gleichwahrscheinlichen Elementarereignissen der Wahrscheinlichkeit 1/6 (Bild B 2.3/1). Eine Unterscheidung der einzelnen Merkmale ist hier nicht erforderlich, weswegen sie lediglich als Punkte dargestellt sind.

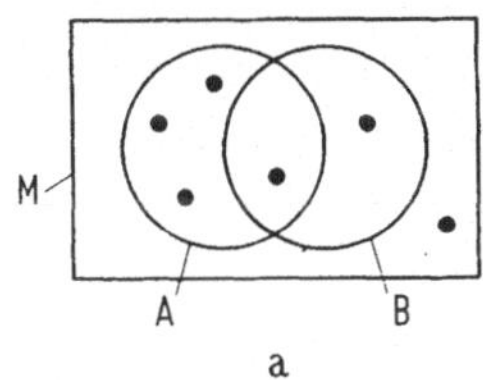
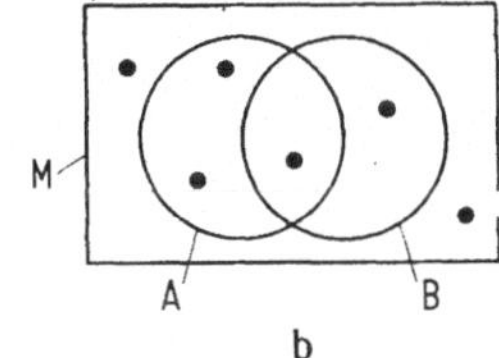

Bild B 2.3/1 Beispiel für Verknüpfungen

Es seien zunächst zwei Ereignisse A und B nach Bild B 2.3/1a definiert. Dann läßt sich unmittelbar ablesen:

$$P(A) = \frac{2}{3} \; ; \quad P(A|B) = \frac{1}{2}$$

$$P(B) = \frac{1}{3} \; ; \quad P(B|A) = \frac{1}{4}$$

$$P(A \cup B) = \frac{5}{6} \; ; \quad P(AB) = \frac{1}{6} \quad .$$

Hiermit kann man zunächst die Beziehungen für $P(A \cup B)$ und für $P(AB)$ aus Tab.2.1 nachprüfen. Weiterhin zeigt sich, daß $P(AB) \neq P(A)P(B)$ ist. Die Ereignisse A und B sind statistisch *abhängig*.

Wählt man die Ereignisse A und B nach Bild B 2.3/1b, so findet man:

$$P(A) = \frac{1}{2} \; ; \quad P(A|B) = \frac{1}{2}$$

$$P(B) = \frac{1}{3} \; ; \quad P(B|A) = \frac{1}{3}$$

$$P(A \cup B) = \frac{2}{3} \; ; \quad P(AB) = \frac{1}{6} \quad .$$

Im Gegensatz zu oben ist hier $P(AB) = P(A)P(B)$: die Ereignisse A und B sind statistisch *unabhängig*. Das Beispiel zeigt, daß selbst in diesem extrem einfachen Fall

die statistische Abhängigkeit nicht ohne weiteres erkannt werden kann, daß man also
ohne den in diesem Abschnitt umrissenen Formalismus nicht auskommt.

b) Gegeben sei ein Experiment nach Bild B 2.3/2

Bild B 2.3/2 Experiment mit zwei Würfeln

Es sind zwei Würfel A_1 und A_2 .vorhanden. Würfel A_1 hat 5, Würfel A_2 dagegen nur 2
blau (B) markierte Flächen. Ein blinder Experimentator greift wahllos zu, würfelt
und erhält das Ereignis B (blau) mitgeteilt. Mit welcher Wahrscheinlichkeit stammt
dieses Ergebnis vom Würfel A_1?

Dies ist ein typisches Beispiel für die Frage nach einer A-posteriori-Wahrscheinlichkeit: Ein Ereignis ist eingetreten, und man fragt nach der Wahrscheinlichkeit für
eine der möglichen Ursachen. Die Antwort, es bestehe die Wahrscheinlichkeit 1/2 für
das Greifen des Würfels A_1, ist richtig und falsch zugleich. A priori ist sie richtig, denn vor Ausführung des Versuches beträgt $P(A_1) = 1/2$. A posteriori ist sie falsch,
denn nach Ausführung des Versuches ist das Ereignis B bekannt und man fragt nach der
bedingten Wahrscheinlichkeit $P(A_1|B)$. Das Problem läßt sich mit der Regel von Bayes
lösen:

Die Merkmalsmenge enthält nach Bild B 2.3/2 alle 12 Flächen beider Würfel mit der
Gleichwahrscheinlichkeit 1/12. Die A-priori-Wahrscheinlichkeit, einen der beiden
Würfel zu greifen, beträgt:

$$P(A_1) = P(A_2) = 1/2 \quad .$$

Dabei sind A_1 und A_2 disjunkte Ereignisse, die die Merkmalsmenge vollständig umfas-
sen: $A_1 \cup A_2 = M$, $A_1 A_2 = \emptyset$. Nimmt man eines dieser beiden Ereignisse an, lassen sich
a priori die bedingten Wahrscheinlichkeiten

$$P(B|A_1) = \frac{5}{6} \; ; \; P(B|A_2) = \frac{1}{3}$$

aus Bild B 2.3/2 ablesen. Damit ist die Lösung der gestellten Frage aber schon gegeben. Aus Tab.2.1 folgt für die gesuchte A-posteriori-Wahrscheinlichkeit mit der
Regel von Bayes:

$$P(A_1|B) = \frac{P(B|A_1)P(A_1)}{P(B|A_1)P(A_1)+P(B|A_2)P(A_2)} = \frac{\frac{5}{6}\cdot\frac{1}{2}}{\frac{5}{6}\cdot\frac{1}{2}+\frac{1}{3}\cdot\frac{1}{2}} = \frac{5}{7} \quad .$$

Bei diesem einfachen Beispiel läßt sich die Lösung bei geschickter Betrachtung auch direkt aus dem Bild ablesen. In komplizierteren Fällen ist dies jedoch nicht mehr möglich. Die A-posteriori-Wahrscheinlichkeit ist aber gerade bei Übertragungsproblemen der statistischen Entscheidungstheorie von ausschlaggebender Bedeutung, da sie ein Kriterium für optimale Entscheidungen liefert. ∎

Zusammenfassung: Die bisherigen Ausführungen des Abschnittes 2.2 befaßten sich mit dem Zufallsexperiment und seiner Beschreibung mit Hilfe eines mathematischen Modells. Dieses Modell ist prinzipiell völlig abstrakt; es kennt nur Mengen, die durch beliebige "Merkmale" definiert sind, sowie diesen Mengen zugeordnete Wahrscheinlichkeiten. Zur Beschreibung eines realen Experimentes wurden diese Merkmale mit Punkt auf der Kugel, Fläche des Würfels, Farbe, Spielkarte usw. identifiziert. Die Beispiele sind bewußt nicht aus dem Bereich der Elektrotechnik gewählt, wodurch der allgemeine und abstrakte Charakter des Modells unterstrichen werden soll.

Bei den meisten technischen Anwendungen der Wahrscheinlichkeitsrechnung lassen sich Zufallserscheinungen mit Hilfe von reellen Zahlen beschreiben. Man ordnet dann den Merkmalen reelle Zahlen zu. Auf diese Weise entstehen die im folgenden beschriebenen Zufallsvariablen.

2.2.5 Zufallsvariable

Eine Zufallsvariable ist eine Funktion, die jedem Element der Merkmalsmenge eine reelle Zahl zuordnet (Bild 2.3), d.h. die Merkmalsmenge in die Menge der reellen Zahlen abbildet. Der Ausdruck Zufallsvariable ist also irreführend, da es sich um eine wohldefinierte Funktion, also weder um eine Variable noch um etwas Zufälliges handelt. Trotzdem wird er allgemein verwendet.

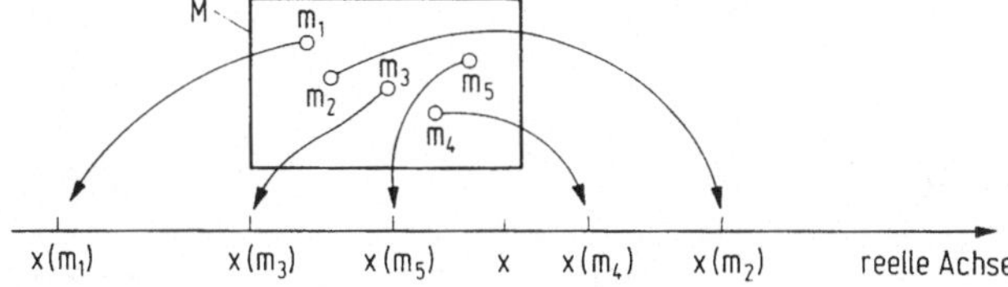

Bild 2.3. Zufallsvariable

Die Zufallsvariable wird im folgenden mit $x_m = x(m)$ bezeichnet, sofern es erforderlich ist, ist sie von der laufenden Koordinate x auf der reellen Achse zu unterscheiden. So bedeutet die Aussage

$$x_m \leq x \quad , \tag{2.12}$$

daß die Variable x_m kleiner oder gleich einem beliebig gewählten Punkt auf der reellen Achse ist. Dies ist aber ein Ereignis, da damit eine Teilmenge der Merkmalsmenge angegeben ist; im Beispiel des Bildes 2.3 die Teilmenge $\{m_1, m_3, m_5\}$. Daraus erkennt man, daß $x_m \leq -\infty$ dem Ereignis $\emptyset$, $x_m \leq \infty$ dem Ereignis M entspricht.

Falls eine Unterscheidung der Variablen x_m von der Koordinate x nicht erforderlich ist, wird der Index m künftig weggelassen.

Aus dem Gesagten geht hervor, daß jedem beliebigen Intervall der reellen Achse ein Ereignis entspricht. Ein Ereignis hat aber nach Abschnitt 2.2.2 eine Wahrscheinlichkeit. Diese läßt sich in Analogie zu Gl.(2.7) folgendermaßen angeben:

$$P(a < x_m \leq b) = \int_a^b f_x(x) \, dx \tag{2.13a}$$

mit

$$\int_{-\infty}^{+\infty} f_x(x) \, dx = 1 \quad . \tag{2.13b}$$

Die Funktion $f_x(x)$ nennt man die *Wahrscheinlichkeitsdichtefunktion* der Zufallsvariablen x. (Der Index x muß nur in Zweifelsfällen geschrieben werden; die Funktion wird kürzer einfach *Dichte* genannt.) Integriert man die Dichte über ein Intervall, so erhält man die Wahrscheinlichkeit dafür, daß die Zufallsvariable x in dieses Intervall fällt. Jede nichtnegative Funktion, die Gl.(2.13b) erfüllt, ist als Dichtefunktion geeignet. Läßt man in Gl.(2.13a) die untere Grenze a gegen $-\infty$ gehen und setzt die obere Grenze b gleich der laufenden Koordinate x, so erhält man gerade die Wahrscheinlichkeit des durch Gl.(2.12) definierten Ereignisses:

$$P(x_m \leq x) = F_x(x) = \int_{-\infty}^{x} f_x(\xi) d\xi \tag{2.14a}$$

$$\text{mit } F_x(-\infty) = 0; \quad F_x(x) \geq 0; \quad F_x(\infty) = 1 \tag{2.14b}$$

$$\text{und} \quad f_x(x) = \frac{d}{dx} F_x(x) \quad . \tag{2.14c}$$

Die hierdurch definierte Funktion $F_x(x)$ ist die *Wahrscheinlichkeitsverteilungsfunktion* der Zufallsvariablen x. (Auch hier muß der Index x nur in Zweifelsfällen gesetzt werden, und die Funktion wird kurz *Verteilung* genannt.)

Während also die mit dx multiplizierte Dichte f(x)dx die Wahrscheinlichkeit dafür ist, daß die Zufallsvariable zwischen x und x + dx liegt, gibt die Verteilung $F_x(x)$ die sog. kumulative Wahrscheinlichkeit dafür an, daß die Zufallsvariable kleiner oder gleich x ist. Dichte und Verteilung sind je nach Merkmalsmenge kontinuierliche oder diskrete Funktionen.

Die Dichte (und damit auch die Verteilung) ergibt sich aus dem Wahrscheinlichkeitsbelag der Merkmalsmenge (Gl.2.7)) über die noch offene Abbildungsvorschrift der Zufallsvariablen. Man geht dabei vom *äquivalenten Ereignis* aus (vgl. auch Abschnitt 2.2.7): Einem Intervall dx auf der reellen Achse muss die gleiche Wahrscheinlichkeit zukommen wie dem entsprechenden "Intervall" dm in der Merkmalsmenge (vgl. die Veranschaulichung nach Bild 2.2):

$$f_x(x) \ |dx| = f(m) \ |dm| \quad . \tag{2.15}$$

Bei gegebener Abbildungsvorschrift $x=x(m)$ ist $dx/dm = x'(m)$ bekannt, und es folgt aus Gl.(2.15)

$$f_x(x) = \left|\frac{dm}{dx}\right| \cdot f(m) = \frac{1}{|x'(m)|} \cdot f(m) \quad . \tag{2.16}$$

Diese Beziehung gilt in dieser einfachen Form nur für eineindeutige Abbildungsvorschriften, was hier vorausgesetzt sei. Damit ist die Zufallsvariable x_m statistisch beschreibbar.

Beispiel 2.4

a) Statt der Kugel aus Beispiel 2.2a stelle man sich einen Kreiszylinder vor. Die Merkmalsmenge ist dann das Kontinuum aller Punkte auf dem Umfang, der Wahrscheinlichkeitsbelag muß nach Gl.(2.7b) $1/(2\pi)$ betragen (Radius 1). Legt man auf dem Umfang einen Punkt O und einen Punkt Q fest, so lassen sich nach Bild B 2.4/1 verschiedene Abbildungen der Merkmalsmenge auf die reelle Achse vornehmen. Denkt man

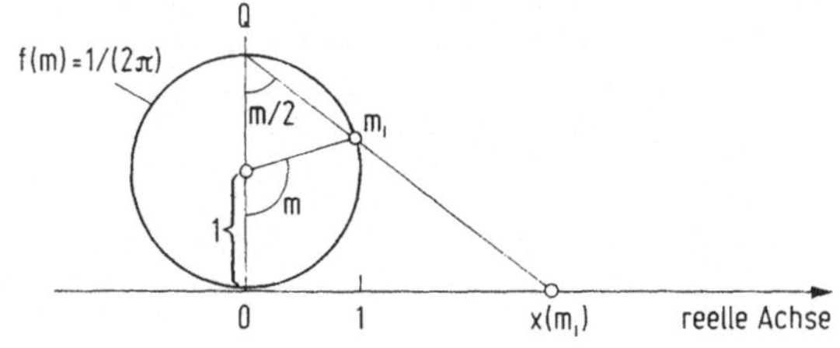

Bild B 2.4/1. Beispiel für Abbildungen

sich im Punkt Q eine Lichtquelle angebracht, so projiziert diese jeden Punkt m_i des
Umfangs eindeutig in einen Punkt $x(m_i)$. Betrachtet man den Bogen m als Koordinate
in der Merkmalsmenge, so lautet die Zufallsvariable (d.h. die Abbildungsvorschrift):

$$x(m) = 2 \tan \frac{m}{2} \; ; \quad m = 2 \arctan \frac{x}{2} \; ;$$

$$\frac{dm}{dx} = \frac{1}{1+x^2/4}$$

Mit $f(m) = 1/(2\pi)$ erhält man aus Gl.(2.16) die Dichte und aus Gl.(2.14a) die Verteilung der Zufallsvariablen x_m zu:

$$f(x) = \frac{1}{2\pi} \; \frac{1}{1+x^2/4} \; ; \quad F(x) = \frac{1}{\pi} \arctan \frac{x}{2} + \frac{1}{2} \; .$$

Die Funktionen sind in Bild B 2.4/2a dargestellt. Man überzeugt sich leicht, daß Gl.
(2.13b) und (2.14b) erfüllt sind.

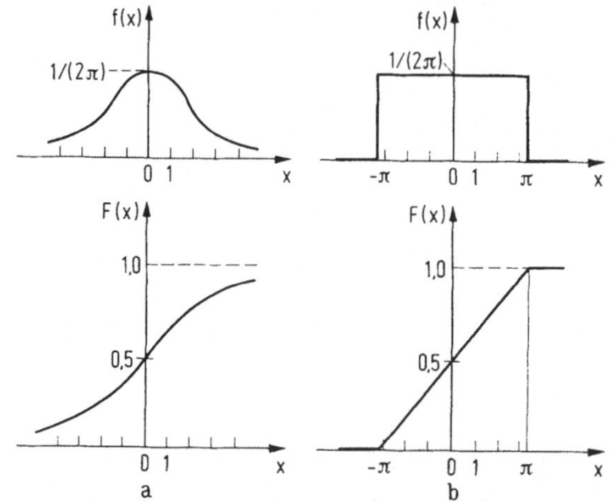

Bild B 2.4/2. Kontinuierliche Dichte- und Verteilungsfunktionen

Anstelle der soeben besprochenen Abbildungsvorschrift kann man sich auch einfach den
Umfang des Zylinders auf die reelle Achse abgewickelt denken. Es entsteht dann eine
andere Zufallsvariable mit einer Dichte und Verteilung nach Bild B 2.4/2b, die man
auch "Gleichverteilung" nennt. In beiden Fällen handelt es sich um kontinuierliche
Verteilungen.

b) Eine diskrete Verteilung ergibt sich bei Abbildung einer diskreten Merkmalsmenge.
Ordnet man etwa den Flächen des Spielwürfels aus Beispiel 2.2b die Zahlen 1 bis 6 zu,

so erhält man eine Dichte und Verteilung nach Bild B 2.4/3. Sie läßt sich durch fol-

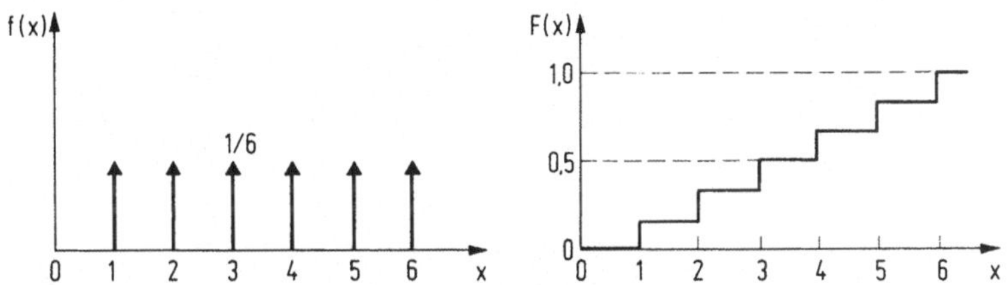

Bild. B 2.4/3. Diskrete Dichte- und Verteilungsfunktion

gende Funktionen beschreiben (siehe z.B. Gl.(2.10)):

$$f(x) = \frac{1}{6} \sum_{i=1}^{6} \delta_0(x-i); \quad F(x) = \frac{1}{6} \sum_{i=1}^{6} \delta_{-1}(x - i) \quad ,$$

wenn $\delta_0(x)$ den Impuls und $\delta_{-1}(x)$ den Sprung bedeuten.

2.2.6 Verbundvariable

Eine Zufallsvariable entsteht nach Abschnitt 2.2.5 durch Zuordnen reeller Zahlen zu
den Elementen der Merkmalsmenge. Da dieses auf verschiedene Weise geschehen kann,
lassen sich aus einer gegebenen Merkmalsmenge auch mehrere, allgemein n Zufallsvariable definieren. Man spricht dann von einer *n-dimensionalen* Zufallsvariablen oder
einem *Zufallsvektor*. Sie werden analog zu Gl.(2.13) und (2.14) durch n-dimensionale
Dichte- und Verteilungsfunktionen beschrieben, die man auch *Verbunddichte-* und *Ver-
bundverteilungsfunktionen* nennt:

$$F_{x_1 x_2 \ldots x_n}(x_1,x_2,\ldots,x_n) = \int_{-\infty}^{x_n} \cdots \int_{-\infty}^{x_2} \int_{-\infty}^{x_1} f_{x_1 x_2 \ldots x_n}(\xi_1,\xi_2,\ldots,\xi_n)\, d\xi_1 d\xi_2 \ldots d\xi_n$$

$$(2.17a)$$

oder in Vektorschreibweise mit $\underline{x} = (x_1,x_2,\ldots x_n)$:

$$F_{\underline{x}}(\underline{x}) = \int_{-\infty}^{\underline{x}} f_{\underline{x}}(\underline{\xi})\,d\underline{\xi} \quad . \qquad (2.17b)$$

Viele Probleme der Praxis lassen sich unter Beschränkung auf zweidimensionale Variable lösen. Im folgenden werden daher zwei Zufallsvariable betrachtet, die der ein-
facheren Schreibweise wegen mit x und y bezeichnet werden.

Zweidimensionale Dichte- und Verteilungsfunktionen mit den wichtigsten Eigenschaften sind zusammenfassend in Tab.2.2 dargestellt, die im folgenden kurz erläutert wird.

Tabelle 2.2 Zweidimensionale Dichte- und Verteilungsfunktionen

Dichtefunktion	Verteilungsfunktion
$f_{xy}(x,y) = \dfrac{\partial^2}{\partial x \partial y} F_{xy}(x,y)$	$F_{xy}(x,y) = \displaystyle\int\limits_{-\infty}^{y} \int\limits_{-\infty}^{x} f_{xy}(\xi,\eta)\,d\xi\,d\eta$
$f_{xy}(x,y)dxdy = P(x<x_m \leq x+dx,\ y<y_m \leq y+dy) \geq 0$	$F_{xy}(x,y) = P(x_m \leq x,\ y_m \leq y) \geq 0$
	$F_{xy}(-\infty,y) = F_{xy}(x,-\infty) = 0$
$\displaystyle\int\limits_{-\infty}^{+\infty} f_{xy}(x,y)\,dy = f_x(x)$	$F_{xy}(x,\infty) = F_x(x)$
$\displaystyle\int\limits_{-\infty}^{+\infty} f_{xy}(x,y)\,dx = f_y(y)$	$F_{xy}(\infty,y) = F_y(y)$
$\displaystyle\int\limits_{-\infty}^{+\infty} \int\limits_{-\infty}^{+\infty} f_{xy}(x,y)\,dxdy = 1$	$F_{xy}(\infty,\infty) = 1$

Bedingte Funktionen

$f_{xy}(x,y) = \begin{cases} f_x(x\|y)f_y(y) \\ f_y(y\|x)f_x(x) \end{cases}$	$F_x(x\|y) = \displaystyle\int\limits_{-\infty}^{x} f_x(\xi\|y)\,d\xi$ $F_y(y\|x) = \displaystyle\int\limits_{-\infty}^{y} f_y(\eta\|x)\,d\eta$
$\displaystyle\int\limits_{-\infty}^{+\infty} f_x(x\|y)\,dx = \int\limits_{-\infty}^{+\infty} f_y(y\|x)\,dy = 1$	$F_x(\infty\|y) = F_y(\infty\|x) = 1$

Statistisch unabhängige Variable

$f_x(x\|y) = f_x(x); \quad f_y(y\|x) = f_y(y)$	$F_x(x\|y) = F_x(x); \quad F_y(y\|x) = F_y(y)$
$f_{xy}(x,y) = f_x(x) \cdot f_y(y)$	$F_{xy}(x,y) = F_x(x) \cdot F_y(y)$

Regel von Bayes

$$f_x(x|y) = \frac{f_{xy}(x,y)}{f_y(y)} \;;\qquad f_x(x|y) = \frac{f_y(y|x)\,f_x(x)}{\displaystyle\int\limits_{-\infty}^{+\infty} f_y(y|x)\,f_x(x)\,dx}$$

Die mit dx dy multiplizierte Dichte ist die Wahrscheinlichkeit für das Verbundereignis, daß die Variable x_m zwischen x und x + dx und die Variable y_m zwischen y und y + dy liegt. Die Verteilung gibt die Wahrscheinlichkeit dafür an, daß $x_m \leq x$ *und* $y_m \leq y$ ist. Aus der Verbunddichte lassen sich durch "Herausintegrieren" einer Variablen die Einzeldichten gewinnen. Entsprechend den bedingten Wahrscheinlichkeiten in Tab.2.1 lassen sich *bedingte* Dichte- und Verteilungsfunktionen definieren. Für die Dichtefunktionen ergibt sich daraus die in der Tabelle angegebene *Regel von Bayes*. Mit Hilfe der bedingten Wahrscheinlichkeiten lassen sich die Bedingungen für *statistisch unabhängige Variable* angeben: Zufallsvariable sind statistisch unabhängig, wenn und nur wenn ihre bedingten Dichte- (oder Verteilungs-)funktionen gleich den nichtbedingten Funktionen sind, d.h. wenn und nur wenn die Verbundfunktionen gleich dem Produkt der Einzelfunktionen sind.

Die Dichte- und Verteilungsfunktion zweier Zufallsvariabler x und y lassen sich, ähnlich wie der Wahrscheinlichkeitsbelag in Bild 2.2, als "Gebirge" über der x,y-Ebene darstellen. Ebenso wie dort und wie im eindimensionalen Fall nach Abschnitt 2.2.5, kann man zwischen kontinuierlichen, diskreten und ggf. gemischten Verteilungen unterscheiden.

Zu den bedingten Dichtefunktionen ist noch eine Bemerkung erforderlich. Die bedingende Variable, in $f(x|y)$ also y, ist ein Funktionswert, d.h. eine Zahl. Dies gilt jeweils für die ganze Gleichung, in der y als bedingende Größe auftritt, z.B. in der Regel von Bayes. Für einen Wert $y = y_0$ gilt folgende Interpretation:

$$f_x(x|y_0) = \lim_{\Delta \to 0} \frac{\displaystyle\int_{y_0-\Delta}^{y_0+\Delta} f_{xy}(x,y)\,dy}{\displaystyle\int_{y_0-\Delta}^{y_0+\Delta} f_y(y)\,dy} = \frac{f_{xy}(x,y_0)}{f_y(y_0)} \ . \tag{2.18}$$

Bei kontinuierlichen Dichtefunktionen verschwinden zwar beim Grenzübergang die Integrale im Nenner und im Zähler, der Quotient bleibt aber endlich und wird durch den rechten Teil der Gleichung (2.18) richtig wiedergegeben. Bei diskreten Dichtefunktionen tritt im rechten Teil der Gleichung dagegen der Quotient zweier Impulse bei $y = y_0$ auf. Dieser wird jedoch durch den mittleren Teil der Gleichung mit Hilfe der Integration als der Quotient der entsprechenden Impulsgewichte interpretiert. Vgl. hierzu auch Beispiel 2.5b. Insbesondere ist zu beachten, daß in der zweiten angegebenen Form der Regel von Bayes nur noch Zahlen stehen, da hier sowohl x als auch y bedingende Variable und damit Funktionswerte sind.

Die mehrdimensionalen Dichte- und Verteilungsfunktionen müssen, wie die eindimensionalen in Gl.(2.15), mit Hilfe des "äquivalenten Ereignisses" (vgl. auch Abschnitt 2.2.7) aus der Merkmalsmenge gefunden werden. Dies ist in vielen Fällen schwierig und wird hier nicht weiter erörtert, sondern lediglich in den Beispielen 2.5a und b für zweidimensionale Fälle gezeigt.

Beispiel 2.5

a) Man stelle sich den Kreiszylinder aus Beispiel 2.4a nun wieder als Kugel mit dem Wahrscheinlichkeitsbelag $f(m) = 1/(4\pi)$ vor. Der in Bild B 2.4/1 sichtbare Kreis sei der Äquator, der Bogen $m = m_1$ $(-\pi \le m_1 \le \pi)$ die geographische Länge. Dann ist jeder Punkt der Kugel durch die zusätzliche Angabe der geographischen Breite m_2 $(-\frac{\pi}{2} \le m_2 \le \frac{\pi}{2})$ eindeutig gekennzeichnet. Ein Flächenelement der Kugeloberfläche beträgt in diesen Koordinaten $dm = \cos m_2 \, dm_1 dm_2$. Definiert man zwei Zufallsvariable $x = m_1$ (vgl. Bild B 2.4/2b) und $y = m_2$, so muß in Analogie zu Gl.(2.15) gelten:

$$f_{xy}(x,y) \, |dxdy| = f(m) \, |dm| \quad .$$

Daraus folgt die Dichte und (nach Integration laut Tab.2.2) die Verteilung zu

$$f_{xy}(x,y) = \frac{1}{4\pi} \cos y \; ; \quad F_{xy}(x,y) = \frac{1}{4\pi} (x+\pi) (\sin y + 1) \quad ,$$

mit dem Gültigkeitsbereich:

$$-\pi \le x \le \pi \quad ; \qquad -\frac{\pi}{2} \le y \le \frac{\pi}{2} \quad .$$

Die Funktionen sind in Bild B 2.5/1 dargestellt. Man überzeugt sich leicht, daß sie alle in Tab.2.2 genannten Bedingungen erfüllen.

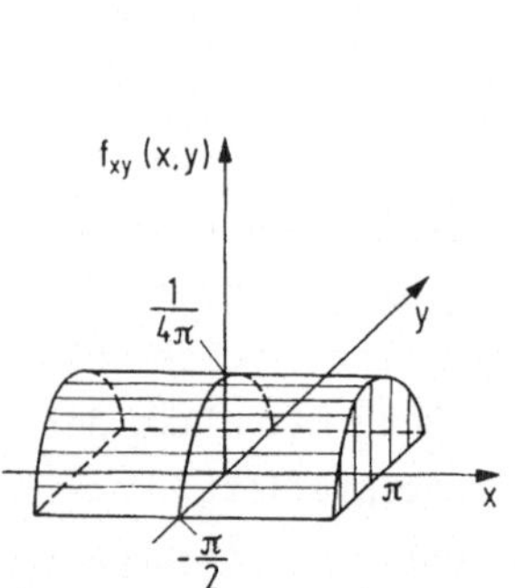
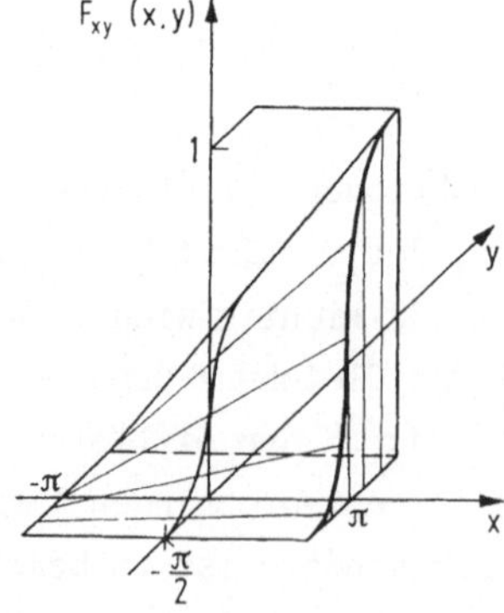

Bild B 2.5/1 Zweidimensionale kontinuierliche Dichte- und Verteilungsfunktion

Durch "Herausintegrieren" jeweils einer Variablen findet man die Einzeldichten:

$$f_x(x) = \frac{1}{4\pi} \int\limits_{-\frac{\pi}{2}}^{+\frac{\pi}{2}} \cos y \, dy = \frac{1}{2\pi} \quad ; \quad f_y(y) = \frac{\cos y}{4\pi} \int\limits_{-\pi}^{+\pi} dx = \frac{1}{2} \cos y \quad .$$

Hieraus erkennt man, daß $f_{xy}(x,y) = f_x(x) \cdot f_y(y)$ ist. Die Variablen x und y sind also statistisch unabhängig. Damit werden nach Tab.2.2 auch die bedingten Funktionen gleich den nichtbedingten Funktionen, was sich mit der Regel von Bayes leicht nachprüfen läßt.

b) Die beiden Würfel A_1 und A_2 aus Beispiel 2.3b werden gleichzeitig geworfen. Gefragt wird nach den vier folgenden Elementarereignissen m_1 bis m_4:

m_i	A_1	A_2	$P(m_i)$	x	y
m_1	–	–	4/36	0	0
m_2	B	–	20/36	0	1
m_3	–	B	2/36	0	1
m_4	B	B	10/36	1	1

Das Elementarereignis m_1 bedeutet, daß kein Würfel B (blaue Fläche) zeigt, m_2 daß nur Würfel A_1, m_3 daß nur Würfel A_2, m_4 daß beide Würfel B (blaue Flächen) zeigen. Berücksichtigt man, daß "die beiden Würfel statistisch unabhängig sind", so lassen sich die genannten Verbundwahrscheinlichkeiten $P(m_i)$ der vier Elementarereignisse nach Tab.2.1 leicht angeben. Definiert man aus diesen Ereignissen die beiden Zufallsvariablen x und y (wobei $x = A_1 \cap A_2$, $y = A_1 \cup A_2$ entspricht), so folgt unmittelbar die diskrete Dichtefunktion:

$$f_{xy}(x,y) = \frac{1}{36}\left[4\delta_0(x) \cdot \delta_0(y) + 22\delta_0(x) \cdot \delta_0(y-1) + 10\delta_0(x-1) \cdot \delta_0(y-1)\right] \quad .$$

Das Produkt zweier Impulse ist dabei als "räumlicher" Impuls zu verstehen. Integriert man diese Dichte nach Tab.2.2, so ergibt sich für die Verteilung $F_{xy}(x,y)$ ein entsprechender Ausdruck, in dem jedoch die Impulse δ_0 durch Sprünge δ_{-1} ersetzt sind.

Die Funktionen sind in Bild B 2.5/2 dargestellt.

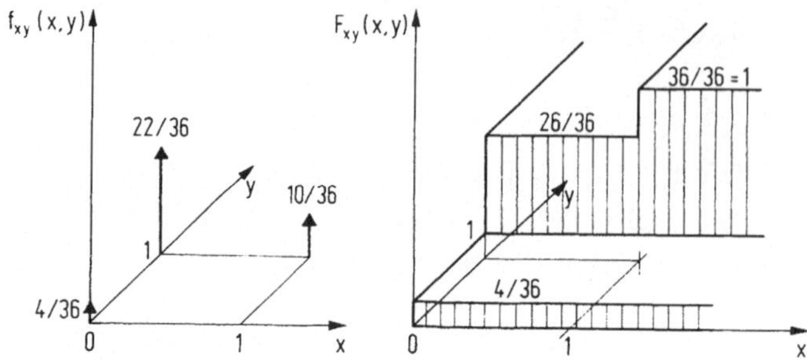

Bild B 2.5/2 Zweidimensionale
diskrete Dichte-
und Verteilungsfunktion

Für die Einzeldichten findet man durch einfache Integration:

$$f_x(x) = \frac{1}{36} \left[26\delta_0(x) + 10\delta_0(x-1) \right]$$

$$f_y(y) = \frac{1}{36} \left[4\delta_0(y) + 32\delta_0(y-1) \right] .$$

Es ist also $f_{xy}(x,y) \neq f_x(x) \cdot f_y(y)$, d.h. die Variablen sind statistisch abhängig. Mit
der Regel von Bayes nach Tab.2.2 kann man bedingte Wahrscheinlichkeiten angeben,
z.B.

$$f_x(x|y = 1) = \frac{f_{xy}(x,y = 1)}{f_y(y = 1)} = \frac{\frac{1}{36}\left[22\delta_0(x) + 10\delta_0(x-1) \right]}{\frac{32}{36}}$$

d.h.

$$f_x(x|y = 1) = \frac{1}{32} \left[22\delta_0(x) + 10\delta_0(x-1) \right]$$

Hierbei sind die bei $y = 1$ auftretenden Impulse $\delta_0(y-1)$ im Sinne der Gl.(2.18) durch
ihre Gewichte ersetzt worden. Man erkennt auch an $f_x(x|y) \neq f_x(x)$, daß die Variablen
statistisch abhängig sind. ∎

2.2.7 Transformation von Zufallsvariablen

Aus gegebenen Zufallsvariablen x,y lassen sich mit Hilfe von Funktionen andere Einzelvariable $z = z(x)$ oder Verbundvariable $u = u(x,y)$; $v = v(x,y)$ bilden. Dabei tritt das
Problem auf, die Dichte und Verteilung auf die neuen Variablen umzurechnen, also
z.B. $f_z(z)$ oder $f_{uv}(u,v)$ zu ermitteln. Diese Frage kann hier nur angedeutet werden.
Man geht dabei vom *äquivalenten Ereignis* aus, d.h. von der Forderung, daß sich ent-

sprechenden Intervallen der umzurechnenden Variablen gleiche Wahrscheinlichkeit zukommt. Wählt man diese Intervalle infinitesimal (also als Linien- oder Flächenele-
mente), so lassen sich die Dichten, wählt man sie endlich, so lassen sich die Verteilungen umrechnen. Die sich entsprechenden infinitesimalen Intervalle findet man
bei Einzelvariablen mit Hilfe der Differentialquotienten (vgl. etwa Gl.(2.15)) und
bei Verbundvariablen mit Hilfe der Funktionaldeterminate. Bei endlichen Intervallen
drückt man das äquivalente Ereignis direkt mit Hilfe der Verteilungsfunktionen aus.
In jedem Falle ist jedoch auf Mehrdeutigkeiten in der Umkehrfunktion zu achten sowie
auf die Gültigkeitsbereiche der Variablen.

Beispiel 2.6

Gegeben sei die Zufallsvariable x_m sowie $f_x(x)$ und $F_x(x)$. Für eine neue Zufallsvariable $z_m = x_m^2$ wird $f_z(z)$ und $F_z(z)$ gesucht (Bild B 2.6). Dem Ereignis, daß z_m in das
infinitesimale Intervall $|dz|$ fällt, ist das Ereignis äquivalent, daß x_m in eines
der beiden Intervalle $|dx|$ fällt. Für gleiche Wahrscheinlichkeit dieser Ereignisse
muß gelten (Bild B 2.6a):

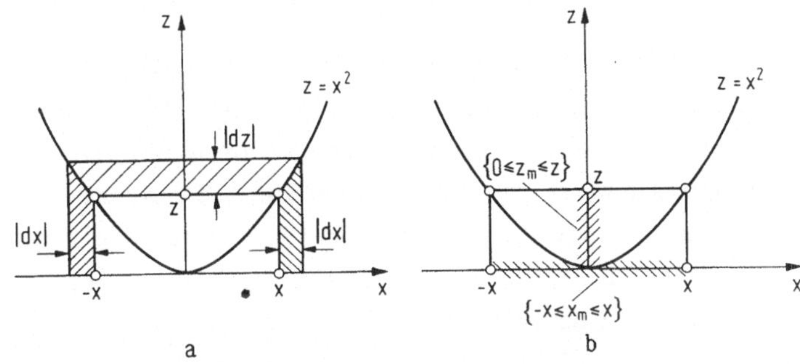

Bild B 2.6 Zur Umrechnung
der Dichte- und
Verteilungsfunktion

$$f_z(z)\,|dz| = f_x(x)\,|dx| + f_x(-x)\,|dx| \quad .$$

Mit $z = x^2$, $x = \sqrt{z}$, $dx/dz = 1/(2\sqrt{z})$ folgt

$$f_z(z) = \frac{1}{2\sqrt{z}} \left[f_x(+\sqrt{z}) + f_x(-\sqrt{z}) \right] \quad ,$$

bzw. für den häufig vorkommenden Fall, daß f_x eine gerade Funktion ist:

$$f_z(z) = \frac{1}{\sqrt{z}} f_x(\sqrt{z}) \quad .$$

Im Bild B 2.6b sind äquivalente Ereignisse im endlichen Intervall schraffiert dargestellt:

$$\{0 \le z_m \le z\} \quad \text{äquivalent} \quad \{-x \le x_m \le x\} \quad .$$

Da diese Ereignisse gleiche Wahrscheinlichkeit haben müssen, folgt

$$F_z(z) = F_x(x) - F_x(-x) = F_x(\sqrt{z}) - F_x(-\sqrt{z}) \quad .$$

Durch Differenzieren dieses Ausdruckes nach z erhält man die oben gefundene Dichte, d.h. die beiden Umrechnungsmethoden führen zum selben Ergebnis. Für eine Zufallsvariable nach Bild B 2.4/2a erhielte man also ($z \geq 0$):

$$f_z(z) = \frac{1}{2\pi\sqrt{z}} \cdot \frac{1}{1+z/4} \quad ,$$

$$F_z(z) = \frac{2}{\pi} \arctan \frac{\sqrt{z}}{2} \quad . \quad \blacksquare$$

Zusammenfassung: In den letzten drei Abschnitten wurden Zufallsvariable besprochen. Sie entstehen durch Zuordnen reeller Zahlen zu den mehr oder weniger abstrakten Merkmalen der Merkmalsmenge M. Ereignisse (Teilmengen der Merkmalsmenge) gehen dabei in Intervalle auf der reellen Achse (Teilmengen aus der Gesamtheit der reellen Zahlen) über. Ihre Wahrscheinlichkeit berechnet man durch Integration der Dichte über diese Intervalle, d.h. durch Berechnung der "Fläche" unter der Dichtefunktion.

Definiert man aus einer Merkmalsmenge mehrere Zufallsvariable, so entsteht ein Zufallsvektor (eine n-dimensionale Zufallsvariable), die sich entsprechend durch eine n-dimensionale Dichte beschreiben läßt. Bei Beschränkung auf den zweidimensionalen Fall mit den beiden Zufallsvariablen x und y ist die Dichte eine Funktion dieser beiden Variablen und läßt sich noch anschaulich als Fläche ("Gebirge") über der x,y-Ebene deuten. Ereignisse gehen in Gebiete innerhalb der x,y-Ebene über. Ihre Wahrscheinlichkeit erhält man durch zweifache Integration der Dichte über diese Gebiete, d.h. durch Berechnung des Volumens unter der Dichtefläche.

Für diskrete Zufallsvariable entartet die Dichte zu ein- oder zweidimensionalen ("räumlichen") Impulsen, deren Gewicht ihrer Fläche bzw. ihrem Volumen, also der Wahrscheinlichkeit des betreffenden Ereignisses entspricht.

Zufallsvariable sind durch ihre Dichte (oder Verteilung) vollständig charakterisiert. In der Praxis braucht man jedoch auch weniger detaillierte, durchschnittliche Angaben über Zufallsvariable. Dies sind die im folgenden besprochenen Mittelwerte.

2.2.8 Statistische Mittelwerte

Für eine Zufallsvariable z mit gegebener Dichte $f_z(z)$ definiert man folgende Größe, für die drei verschiedene Bezeichnungen üblich sind:

$$E[z] = \overline{z} = m_z = \int\limits_{-\infty}^{+\infty} z \cdot f_z(z)dz \quad . \tag{2.19a}$$

Man nennt sie den *Erwartungswert* der Zufallsvariablen z. Sie ist ein Mittelwert über die "Schar" (das "Ensemble") aller möglichen Werte z, weswegen man (im Gegensatz zu einem Zeitmittel) auch vom *Scharmittel* oder, falls Verwechslungen ausgeschlossen sind, einfach vom *Mittelwert* der Zufallsvariablen z spricht.

Die Bildung des Erwartungswertes ist eine *lineare* Operation:

$$\overline{\sum_i c_i z_i} = \sum_i c_i \overline{z_i} \quad . \tag{2.19b}$$

Der Mittelwert der Summe von Zufallsvariablen z_i ist also gleich der Summe der Mittelwerte, wobei die z_i noch mit reellen Konstanten c_i multipliziert sein können.

Mit dem Begriff des Erwartungswertes lassen sich auch Zufallsvektoren, d.h. n-dimensionale Verbundvariable (Abschnitt 2.2.6), statistisch beschreiben. Ist nämlich die Variable z in Gl.(2.19a) eine Funktion eines Zufallsvektors

$$z = z(\underline{x}) \quad \text{mit} \quad \underline{x} = (x_1, x_2, \ldots, x_n) \quad ,$$

so gilt aufgrund "äquivalenter Ereignisse" (Abschnitt 2.2.7)

$$f_z(z)dz = f_{\underline{x}}(\underline{x})d\underline{x} \quad .$$

Dann liefert aber Gl.(2.19a):

$$\overline{z(\underline{x})} = \int_{-\infty}^{+\infty} z(\underline{x}) \cdot f_{\underline{x}}(\underline{x})d\underline{x} \quad . \tag{2.20}$$

Hier tritt, wie in Gl.(2.17), die n-dimensionale Verbunddichte $f_{\underline{x}}(\underline{x})$ auf, so daß Gl.(2.20) ein n-faches Integral darstellt. Gl.(2.20) führt zum Begriff der sog. *Momente*, wenn man $z(\underline{x})$ als Produkt von Potenzen der Vektorkomponenten x_i definiert:

$$z(\underline{x}) = \prod_i x_i^{p_i} \quad , \quad \text{d.h.} \quad z(x_1, x_2, \ldots, x_n) = x_1^{p_1} \cdot x_2^{p_2} \cdots x_n^{p_n} \quad .$$

Damit folgt aus Gl.(2.20)

$$\overline{\prod_i x_i^{p_i}} = \int_{-\infty}^{+\infty} \prod_i x_i^{p_i} \cdot f_{\underline{x}}(\underline{x})d\underline{x} \quad . \tag{2.21}$$

Dies ist das *Moment* $\sum p_i$ - *ter Ordnung* der n-dimensionalen Zufallsvariablen $x_1, x_2, \ldots, x_n$. Zieht man von jeder Variablen vor der Potenzierung ihren Erwartungswert $\overline{x_i} = m_i$ (Gl.(2.19a)) ab, so erhält man das sog. *Zentralmoment* gleicher Ordnung:

$$\overline{\prod_i (x_i - m_i)^{p_i}} = \int\limits_{-\infty}^{+\infty} \prod_i (x_i - m_i)^{p_i} \cdot f_{\underline{x}}(\underline{x}) d\underline{x} \quad . \tag{2.22}$$

In der Praxis beschränkt man sich oft auf zweidimensionale Variable. Viele Probleme lassen sich ferner mit einer *Statistik zweiter Ordnung* beschreiben, bei der man höchstens Momente zweiter Ordnung berücksichtigt. Bezeichnet man die zweidimensionalen Variablen der Einfachheit wegen mit $x_1 = x$ und $x_2 = y$ sowie die Exponenten mit $p_1 = p$ und $p_2 = q$, so erhält man aus Gl.(2.21) für die Momente höchstens zweiter Ordnung einer zweidimensionalen Zufallsvariablen

$$\overline{x^p y^q} = \int\limits_{-\infty}^{+\infty} \int\limits_{-\infty}^{+\infty} x^p y^q f_{xy}(x,y) dx dy \quad ; \quad 0 \le p + q \le 2 \tag{2.23}$$

und für die Zentralmomente aus Gl.(2.22):

$$\overline{(x-m_x)^p (y-m_y)^q} = \int\limits_{-\infty}^{+\infty} \int\limits_{-\infty}^{+\infty} (x-m_x)^p (y-m_y)^q f_{xy}(x,y) dx dy \quad ;$$

$$0 \le p + q \le 2 \quad . \tag{2.24}$$

Wie man aus Tab.2.2 leicht erkennt, haben die Momente nullter Ordnung ($p = q = 0$) den Wert 1. Ferner verschwinden die Zentralmomente erster Ordnung ($p = 1$, $q = 0$ und $p = 0$, $q = 1$). Die anderen Momente dagegen sind so wichtig, daß sie besondere Namen haben. Sie sind in Tab.2.3 zusammengestellt und werden im folgenden kurz besprochen. Momente sind mit lateinischen, Zentralmomente mit den entsprechenden griechischen Buchstaben benannt.

Die Momente erster Ordnung ($p = 1$; $q = 0$ und entsprechend auch $p = 0$; $q = 1$) sind nichts anderes als die in Gl.(2.19a) definierten Erwartungswerte oder *Mittelwerte* m_x und m_y der Zufallsvariablen x und y. Die Momente zweiter Ordnung ($p = 2$; $q = 0$ und entsprechend auch $p = 0$; $q = 2$) sind die *Quadratmittel* s_x^2 und s_y^2, d.h. Mittelwerte des Quadrates, die man nicht mit dem Quadrat der Mittelwerte verwechseln darf. Die Wurzel aus den Quadratmitteln sind die Effektivwerte s_x und s_y. Die entsprechenden Zentralmomente nennt man *Varianz* σ_x^2 und σ_y^2, ihre Wurzeln heißen Standardabweichung σ_x und σ_y. Das Moment zweiter Ordnung mit $p = 1$ und $q = 1$ verknüpft die beiden Variablen und heißt *Korrelation* l_{xy}, das entsprechende Zentralmoment ist die *Kovarianz* λ_{xy}. Hieraus definiert man den *Kovarianzkoeffizienten* ρ_{xy}, der inkorrekterweise auch Korrelationskoeffizient genannt wird. Zwischen den definierten Größen bestehen die Beziehungen:

$$s_x^2 = \sigma_x^2 + m_x^2 \qquad\qquad\qquad (2.25a)$$

$$l_{xy} = \lambda_{xy} + m_x m_y \quad . \qquad\qquad\qquad (2.25b)$$

Tabelle 2.3 Momente erster und zweiter Ordnung

Momente		Zentralmomente
$\overline{x^p y^q} =$ $\displaystyle\int_{-\infty}^{+\infty}\!\!\int_{-\infty}^{+\infty} x^p y^q f_{xy}(x,y)\,dxdy$		$\overline{(x - m_x)^p (y - m_y)^q} =$ $\displaystyle\int_{-\infty}^{+\infty}\!\!\int_{-\infty}^{+\infty} (x - m_x)^p (y - m_y)^q f_{xy}(x,y)\,dxdy$
Mittelwert m_x $= \bar{x} = \displaystyle\int_{-\infty}^{+\infty} x\, f_x(x)\,dx$	$p = 1; \quad q = 0$	$\overline{(x - m_x)} = 0$
Quadratmittel s_x^2 $= \overline{x^2} = \displaystyle\int_{-\infty}^{+\infty} x^2 f_x(x)\,dx$ (s_x = Effektivwert)	$p = 2; \quad q = 0$	Varianz σ_x^2 $= \overline{(x - m_x)^2} = \displaystyle\int_{-\infty}^{+\infty} (x - m_x)^2 f_x(x)\,dx$ (σ_x = Standardabweichung)
Korrelation l_{xy} $= \overline{xy}$ $= \displaystyle\int_{-\infty}^{+\infty}\!\!\int_{-\infty}^{+\infty} xy\, f_{xy}(x,y)\,dxdy$	$p = 1; \quad q = 1$	Kovarianz λ_{xy} $= \overline{(x - m_x)(y - m_y)}$ $= \displaystyle\int_{-\infty}^{+\infty}\!\!\int_{-\infty}^{+\infty} (x - m_x)(y - m_y) f_{xy}(x,y)\,dxdy$
Kovarianzkoeffizient (Korrelationskoeffizient)		$\rho_{xy} = \dfrac{\lambda_{xy}}{\sigma_x \sigma_y} \quad ; \quad -1 \le \rho_{xy} \le 1$

<u>Eigenschaften</u>

$$l_{xx} = s_x^2 \qquad\qquad s_x^2 = \sigma_x^2 + m_x^2 \qquad\qquad \lambda_{xx} = \sigma_x^2$$
$$l_{xy} = \lambda_{xy} + m_x m_y$$

Für verschwindende Mittelwert $m_x = 0$; $m_y = 0$ sind die Momente mit den Zentralmomenten identisch

$$l_{xy} = m_x m_y \qquad \underline{\text{Unkorrelierte Variable}} \qquad \lambda_{xy} = \rho_{xy} = 0$$

Statistisch unabhängige Variable (Tab.2.2) sind stets unkorreliert. Umgekehrt gilt diese Aussage nicht.

Die Korrelation einer Variablen mit sich selbst ergibt das Quadratmittel, die
Kovarianz zwischen einer Variablen und sich selbst ergibt die Varianz:

$$l_{xx} = s_x^2 \quad ; \quad \lambda_{xx} = \sigma_x^2 \quad . \tag{2.26}$$

Gl.(2.25b) geht also für y = x in Gl.(2.25a) über.

Für Zufallsvariable mit *verschwindendem Mittelwert* sind Momente und Zentralmomente
identisch:

$$s_x^2 = \sigma_x^2 \quad ; \quad l_{xy} = \lambda_{xy} \quad . \tag{2.27}$$

Die Variablen x und y heißen *unkorreliert*, wenn ihre Kovarianz λ_{xy} (und damit auch
ihr Kovarianzkoeffizient ρ_{xy}) verschwindet:

$$\lambda_{xy} = \rho_{xy} = 0 \quad . \tag{2.28}$$

Die Bezeichnung ist insofern unlogisch, als die Korrelation l_{xy} bei unkorrelierten
Variablen nicht Null, sondern gleich dem Produkt der Mittelwerte ist und nur dann
ebenfalls verschwindet, wenn mindestens einer der Mittelwerte verschwindet.

Für *statistisch unabhängige* Variable gilt nach Tab.2.2:

$$f_{xy}(x,y) = f_x(x)f_y(y) \quad . \tag{2.29}$$

Solche Variable sind nach Tab. 2.3 stets auch unkorreliert. Unkorrelierte Variable
nach Gl.(2.28) sind jedoch nicht notwendig statistisch unabhängig.

Beispiel 2.7

a) Die Variablen x und y aus Beispiel 2.5a haben verschwindende Mittelwerte $m_x = m_y = 0$.
Infolgedessen sind Momente und Zentralmomente gleich. Man findet mit Tab.2.3:

$$s_x^2 = \sigma_x^2 = \frac{\pi^2}{3} \quad ; \qquad s_y^2 = \sigma_y^2 = \frac{\pi^2}{4} - 2 \quad .$$

Nach Tab.2.2 sind sie mit $f_{xy}(x,y) = f_x(x) \cdot f_y(y)$ statistisch unabhängig und damit
nach Tab.2.3 auch unkorreliert: Korrelation und Kovarianz verschwinden.

b) Für die Variablen x und y aus Beispiel 2.5b findet man mit Hilfe der in Tab.2.3
angegebenen Beziehungen:

$$m_x = \frac{10}{36} \quad ; \quad s_x^2 = \frac{10}{36} \quad ; \quad \sigma_x^2 = \frac{260}{36^2} \quad ; \quad l_{xy} = \frac{360}{36^2}$$

$$m_y = \frac{32}{36} \quad ; \quad s_y^2 = \frac{32}{36} \quad ; \quad \sigma_y^2 = \frac{128}{36^2} \quad ; \quad \lambda_{xy} = \frac{40}{36^2} \quad .$$

Man überzeugt sich leicht, daß die in Tab.2.3 angegebenen Zusammenhänge (vgl. auch
Gl.(2.25)) erfüllt sind. Der Kovarianzkoeffizient ergibt sich zu

$$\rho_{xy} = \frac{40}{\sqrt{33280}} \approx 0{,}22 \quad .$$

Die Variablen sind sowohl statistisch abhängig als auch korreliert.

c) Eine Verbunddichte

$$f_{xy}(x,y) = \frac{1}{\pi} \frac{1}{(1+x^2+y^2)^2}$$

liefert durch "Herausintegrieren" die Einzeldichten:

$$f_x(x) = \frac{1}{2\sqrt{(1+x^2)^3}} \;;\quad f_y(y) = \frac{1}{2\sqrt{(1+y^2)^3}} \quad .$$

Für die Korrelation findet man nach Tab. 2.3 durch Integration:

$$l_{xy} = 0 \quad .$$

Die Variablen sind statistisch abhängig, da $f_{xy}(x,y) \neq f_x(x) \cdot f_y(y)$, jedoch unkorreliert. Dies ist ein Beispiel dafür, daß die Umkehrung der Aussage in Tab.2.3 unten
nicht gilt. ∎

Zusammenfassung: Nach Definition der Zufallsvariablen in den vorangehenden Abschnitten wurden im letzten Abschnitt deren Mittelwerte besprochen. Sie sind ein Maß für
das "durchschnittliche" Verhalten von Zufallsvariablen. Ein Erwartungs- oder Mittelwert ist definiert als das Integral über die mit der Dichte multiplizierte Zufallsvariable. Die Linearität dieser Operation ermöglicht zahlreiche Umrechnungen, insbesondere bei Summen und Differenzen von Zufallsvariablen. Der Erwartungswert läßt
sich auch von Funktionen von Zufallsvariablen bilden, woraus sich u.a. die Momente
und Zentralmomente erster und zweiter Ordnung ergeben, deren Name aus der Analogie
zur Mechanik stammt (Schwerpunkt, axiale Trägheitsmomente und Zentrifugalmomente).
Mittelwert, Quadratmittel und Varianz sind solche Momente. Sie beziehen sich auf
eine einzige Zufallsvariable, während Korrelation und Kovarianz ein Mittelwert für
die "statistische Verwandtschaft" zweier Zufallsvariabler ist.

Bis jetzt war noch kein Zusammenhang mit dem Begriff "Signal", d.h. mit Zeitfunktionen erkennbar. Hierzu kommt man durch Erweiterung des Begriffes der Zufallsvariablen: Ordnet man den Merkmalen nicht Zahlen, sondern Zeitfunktionen zu, ergibt sich
der in den folgenden Abschnitten erörterte Zufallsprozeß als Modell für die Beschreibung von Zufallssignalen.

2.2.9 Zufallsprozesse

Nach Abschnitt 2.2.5 (Bild 2.3) entsteht eine *Zufallsvariable* $x_m = x(m)$ durch Zuordnung einer reellen *Zahl* $x(m_i)$ zu jedem Element m_i der Merkmalsmenge M. Denkt man sich
diese Zuordnungsvorschrift von einem Parameter t abhängig, so entsteht ein *Zufallsprozeß* in t. Diesen Parameter identifiziert man üblicherweise mit der Zeit t. Das
bedeutet, daß zu jedem Zeitpunkt eine andere Zufallsvariable gebildet wird, d.h. daß
jedem Element der Merkmalsmenge nicht eine reelle Zahl, sondern eine reelle *Zeitfunktion* $x_m(t) = x(m,t)$ zugeordnet wird. Denkt man sich Bild B 2.3 um 90° gedreht und durch
eine Zeitkoordinate t ergänzt, so entsteht Bild 2.4 zur Veranschaulichung eines Zufallsprozesses.

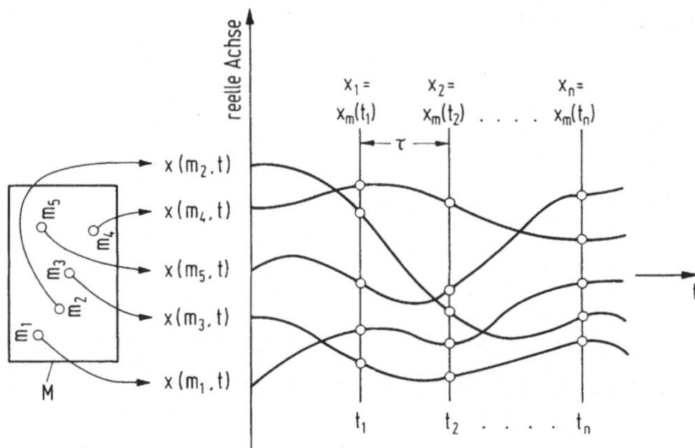

Bild 2.4. Zufallsprozeß

Ebenso wie eine Zufallsvariable nichts Zufälliges ist (vgl. Abschnitt 2.2.5), sind
auch diese Zeitfunktionen nicht zufällig. Der Zufall spielt sich in der Merkmalsmenge ab; jedem ihrer Elemente ist jedoch eine wohldefinierte Zeitfunktion zugeordnet. Der Zufallsprozeß besteht also aus einer *Schar* (einem Ensemble) determinierter
Zeitfunktionen. Eine einzelne dieser Zeitfunktionen nennt man *Musterfunktion*. Jede
dieser Musterfunktionen tritt mit der Wahrscheinlichkeit auf, die dem entsprechenden Element der Merkmalsmenge zukommt. Die Anzahl der Musterfunktionen ist für kontinuierliche Merkmalsmengen in der Regel nichtabzählbar, für diskrete Merkmalsmengen ist sie endlich.

Wie bereits gesagt, wird zu jedem Zeitpunkt eine Zufalls*variable* definiert. Die Werte der Musterfunktionen zu den festen Zeitpunkten t_1, t_2,.... t_n (Bild 2.4) definieren also n voneinander verschiedene Zufallsvariable $x_m(t_i) = x_i$ oder einen n-dimensionalen *Zufallsvektor* $\underline{x}(\underline{t}) = (x_1, x_2 .. x_n)$ mit $\underline{t} = (t_1, t_2 .. t_n)$. Ein Zufallsprozeß x(t)
ist spezifiziert, wenn die Verbunddichte- oder Verbundverteilungsfunktion nach Gl.
(2.17) für jeden beliebigen Zufallsvektor endlicher Dimension bekannt ist. Dann lassen sich prinzipiell auch alle gewünschten Momente und Zentralmomente nach Gl.(2.21)
und Gl.(2.22) berechnen. Die Dichtefunktion und damit auch die Momente sind dabei

i.a. *zeitabhängig*, da sie vom Vektor $\underline{t}$ der gewählten Zeitpunkte abhängen. Denkt man sich in Bild 2.4 z.B. alle Zeitpunkte t_i um ein gleichgroßes Intervall Δt verschoben, so ergibt sich i.a. eine andere Dichtefunktion für den betrachteten Zufallsvektor.

Entfällt die Abhängigkeit von Δt, so nennt man den Prozeß *streng stationär*. Hierbei muß für jedes Δt

$$f(\underline{x},\underline{t}) = f(\underline{x},\underline{t} + \underline{\Delta t}) = f(\underline{x},\underline{\tau}) \tag{2.30}$$

erfüllt sein, wobei $\underline{t} + \underline{\Delta t} = (t_1 + \Delta t, t_2 + \Delta t,\ldots,t_n + \Delta t)$ bedeutet. Bei einem streng stationären Prozeß ist demnach die Verbunddichte eines beliebig gewählten n-dimensionalen Zufallsvektors unabhängig vom absoluten Zeitpunkt t_1 und nur noch eine Funktion der *Zeitdifferenzen* $\underline{\tau} = (t_1-t_2,\ t_1-t_3,\ldots,\ t_1-t_n)$.

Im Rahmen einer Statistik zweiter Ordnung berücksichtigt man lediglich die Momente erster und zweiter Ordnung nach Tab.2.3. Es läßt sich damit i.a. nur ein zweidimensionaler Zufallsvektor $\underline{x} = (x_1,x_2)$ (Bild B 2.4) beschreiben. Tab.2.3 läßt sich hierauf anwenden, wenn man die Variablen x und y mit diesen beiden Komponenten x_1 und x_2 identifiziert.

In Tab.2.4 sind diese Momente zusammengestellt. (Die Kreuzkorrelationsfunktion mit den Variablen x und y wird erst später bei den Verbundprozessen besprochen.) Bei einem nichtstationären Prozess sind die Momente Funktionen der Zeit. Man spricht daher von einer *Mittelwertsfunktion* $m_x(t)$ und von einer Korrelationsfunktion, die man wegen der Zugehörigkeit beider Variablen x_1 und x_2 zum selben Prozeß genauer *Autokorrelationsfunktion* $l_{\underline{x}}(t_1,t_2)$ nennt. Mit diesen beiden Funktionen sind auch die übrigen Momente der Tab. 2.3 nach Gl.(2.55) und (2.26) bekannt, nämlich Kovarianz λ_x, Quadratmittel s_x^2 und Varianz σ_x^2.

Die Frage der Zeitabhängigkeit reduziert sich jetzt auf die Mittelwertsfunktion und die Autokorrelationsfunktion. Ist die Mittelwertsfunktion eine Konstante und die Autokorrelationsfunktion lediglich von der Zeitdifferenz $\tau = t_1 - t_2$ (Bild B 2.4) abhängig, so nennt man den Prozeß *schwach stationär* (oder "stationär in weitem Sinne"). Ein streng stationärer Prozeß nach Gl.(2.30) ist stets auch schwach stationär, wogegen die umgekehrte Aussage i.a. nicht gilt.

Die Eigenschaften eines schwach stationären Prozesses sind in Tab.2.4 aufgeführt. Die Autokorrelationsfunktion ist eine gerade Funktion von τ. Ihr Wert für $\tau = 0$ ist das Quadratmittel (vgl. Gl.(2.26)) und stets größer oder gleich ihrem Betrag für andere τ. Das Quadratmittel nennt man auch die mittlere Leistung, was im nächsten Abschnitt noch erklärt wird. Hat der Prozeß einen Mittelwert und irgendwelche periodischen Komponenten, so sind auch in der Autokorrelationsfunktion Komponenten glei-

Tabelle 2.4 Momente zweiter Ordnung bei Zufallsprozessen

Mittelwertsfunktion	$m_{\underline{x}}(t) = \overline{x(t)} = \displaystyle\int_{-\infty}^{\infty} x\, f_x(x,t)\,dx$
Autokorrelations-funktion (AKF)	$l_{\underline{x}}(t_1,t_2) = \overline{x(t_1)\cdot x(t_2)} = \displaystyle\int_{-\infty}^{\infty}\int_{-\infty}^{\infty} x_1 x_2 f_{\underline{x}}(x_1,t_1;\, x_2,t_2)\,dx_1 dx_2$
Kreuzkorrelations-funktion (KKF)	$l_{xy}(t_1,t_2) = \overline{x(t_1)\cdot y(t_2)} = \displaystyle\int_{-\infty}^{\infty}\int_{-\infty}^{\infty} xy\, f_{xy}(x,t_1;\, y,t_2)\,dxdy$
Kovarianzfunktionen:	$\lambda_{\underline{x}} = l_{\underline{x}} - m_{x1}\, m_{x2} \quad;\quad \lambda_{xy} = l_{xy} - m_x\, m_y$

__Schwach stationärer Prozeß__ $(\tau = t_1 - t_2 \,;\, t_1 = t)$:

$$m_{\underline{x}}(t) = m_{\underline{x}} = \text{const}; \qquad l_{\underline{x}}(t_1,t_2) = l_{\underline{x}}(\tau) = \overline{x(t)\cdot x(t-\tau)}$$

Eigenschaften der AKF: $l_{\underline{x}}(-\tau) = l_{\underline{x}}(\tau)$ (gerade Funktion)

$$l_{\underline{x}}(0) = \overline{x^2(t)} = s_x^2 \text{ (mittlere Leistung)} \;;\qquad l_{\underline{x}}(0) \geq |l_{\underline{x}}(\tau)|$$

Mittelwert und periodische Komponenten des Prozesses auch in AKF enthalten:

$$\lim_{\tau\to\infty} l_{\underline{x}}(\tau) = m_{\underline{x}}^2 + \text{Komponenten gleicher Periodizität}$$

Theorem von Wiener-Khintchine $l_{\underline{x}}(\tau) \circ\!\!-\!\!\bullet\, L_{\underline{x}}(f)$:

$$L_{\underline{x}}(f) = \int_{-\infty}^{\infty} l_{\underline{x}}(\tau)\, e^{-j2\pi f\tau}\, d\tau \;;\qquad l_{\underline{x}}(\tau) = \int_{-\infty}^{\infty} L_{\underline{x}}(f)\, e^{j2\pi f\tau}\, df$$

Leistungsdichte $L_{\underline{x}}(f)$ ist reell, gerade, nicht negativ

__Ergodischer Prozeß__ (Scharmittel = Zeitmittel):

$$m_{\underline{x}} = \widetilde{x(t)} = \lim_{T\to\infty}\frac{1}{T}\int_{-T/2}^{T/2} x(t)\,dt; \qquad l_{\underline{x}}(\tau) = \widetilde{x(t)\cdot x(t-\tau)} = \lim_{T\to\infty}\frac{1}{T}\int_{-T/2}^{T/2} x(t)\cdot x(t-\tau)\,dt$$

Schwach stationär: $\quad l_{xy}(t_1,t_2) = l_{xy}(\tau)$

Eigenschaften der KKF: $l_{xy}(-\tau) = l_{yx}(\tau) \quad;\quad s_x s_y \geq |l_{xy}(\tau)|$

Gemeinsame Mittelwerte und periodische Komponenten der Prozesse auch in KKF enthalten: $\qquad \lim_{\tau\to\infty} l_{xy}(\tau) = m_x m_y + \text{Komponenten gleicher Periodizität}$

Kreuzleistungsdichte $\quad L_{xy}(f) = L_{yx}^{*}(f) \quad$ beliebig komplex

__Ergodisch:__ $\quad l_{xy}(\tau) = \widetilde{x(t)\cdot y(t-\tau)} = \lim_{T\to\infty}\frac{1}{T}\int_{-T/2}^{T/2} x(t)\cdot y(t-\tau)\,dt$

Verbundprozesse

cher Periodizität enthalten (vgl. Beispiel 2.8). Für große τ kann stets angenommen werden, daß die Variablen x_1 und x_2 (Bild 2.4) nicht mehr korreliert sind: Es verbleiben in der Autokorrelationsfunktion dann nur noch die genannten Komponenten (wobei man den Mittelwert als periodische Komponente der Frequenz Null auffassen kann). Fehlen solche Komponenten, so verschwindet die Autokorrelationsfunktion für große τ. Die in Tab.2.4 noch genannte Leistungsdichte wird im nächsten Abschnitt behandelt.

Alle bisher genannten statistischen Mittelwerte sind *Scharmittel*, d.h. Mittelwerte über das Ensemble (vgl. Abschnitt 2.2.8 und Tab.2.3). Bei einem Zufallsprozeß nach Bild 2.4 müssen hierzu alle Musterfunktionen zu bestimmten festen Zeitpunkten gleichzeitig betrachtet werden. Möchte man etwa die statistischen Eigenschaften der Ausgangsspannung eines Verstärkers praktisch messen, so müßte man eine so große Anzahl völlig gleichartiger Verstärker haben, daß alle denkbaren Musterfunktionen vertreten sind. Dies ist nicht möglich. In der Regel hat man nur einen Verstärker und damit auch nur eine Musterfunktion, die man zu beliebigen Zeiten und beliebig lange beobachten kann. An dieser Musterfunktion kann man nur zeitliche Mittelwerte $\tilde{z}$ einer Größe $z(t)$ messen:

$$\tilde{z} = \lim_{T\to\infty} \frac{1}{T} \int_{-T/2}^{T/2} z(t)dt \quad . \tag{2.31}$$

Ein Prozeß, bei dem alle *Zeitmittel* $\tilde{z}$ *gleich den Scharmitteln* $\bar{z}$ oder Erwartungswerten nach Gl.(2.19) sind, heißt *ergodisch:*

$$\tilde{z} = \bar{z} \quad . \tag{2.32}$$

Die Größe z kann dabei wie in Gl.(2.20) aus mehreren Zufallsvariablen zusammengesetzt sein. Bei einem so definierten ergodischen Prozeß liefert demnach eine Musterfunktion über die Zeit gemittelt die gleiche statistische Information wie alle Musterfunktionen über die Schar gemittelt. Ein ergodischer Prozeß ist stets stationär, wogegen die Umkehrung dieser Aussage nicht gilt. Bei einem ergodischen Prozeß lassen sich Mittelwert und Autokorrelationsfunktion nach Tab.2.4 als Zeitmittel angeben.

Ob ein Prozeß ergodisch ist, läßt sich oft nicht entscheiden. Macht man trotzdem aus Gründen der Vereinfachung diese Annahme, spricht man von einer *Ergodenhypothese*.

Definiert man aus einer Merkmalsmenge nicht nur einen, sondern z.B. zwei Zufallsprozesse $x(t)$ und $y(t)$, so spricht man von *Verbundprozessen*. Neben der bisher besprochenen Beschreibung der Einzelprozesse benötigt man in der Statistik zweiter Ordnung zur Beschreibung der statistischen Verwandtschaft beider Prozesse dann noch die *Kreuzkorrelationsfunktion* l_{xy} (Tab.2.4). Bei schwach stationären Verbundprozessen (die

Prozesse müssen hierzu "im Verbund" schwach stationär sein) ist sie ebenfalls nur eine Funktion der Zeitdifferenz $\tau = t_1 - t_2$. Dabei ist sie i.a. weder gerade noch ungerade, so daß man zwischen l_{xy} und l_{yx} unterscheiden muß. Ihr Betrag für beliebiges τ ist stets kleiner oder gleich dem Produkt der Effektivwerte s_x und s_y, ihr Betrag für $\tau = 0$ stellt jedoch i.a. keinen Extremwert dar. Für große τ sind die Variablen x und y nicht mehr korreliert, bis auf gemeinsame periodische Komponenten (einschließlich der Mittelwerte), sofern solche vorhanden sind. Das Aufsuchen solcher Komponenten in einem Prozeß oder in Verbundprozessen ist eine wichtige Anwendung der Auto- oder Kreuzkorrelationsfunktion. Die in Tab.2.4 noch genannte Kreuzleistungsdichte wird im nächsten Abschnitt behandelt. Bei ergodischen Verbundprozessen schließlich (ergodisch "im Verbund"), läßt sich auch die Kreuzkorrelationsfunktion als Zeitmittel angeben.

2.2.10 Leistungsdichte

Aus den Korrelationsfunktionen läßt sich die spektrale Leistungsdichte, kurz *Leistungsdichte* L genannt, eines Zufallsprozesses oder von Verbundprozessen definieren. Dies ist nur möglich, wenn der Prozeß mindestens *schwach stationär* oder die Prozesse schwach stationär im Verbund sind, wenn die Korrelationsfunktionen also nach Tab.2.4 nur Funktionen der Zeitdifferenz $\tau = t_1 - t_2$ sind.

Der Begriff "Leistung" bedarf einer Interpretation. Eine elektrische Leistung läßt sich als u^2/R oder i^2R angeben, wenn u, i und R Spannung, Strom und Widerstand bedeuten. Denkt man sich den Widerstand grundsätzlich zu 1 Ω gewählt, so kann man jedes Amplitudenquadrat, bedeute es nun Spannung oder Strom, mit einer Leistung identifizieren und jeden Erwartungswert (Mittelwert) eines Amplitudenquadrats mit einer mittleren Leistung *). Die Autokorrelationsfunktion $l_x(0)$ für $\tau = 0$ ist ein solcher Mittelwert und kann demgemäß mit der mittleren Leistung des Zufallsprozesses identifiziert werden (Tab.2.4).

Der Begriff der mittleren Leistung läßt sich mit Hilfe der bereits erwähnten Leistungsdichte auch auf den Frequenzbereich übertragen, weswegen man genauer von "spektraler" Leistungsdichte spricht. Nach dem *Theorem von Wiener-Khintchine* ist die Leistungsdichte $L_x(f)$ eines Zufallsprozesses die Fourier-Transformierte (vgl. Abschnitt

---

*) Zwischen Amplitudenquadraten der Dimension V^2 bzw. A^2 und Leistungen der Dimension W wird in diesem Sinne künftig nicht mehr unterschieden.

2.3.2 und Tab.2.8) der Autokorrelationsfunktion $1_{\underline{x}}(\tau)$ (Tab.2.4). Dabei bedeutet f die Frequenz, so daß $L_{\underline{x}}(f)\cdot df$ die auf das infinitesimale Frequenzintervall df entfallende mittlere Leistung des Zufallsprozesses ist. Die mittlere Leistung in irgendeinem endlichen Frequenzintervall findet man durch Integration der Leistungsdichte über dieses Intervall. Für den gesamten Frequenzbereich von $-\infty$ bis ∞ folgt demnach

$$\int_{-\infty}^{\infty} L_{\underline{x}}(f)df = 1_{\underline{x}}(0) = s_x^2 \quad , \tag{2.33}$$

d.h. die gesamte mittlere Leistung des Zufallsprozesses, wie sie sich aus Tab.2.4 für $\tau = 0$ ergibt und bereits oben erwähnt wurde.

Da die Autokorrelationsfunktion eines (reellen) Zufallsprozesses eine reelle und gerade Funktion von τ ist, folgt aus den Gesetzen der Fourier-Transformation (vgl. Abschnitt 2.3.2), daß auch die Leistungsdichte reell und gerade ist.

Wendet man das Theorem von Wiener-Khintchine auf die Kreuzkorrelationsfunktion schwach stationärer Verbundprozesse an, so erhält man die *Kreuzleistungsdichte* dieser Prozesse (Tab.2.4). Da die Kreuzkorrelationsfunktion i.a. weder gerade noch ungerade ist, folgt für das Kreuzleistungsspektrum, daß es i.a. beliebig und komplex ist.

Korrelationsfunktion und Leistungsdichte sind die wichtigsten Hilfsmittel der bereits im Abschnitt 1.3 erwähnten *erweiterten harmonischen Analyse*. Mit ihrer Hilfe kann man den Durchgang schwach stationärer Zufallsprozesse durch lineare Netzwerke berechnen (vgl. Abschnitt 3.5.3).

Beispiel 2.8

Gegeben sei ein Zufallsprozeß als harmonische Schwingung mit der Kreisfrequenz ω_0, deren Nullphasenwinkel φ eine im Bereich $0 \le \varphi \le 2\pi$ gleichverteilte Zufallsvariable ist:

$$x(t) = \cos(\omega_0 t + \varphi) \quad \text{mit} \quad f_\varphi(\varphi) = \begin{cases} \dfrac{1}{2\pi} & , \quad 0 \le \varphi \le 2\pi \\ 0 & \quad \text{sonst} \end{cases} .$$

Dieser Prozeß hat im Gegensatz zu Bild 2.4 eine kontinuierliche Merkmalsmenge und eine nicht abzählbare Anzahl von Musterfunktionen. Alle Musterfunktionen sind Cosinusschwingungen, von denen jede eine andere Phasenlage hat. Gesucht sind Mittelwert und Autokorrelationsfunktion.

Zur Berechnung dieser beiden Größen sind nach Tab.2.4 die Dichte $f_{\underline{x}}(x,t)$ und die Verbunddichte $f_{\underline{x}}(x_1,t_1;x_2,t_2)$ erforderlich. Diese Größen lassen sich aus der Dichte

$f_\varphi(\varphi)$ berechnen. Der Weg ist aber umständlich und kann hier vermieden werden. Betrachtet man nämlich die Zufallsvariable x zu jedem beliebigen festen Zeitpunkt t als Funktion der Zufallsvariablen φ , so lassen sich auch irgendwelche Funktionen von x für feste Zeitpunkte als Funktionen $z(\varphi)$ der Zufallsvariablen φ auffassen, so daß Erwartungswerte nach Gl.(2.20) berechnet werden können:

$$\overline{z(\varphi)} = \int\limits_{-\infty}^{+\infty} z(\varphi) f_\varphi(\varphi) d\varphi \ \ .$$

Der Mittelwert m_x ergibt sich daraus mit $z(\varphi) = x(t) = \cos(\omega_0 t + \varphi)$ zu

$$m_x = \frac{1}{2\pi} \int\limits_{0}^{2\pi} \cos(\omega_0 t + \varphi) d\varphi = 0$$

und die Autokorrelationsfunktion mit $z(\varphi) = x(t_1) \cdot x(t_2) = \cos(\omega_0 t_1 + \varphi) \cdot \cos(\omega_0 t_2 + \varphi)$ zu:

$$l_{\underline{x}}(t_1, t_2) = \frac{1}{2\pi} \int\limits_{0}^{2\pi} \cos(\omega_0 t_1 + \varphi) \cdot \cos(\omega_0 t_2 + \varphi) d\varphi .$$

Hieraus findet man nach kurzer Zwischenrechnung:

$$l_{\underline{x}}(t_1, t_2) = \frac{1}{2} \cos \omega_0(t_1 - t_2) = \frac{1}{2} \cos \omega_0 \tau = l_{\underline{x}}(\tau) \ \ .$$

Der Mittelwert ist also konstant gleich Null, die Autokorrelationsfunktion ist nach Tab.2.4 identisch mit der Autokovarianzfunktion, und beide hängen nur von der Zeitdifferenz $\tau = t_1 - t_2$ ab. Der Prozeß ist daher schwach stationär.

Man kann nun die in Tab.2.4 genannten Eigenschaften nachprüfen: Die AKF ist eine gerade Funktion und enthält die periodischen Komponenten *) des Prozesses. Die mittlere Leistung ist nach Tab.2.3 mit der Varianz identisch und beträgt nach Tab.2.4:

$$s_x^{\ 2} = \sigma_x^{\ 2} = l_{\underline{x}}(0) = \frac{1}{2} \ \ .$$

---

*) Daß sich hier die gleiche funktionale Abhängigkeit der periodischen Komponenten in t und τ ergibt, ist ein Sonderfall. I.a. haben die Komponenten lediglich gleiche Periodizität, jedoch verschiedene Kurvenform.

Für die Leistungsdichte findet man durch Fouriertransformation mit $\omega_0 = 2\pi f_0$ (vgl.
auch Tab.2.8):

$$L_{\underline{x}}(f) = \frac{1}{2} \int\limits_{-\infty}^{+\infty} \cos 2\pi f_0 \tau \; e^{-j2\pi t \tau} \; d\tau = \frac{1}{4} \cdot \delta_0(f - f_0) + \frac{1}{4} \cdot \delta_0(f + f_0) \quad .$$

Sie ist reell, gerade und positiv und besteht aus zwei Frequenzimpulsen bei der
Frequenz $\pm f_0$ der periodischen Komponente des Prozesses (Bild B 2.8).

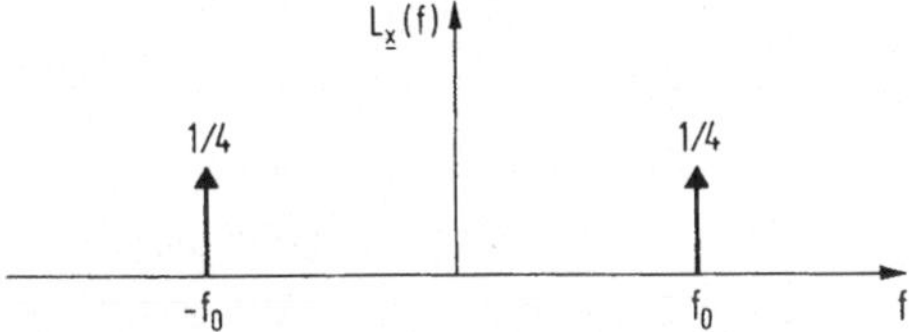

Bild B 2.8 Diskrete Leistungsdichte

Sie enthält, wie auch die AKF, keine Phaseninformation und ist deswegen auch identisch mit der Leistungsdichte einer einfachen determinierten Cosinusschwingung (vgl.
Abschnitt 2.3.3). Man überzeugt sich leicht, daß eine Integration über die Leistungsdichte nach Gl.(2.33) die mittlere Leistung ergibt.

Bestimmt man Mittelwert und AKF nach Tab.2.4 als Zeitmittel aus einer Musterfunktion (φ ist konstant):

$$m_x = \lim_{T \to \infty} \frac{1}{T} \int\limits_{-T/2}^{T/2} \cos (\omega_0 t + \varphi) dt = 0 \quad ,$$

$$l_{\underline{x}}(\tau) = \lim_{T \to \infty} \frac{1}{T} \int\limits_{-T/2}^{T/2} \cos (\omega_0 t + \varphi) \cdot \cos (\omega_0 t - \omega_0 \tau + \varphi) dt = \frac{1}{2} \cos \omega_0 \tau \quad ,$$

so ergibt sich, daß der betrachtete Prozeß auch ergodisch ist.

Diese Ergebnisse lassen sich *verallgemeinern*. Aus jeder determinierten und in T_p
periodischen Funktion $x(t) = x(t + T_p)$ läßt sich ein Zufallsprozeß $x(t + \beta)$ bilden, wobei β die Zufallsvariable ist. Die Musterfunktionen haben also identische
Kurvenformen, sind jedoch zeitlich gegeneinander verschoben, wie dies bereits im
obigen Beispiel der Fall war. Man kann zeigen ([18, 19]), daß ein solcher Prozeß
stets *streng* stationär und auch *ergodisch* ist, wenn die Zufallsvariable β innerhalb der Periodendauer *gleichverteilt* ist, wenn also gilt:

$$
f_\beta(\beta) = \begin{cases} \dfrac{1}{T_p}, & 0 \le \beta \le T_p \\[2ex] 0 & \text{sonst} \end{cases} \quad .
$$

Im obigen Beispiel entspricht dies der innerhalb 2π gleichverteilten Phase.

Jede determinierte periodische Funktion läßt sich also in diesem Sinne als ergodischer Zufallsprozeß auffassen, bei dem definitionsgemäß Scharmittel und Zeitmittel identisch sind. Hieraus ergibt sich auch der Zusammenhang zwischen den Korrelationsfunktionen von Zufallsprozessen und den Korrelationsfunktionen determinierter Signale, wie sie im Abschnitt 2.3.3 definiert werden. ∎

Zusammenfassung: Die beiden letzten Abschnitte befaßten sich mit Zufallsprozessen, einem Ensemble von Zeitfunktionen, die den Elementen der Merkmalsmenge zugeordnet sind und mit deren Wahrscheinlichkeit auftreten. Aus einem Zufallsprozeß läßt sich zu jedem gegebenen Zeitpunkt eine Zufallsvariable definieren, sozusagen als "Momentaufnahme" oder "Querschnitt" über die Werte der Musterfunktionen zu diesem Zeitpunkt. Demnach lassen sich zu jedem Zeitpunkt Dichte, Verteilung und statistische Mittelwerte (insbesondere Momente) definieren. Zu verschiedenen Zeitpunkten definierte Variable ergeben zusammen Verbundvariable (Zufallsvektoren). Ist die Verbunddichte solcher Zufallsvektoren unabhängig vom absoluten Zeitpunkt und nur abhängig von der zeitlichen Staffelung der entnommenen "Querschnitte", so heißt ein Prozeß streng stationär. Meist beschränkt man die Betrachtung auf Querschnitte zu lediglich zwei verschiedenen Zeitpunkten sowie auf eine Statistik zweiter Ordnung. Sind die dabei definierbaren Momente, insbesondere Mittelwert und Korrelation, unabhängig vom absoluten Zeitpunkt, so nennt man den Prozeß schwach stationär.

Stimmen die als Scharmittel (d.h. über das Ensemble aller Musterfunktionen) gewonnenen Momente mit den Zeitmitteln (d.h. mit den über eine einzige Musterfunktion gewonnenen Momenten) überein, so nennt man den Prozeß ergodisch.

Definiert man aus einer Merkmalsmenge nicht nur einen, sondern zwei (oder mehrere) Zufallsprozesse, so benötigt man neben den Bestimmungsstücken jedes einzelnen Prozesses noch die Kreuzkorrelationsfunktion als Maß für die statistische "Verwandtschaft" zweier Prozesse.

Für (mindestens) schwach stationäre Prozesse läßt sich durch Fourier-Transformation der Autokorrelationsfunktion die spektrale Leistungsdichte gewinnen. In Analogie zu anderen Paaren, die über die Fourier-Transformation zusammenhängen (wie z.B. Impulsantwort und Systemfunktion), sind auch Autokorrelationsfunktion und Leistungsdichte lediglich verschiedene Betrachtungsweisen desselben Sachverhaltes. Es wird sich zeigen, daß diese beiden Größen in der erweiterten harmonischen Analyse gerade die Rolle spielen, die dem Paar Impulsantwort und Systemfunktion (bzw. ganz allgemein Zeit-

funktion und Frequenzfunktion) in der harmonischen Analyse zukommt. Entsprechendes
gilt bei Verbundprozessen für das Paar Kreuzkorrelationsfunktion und Kreuzleistungsdichte.

Der Begriff der ein- oder mehrdimensionalen Dichte (oder Verteilung) von Zufallsvariablen und Zufallsprozessen wurde bisher nur allgemein eingeführt. Für die mathematische Beschreibung von Zufallsereignissen gibt es eine Anzahl praktisch wichtiger
Verteilungen, von denen im folgenden nur eine, nämlich die Gauß- oder Normalverteilung besprochen werden kann. Der dazugehörige Zufallsprozeß, der sog. Gauß-Prozeß,
ermöglicht die Beschreibung einer der wichtigsten Erscheinungen, nämlich des Rauschens.

2.2.11 Gauß-Verteilung (Normalverteilung)

Eine der wichtigsten Verteilungen bei der mathematischen Behandlung von Zufallsereignissen ist die Gauß- oder Normalverteilung. Viele Zufallserscheinungen in der Na-
tur setzen sich nämlich additiv aus einer sehr großen Zahl statistisch unabhängiger
Einzelereignisse zusammen. So ist z.B. eine der wichtigsten Störungen in der Nachrichtentechnik, das Rauschen, als Ergebnis der zufälligen Bewegung einer sehr großen
Zahl von Elektronen aufzufassen.

Ein Theorem der Wahrscheinlichkeitsrechnung - der sog. *zentrale Grenzwertsatz* - sagt
folgendes aus: Gegeben seien n statistisch unabhängige Zufallsvariable z_i beliebiger,
aber gleicher Verteilung, mit endlicher Varianz σ^2 und verschwindendem Mittelwert.

Die Summe

$$x = \frac{1}{\sqrt{n}} \sum_{i=1}^{n} z_i \qquad (2.34)$$

dieser Variablen hat dann für sehr große n die Verteilungsfunktion

$$\lim_{n \to \infty} F_x(x) = \frac{1}{\sqrt{2\pi}\sigma} \int_{-\infty}^{x} e^{-\frac{\xi^2}{2\sigma^2}} d\xi \quad . \qquad (2.35)$$

Der zentrale Grenzwertsatz besagt *nicht*, daß die Dichtefunktion der Variablen x aus
Gl.(2.34) mit dem Integranden der Gl.(2.35) identisch ist, sondern lediglich, daß
ihre Verteilungsfunktion sich für n→∞ mit Hilfe dieses Integranden exakt angeben
läßt.

Damit werden aber alle Zufallserscheinungen der genannten Art der relativ einfachen
mathematischen Beschreibung durch die *Gauß-* oder *Normalverteilung* zugänglich, deren

Dichte- und Verteilungsfunktion in Tab.2.5 angegeben sind. (Einige Werte zu Tab.2.5 finden sich in Tab.2.5a.) Beide sind durch Mittelwert m und Varianz σ^2 vollständig bestimmt. Bis auf den Maßstabskoeffizienten σ und die Verschiebung um den Mittelwert m entsprechen sie der vielfach tabellierten Gaußschen Fehlerfunktion bzw. dem Gaußschen Fehlerintegral. (Anderslautende Definitionen sind in der Fußnote angegeben). Die Eigenschaften dieser Funktionen sowie der daraus sich ergebenden Komplementfunktion sind in der Tabelle ebenfalls angegeben. Insbesondere läßt sich die Verteilungsfunktion entsprechend ihrer Definition G1.(2.14) als Fläche unter der Dichtefunktion interpretieren. Die zur Gesamtfläche 1 noch fehlende Fläche wird durch die Komplementfunktion $Q(x)$ erfaßt. Während also die Verteilungsfunktion $F = 1 - Q$ entsprechend ihrer Definition die Wahrscheinlichkeit dafür ist, daß die Variable *unterhalb* des gewählten Wertes x liegt, ergibt die Komplementfunktion Q die Wahrscheinlichkeit für das *Überschreiten* des Wertes x und die Fehlerfunktion ϕ die Wahrscheinlichkeit dafür, daß der *Betrag* der Variablen kleiner als x ist.

Wie im allgemeinen Fall nach Abschnitt 2.2.6 lassen sich auch bei der Gauß-Verteilung n-dimensionale *Verbundvariable* oder Vektoren $\underline{x} = (x_1, x_2, \ldots, x_n)$ definieren. Deren Verbunddichte $f_{\underline{x}}$ läßt sich nach Tab.2.6 angeben. Dabei bedeutet $\underline{x} - \underline{m} = (x_1 - m_1, x_2 - m_2, \ldots, x_n - m_n)$ einen Zeilenvektor, $(\underline{x} - \underline{m})^T$ den transponierten Zeilenvektor, d.h. einen Spaltenvektor. $\underline{\Lambda}_{\underline{x}}$ ist die *Kovarianzmatrix*, $\underline{\Lambda}_{\underline{x}}^{-1}$ ihre Inverse und $|\underline{\Lambda}_{\underline{x}}|$ ihre Determinante. Im Exponenten der Dichtefunktion $f_{\underline{x}}$ steht eine sog. quadratische Form, da die Kovarianzmatrix und ihre Inverse symmetrisch sind; d.h. der Exponent ist ein Skalar. Für m = 2 ist $f_{\underline{x}}$ explizit angegeben, wobei zur Vereinfachung wie auch im Abschnitt 2.2.6 für die Variablen x und y statt x_1 und x_2 geschrieben und der Kovarianzkoeffizient ρ nach Tab.2.3 eingeführt wurde. Der Sonderfall verschwindender Mittelwerte und gleicher Varianzen ist getrennt angeführt. Diese zweidimensionale Gauß-Verteilung kann man sich, wie auch die Verteilungen im Abschnitt 2.2.6 als "Gebirge" über der x,y-Ebene vorstellen, das hier jedoch glockenförmige Gestalt (vgl.Tab.2.5) hat. Für $\rho = 0$ sind die Höhenlinien Kreise, für $\rho \neq 0$ $(-1 < \rho < 1)$ sind sie Ellipsen, deren große Halbachsen in $\pm 45^\circ$-Richtung liegen.

Bemerkenswert ist, daß eine n-dimensionale Gauß-Verteilung mit Hilfe einer *Statistik zweiter Ordnung* angebbar ist, da in der Dichtefunktion $f_{\underline{x}}$ nur die Mittelwerte m_i und Kovarianzen λ_{ik}, jedoch keine Momente höherer Ordnung vorkommen (Tab.2.6, Eigenschaft 1). Weiterhin ist hervorzuheben, daß *unkorrelierte Variable auch statistisch unabhängig* sind (Eigenschaft 4), was nach Tab.2.3 durchaus nicht allgemein der Fall ist. Zwei weitere Eigenschaften (2 und 3) sind angegeben.

Aus dem Gesagten folgt, daß sich ein *Gauß-Prozeß* nach Bild 2.4 vollständig spezifizieren läßt, sobald die Mittelwertsfunktionen und Autokorrelationsfunktionen bekannt sind. Für einen nichtstationären Prozeß sind diese Größen Funktionen der Zeit (vgl. Abschnitt 2.2.9). Ist der Prozeß dagegen *schwach stationär* (vgl. Tab.2.4), so

Tabelle 2.5 Gauß-Verteilung (Normalverteilung)

Mittelwert m   ;   Varianz σ^2

Dichtefunktion $f_X(x) = \dfrac{1}{\sqrt{2\pi}\,\sigma}\, e^{-\frac{(x-m)^2}{2\sigma^2}} = \dfrac{1}{\sigma}\, \varphi\left(\dfrac{x-m}{\sigma}\right)$

Verteilungs-
funktion $\quad F_X(x) = \dfrac{1}{\sqrt{2\pi}\,\sigma} \displaystyle\int_{-\infty}^{x} e^{-\frac{(\xi-m)^2}{2\sigma^2}}\, d\xi = 1 - Q\left(\dfrac{x-m}{\sigma}\right)$

Definitionen:

Gaußsche Fehlerfunktion *): $\varphi(x) = \dfrac{1}{\sqrt{2\pi}}\, e^{-\frac{x^2}{2}}$

Gaußsches Fehlerintegral (Wahrscheinlichkeitsintegral) *):

$$\Phi(x) = 2\int_{0}^{x} \varphi(\xi)\, d\xi = \dfrac{2}{\sqrt{2\pi}} \int_{0}^{x} e^{-\frac{\xi^2}{2}}\, d\xi = 1 - 2Q(x)$$

Komplementfunktion:

$$Q(x) = \int_{x}^{\infty} \varphi(\xi)\, d\xi = \dfrac{1}{\sqrt{2\pi}} \int_{x}^{\infty} e^{-\frac{\xi^2}{2}}\, d\xi = \dfrac{1}{2} - \dfrac{1}{2}\, \Phi(x)$$

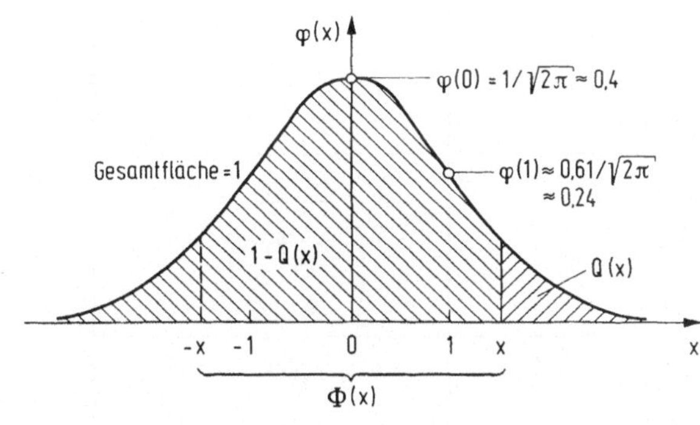

---

*) andere Definitionen:

$$\psi(x) = \dfrac{1}{\sqrt{\pi}}\, e^{-x^2} = \sqrt{2}\, \varphi(\sqrt{2}x) \quad ; \quad \mathrm{erf}(x) = \dfrac{2}{\sqrt{\pi}} \int_{0}^{x} e^{-\xi^2}\, d\xi = \Phi(\sqrt{2}x)$$

Tabelle 2.5a Einige Werte zu Tab. 2.5

x	$\varphi(x)$	$\Phi(x)$	$Q(x)$
0,000	0,399	0,000	0,500
500	0,352	0,383	0,309
1,000	0,242	0,683	0,159
282	0,175	0,800	$1,000 \cdot 10^{-1}$
500	0,130	0,866	0,668
645	0,103	0,900	0,500
2,000	$0,540 \cdot 10^{-1}$	0,955	0,228
326	0,267	0,980	$1,000 \cdot 10^{-2}$
500	0,175	0,988	0,621
576	0,145	0,990	0,500
3,000	$0,443 \cdot 10^{-2}$	0,997	0,135
090	0,337	$1 - 2,000 \cdot 10^{-3}$	$1,000 \cdot 10^{-3}$
291	0,177	1,000	0,500
500	$0,873 \cdot 10^{-3}$	0,465	0,233
719	0,396	$1 - 2,000 \cdot 10^{-4}$	$1,000 \cdot 10^{-4}$
891	0,206	1,000	0,500
4,000	0,134	0,633	0,317
265	$0,448 \cdot 10^{-4}$	$1 - 2,000 \cdot 10^{-5}$	$1,000 \cdot 10^{-5}$
417	0,231	1,000	0,500
500	0,160	0,680	0,340
753	$0,495 \cdot 10^{-5}$	$1 - 2,000 \cdot 10^{-6}$	$1,000 \cdot 10^{-6}$
891	0,254	1,000	0,500
5,000	0,149	0,573	0,287
199	$0,539 \cdot 10^{-6}$	$1 - 2,000 \cdot 10^{-7}$	$1,000 \cdot 10^{-7}$
326	0,276	1,000	0,500

Tabelle 2.6   n-dimensionale Gauss-Verteilung

$$f_{\underline{x}}(\underline{x}) = \frac{1}{\sqrt{(2\pi)^n |\underline{\Lambda}_{\underline{x}}|}} \cdot e^{-\frac{1}{2}(\underline{x} - \underline{m})\, \underline{\Lambda}_{\underline{x}}^{-1}\,(\underline{x} - \underline{m})^T}$$

$$\text{Kovarianzmatrix:} \quad \underline{\Lambda}_{\underline{x}} = \begin{bmatrix} \lambda_{11} & \cdot & \cdot & \lambda_{1n} \\ \cdot & & & \cdot \\ \cdot & & & \cdot \\ \lambda_{n1} & \cdot & \cdot & \lambda_{nn} \end{bmatrix} ; \qquad \begin{matrix} \lambda_{ii} = \sigma_i^2 \\[1em] \lambda_{ik} = \lambda_{ki} \end{matrix}$$

Beispiel n = 2: mit $x_1 = x$, $x_2 = y$, $\lambda_{xy} = \lambda_{yx} = \sigma_x \sigma_y \rho$

$$\underline{\Lambda}_{xy} = \begin{bmatrix} \sigma_x^2 & \sigma_x \sigma_y \rho \\ \sigma_x \sigma_y \rho & \sigma_y^2 \end{bmatrix} ; \qquad \underline{\Lambda}_{xy}^{-1} = \frac{1}{1 - \rho^2} \begin{bmatrix} 1/\sigma_x^2 & -\rho/\sigma_x \sigma_y \\ -\rho/\sigma_x \sigma_y & 1/\sigma_y^2 \end{bmatrix}$$

$$|\underline{\Lambda}_{xy}| = \sigma_x^2 \sigma_y^2 \,(\, 1 - \rho^2)$$

$$f_{xy}(x,y) = \frac{e^{-\frac{1}{2(1 - \rho^2)}\left[\frac{(x - m_x)^2}{\sigma_x^2} - 2\rho\frac{(x - m_x)(y - m_y)}{\sigma_x \sigma_y} + \frac{(y - m_y)^2}{\sigma_y^2}\right]}}{2\pi\sigma_x \sigma_y \sqrt{1 - \rho^2}}$$

Sonderfall

$$\left.\begin{matrix} m_x = m_y = 0 \\[1em] \sigma_x = \sigma_y = \sigma \end{matrix}\right\} \qquad f_{xy}(x,y) = \frac{1}{2\pi\sigma^2 \sqrt{1 - \rho^2}}\, e^{-\frac{1}{2(1 - \rho^2)\sigma^2}(x^2 - 2\rho x y + y^2)}$$

<u>Eigenschaften</u> n-dimensionaler Verbundvariabler:

1. Verbunddichte durch Momente 1. und 2. Ordnung (Mittelwert m_i, Kovarianzen λ_{ik}) vollständig bestimmt.

2. Einzelvariable sind ebenfalls gaußverteilt.

3. Linearkombinationen $\sum c_i\, x_i$ sind gaußverteilt.

4. Unkorrelierte Variable ($\lambda_{ik} = 0$ bzw. $\rho = 0$) ergeben Diagonalmatrizen $\underline{\Lambda}_{\underline{x}} = \text{diag}\,(\sigma_i^2)$; $\underline{\Lambda}_{\underline{x}}^{-1} = \text{diag}\,(1/\sigma_i^2)$ und sind daher auch statistisch unabhängig:

$$f_{\underline{x}}(x) = \prod_{i=1}^{n} f_{x_i}(x_i) = f_{x_1}(x_1) \cdot f_{x_2}(x_2) \,\ldots\, f_{x_n}(x_n)$$

5. Schwach stationäre Gauß-Prozesse [$m_i = m = \text{const}$, $\lambda_{ik}(t_i, t_k) = \lambda_{ik}(t_i - t_k) = \lambda_{ik}(\tau_{ik})$] sind wegen 1. auch streng stationär.

ist er *auch streng stationär*, weil damit wegen Eigenschaft 1 die Gl.(2.30) bereits
erfüllt ist. Eine Unterscheidung zwischen schwach und streng stationär ist also bei
Gauß-Prozessen nicht erforderlich.

Zusätzlich zu ihrer universellen Verwendbarkeit besitzt die Gauß-Verteilung also
durchsichtige und mathematisch leicht zu handhabende Eigenschaften. Wie schon erwähnt, lassen sich viele Probleme in der Nachrichtentechnik mit Hilfe der Gauß-Verteilung beschreiben.

2.2.12 Weißes Rauschen

In dem Modell eines Nachrichtenkanals nach Tab. 1.1 sind die bei der Nachrichtenübertragung auftretenden Störungen durch eine Störquelle n(t) dargestellt. In vielen Fällen kann man aufgrund des zentralen Grenzwertsatzes annehmen, daß

$\qquad$ n(t) gaußverteilt, stationär und mit Mittelwert Null

ist, und daß die Störungen additiv zum Sendesignal s(t) hinzutreten, so daß sich das
Empfangssignal durch

$$r(t) = s(t) + n(t) \qquad\qquad\qquad (2.36)$$

beschreiben läßt. Korrelations- und Kovarianzfunktion von n(t) sind damit nach Tab.
2.3 identisch und nach Tab. 2.4 nur eine Funktion der Zeitdifferenz τ:

$$\lambda_{\underline{n}}(\tau) = 1_{\underline{n}}(\tau) \,\circ\!\!-\!\!\bullet\, L_{\underline{n}}(f) \quad . \qquad\qquad (2.37)$$

Durch die Korrelationsfunktion $1_{\underline{n}}(\tau)$ *oder* die Leistungsdichte $L_{\underline{n}}(f)$ (Tab.2.4) ist
also der Prozeß n(t) vollständig beschrieben.

Viele physikalische Rauschquellen haben eine Leistungsdichte, die weit über den für
die Signalübertragung erforderlichen Frequenzbereich hinausgeht und dabei über der
Frequenz weitgehend konstant ist. Da jeder Empfänger (Tab.1.1) praktisch nur den
Signalfrequenzbereich durchläßt, ist es gleichgültig, welche Leistungsdichte das Rauschen außerhalb dieses Bereiches hat. Man nimmt dann der Einfachheit wegen an, daß
n(t) für *alle Frequenzen* konstante Leistungsdichte hat und kommt damit zum Begriff
des gaußschen *weißen Rauschens* w(t):

$$L_{\underline{w}}(f) = N_W = \text{const} \,^*) \quad , \quad -\infty < f < \infty \qquad (2.38\text{a})$$

$$1_{\underline{w}}(\tau) = N_W \,\delta_O(\tau) \quad . \qquad\qquad (2.38\text{b})$$

---

*) Die Leistungsdichte wird oft nur im Bereich positiver Frequenzen als N_O definiert.
Es ist $N_W = N_O/2$.

Die Autokorrelationsfunktion des weißen Rauschens w(t) ist also ein Impuls bei $\tau = 0$
(Bild 2.5). Das bedeutet, daß zwei beliebig nahe benachbarte Zufallsvariable, die
nach Bild 2.4 aus dem Prozeß w(t) definiert werden, bereits unkorreliert und damit
(als gaußverteilte Variable) auch statistisch unabhängig sind.

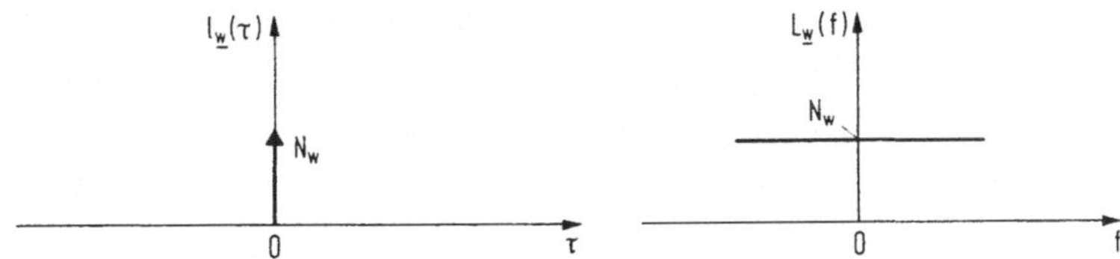

Bild 2.5 Autokorrelationsfunktion $l_{\underline{w}}(\tau)$ und Leistungsdichte $L_{\underline{w}}(f)$ des weißen
   Rauschens

Wie man leicht erkennt, ist das weiße Rauschen physikalisch eine Fiktion. Nach den
Definitionen des Abschnittes 2.1 ist es weder ein Leistungs- geschweige denn ein
Energiesignal. Aus Bild 2.5 und Gl.(2.33) ergibt sich eine unendlich große mittlere
Leistung s_w^2 bzw. Varianz σ_w^2.

Sobald jedoch weißes Rauschen ein realisierbares Übertragungssystem durchläuft, wird
es in seiner hypothetischen Leistungsdichte eingeschränkt und damit physikalisch
sinnvoll. Der Durchgang von Rauschsignalen durch Übertragungssysteme wird später
noch erörtert. Hier sei lediglich gezeigt, wie weißes Rauschen durch einen sog.
idealen Tiefpaß verändert wird.

Ein idealer Tiefpaß ist dadurch gekennzeichnet, daß er alle Frequenzen bis zu einer
Bandbreite $\pm$ B ungeändert überträgt, Frequenzen außerhalb des Intervalls F = 2B *) jedoch vollständig sperrt. Am Ausgang eines solchen Tiefpasses entsteht daher eine
Leistungsdichte nach Bild 2.6b. Deren inverse Fourier-Transformation liefert laut Tab.
2.4 die Autokorrelationsfunktion (Bild 2.6a, vgl. auch Tab.2.8):

$$l_{\underline{n}}(\tau) = N_w F \frac{\sin(\pi F \tau)}{\pi F \tau} = N_w F \, \text{si}(\pi F \tau) \ . \tag{2.39}$$

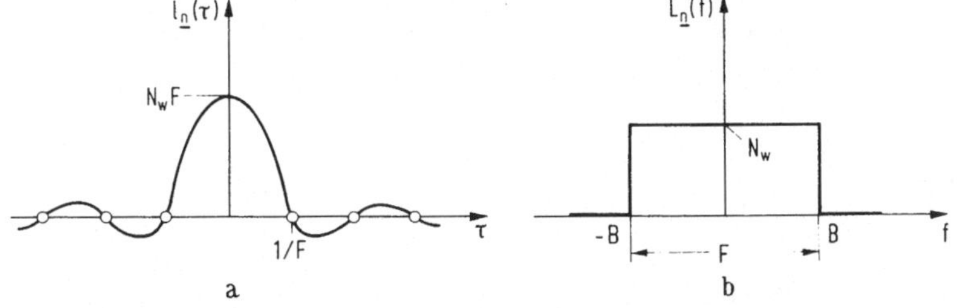

Bild 2.6 Autokorre-
lationsfunktion und
Leistungsdichte band-
begrenzten weißen
Rauschens

---

*) F = 2B wird meist auch als Bandbreite bezeichnet. Es empfiehlt sich daher, bei B
von der *einfachen* Bandbreite zu sprechen.

Sie gehorcht der bekannten (sin x)/x-Funktion, die abgekürzt si x geschrieben wird
und deren Nullstellen bei Vielfachen von $x = \pm\,\pi$, d.h. $\tau = \pm\,1/F$ liegen. Zufallsvariable in diesem zeitlichen Abstand sind also unkorreliert und damit (als gaußverteil-
te Variable) auch statistisch unabhängig. Die Bandbegrenzung auf $|f| \leq B$ hat aller-
dings gegenüber Bild 2.5 eine Verbreiterung der Autokorrelationsfunktion bewirkt, so
daß Zufallsvariable in beliebigem zeitlichem Abstand i.a. nicht mehr unkorreliert
sind. Die mittlere Leistung $s_n^{\,2}$ und (wegen m_n = O) Varianz $\sigma_n^{\,2}$ betragen jetzt nach
Tab.2.4

$$s_n^{\,2} = \sigma_n^{\,2} = 1_{\underline{n}}(0) = N_w \cdot F \quad , \tag{2.40}$$

was ersichtlich mit der Integration über die Leistungsdichte nach Gl.(2.33) überein-
stimmt. Am Ausgang des idealen Tiefpasses entsteht also ein physikalisch sinnvolles
Leistungssignal mit endlicher mittlerer Leistung (Varianz) nach Gl.(2.40) und einer
Gauß-Verteilung nach Tab.2.5. Dies ist ein erstes Beispiel für die bereits mehrfach
erwähnte erweiterte harmonische Analyse, d.h. für die Berechnung des Durchgangs von
Zufallssignalen durch (wenn auch idealisierte) Übertragungssysteme.

Zusammenfassung: Mit den Ausführungen des gesamten Abschnittes 2.2 sind die wichtigsten Grundlagen für die mathematische Beschreibung zufälliger Signale - wenn auch in
aller Kürze - besprochen worden. Ausgehend von allgemeinen Ansätzen für n-dimensionale Zufallsvariable sowie für deren Momente n-ter Ordnung erfolgte eine Beschränkung auf die praktisch wichtigsten Fälle, nämlich zweidimensionale Zufallsvariable
und deren Beschreibung mit Hilfe einer Statistik zweiter Ordnung, d.h. mit Momenten
höchstens zweiter Ordnung. Von den zahlreichen praktisch wichtigen Verteilungen wurde
lediglich die Gauß- oder Normalverteilung eingehender erörtert. Eine besondere Eigenschaft dieser Verteilung ist die Tatsache, daß sich auch n-dimensionale Probleme mit
Hilfe der Statistik zweiter Ordnung behandeln lassen. Als typische Beispiele für Zufallsprozesse mit Gauß-Verteilung wurden schließlich das weiße und das bandbegrenzte
Rauschen besprochen.

Die folgenden Abschnitte behandeln die determinierten Signale sowie die Unterschiede
und Ähnlichkeiten ihrer mathematischen Beschreibung gegenüber den Zufallssignalen.

2.3 Determinierte Signale

Wie im Abschnitt 2.2.9 ausgeführt, sind die Musterfunktionen eines Zufallsprozesses
nach Bild 2.4 nicht zufällige, sondern determinierte Zeitfunktionen. Der Zufall liegt
in der Merkmalsmenge, nämlich darin, daß man nicht weiß, welche dieser Musterfunktionen auftritt.

Ordnet man jedem Merkmal m_i die *gleiche* (determinierte) Musterfunktion

$$x(m_i,t) = x_m(t) \text{ für alle } i$$

zu, so entsteht ein Zufallsprozeß mit lauter identischen Musterfunktionen. Eine zu
irgend einem Zeitpunkt t definierte Variable (Bild 2.4) hat dann die Dichtefunktion

$$f_x(x) = \delta_0[x-x_m(t)] \quad . \tag{2.41}$$

Mittelwert und Varianz ergeben sich damit nach Tab. 2.3 zu

$$m_x = x_m(t) \quad ; \quad \sigma_x^- \equiv 0 \quad . \tag{2.42}$$

Dieser Zufallsprozeß, dessen Mittelwert eine bekannte Funktion der Zeit ist und dessen Varianz identisch verschwindet, ist ein *determiniertes* Signal

$$x(t) = x_m(t) \quad ,$$

d.h. sein zeitlicher Verlauf ist genau bekannt. Er ist i.a. nicht stationär, ge-
schweige denn ergodisch. Scharmittel und Zeitmittel führen daher i.a. zu verschiedenen
Ergebnissen. Eine Ausnahme ergibt sich bei periodischen Signalen, wenn man sie als
Zufallsprozesse auffaßt (vgl. den Schluß des Beispiels 2.8).

Bei einem determinierten Signal entfällt jede Unsicherheit bezüglich seines Wertes
zu irgend einem Zeitpunkt. Trotzdem eignet es sich in der gegebenen Form nicht immer
für die Belange der Nachrichtentechnik. Es bedarf - je nach Problemstellung - einer
geeigneten mathematischen Umformung. Die wichtigsten Methoden werden im folgenden
besprochen.

2.3.1 Orthogonale Funktionen

Eine oft sehr zweckmäßige Beschreibung eines Signals ist seine Entwicklung in eine
endliche oder abzählbar unendliche Summe (Reihe) orthogonaler Funktionen.

Zum Verständnis und einer übersichtlichen Schreibweise zuliebe sind einige allgemeine Definitionen erforderlich, die in Tab.2.7 oben angegeben sind. Alle Erörterungen gelten für ein vorgegebenes *Zeitintervall* $[t_1,t_2]$, d.h. für $t_1 \leq t \leq t_2$. Die
betrachteten Zeitfunktionen können reell oder komplex sein, wobei der Stern den konjugiert komplexen Wert bedeutet und bei reellen Zeitfunktionen entfallen kann.

Man definiert das *Skalarprodukt* (innere Produkt) zweier Funktionen x(t) und y(t) nach
Tab.2.7. Entsprechend den Ausführungen im Abschnitt 2.2.10 kann man $x(t) \cdot y^*(t)$ als
Kreuzleistung der beiden Signale, das (zeitliche) Integral also als *Kreuzenergie* im
Intervall $[t_1,t_2]$ ansehen. Das Skalarprodukt $<x,x>$ der Funktion x(t) mit sich selbst
ist das Quadrat $\| x \|^2$ der *Norm* $\| x \| = \sqrt{<x,x>}$ *) und kann als *Energie* des Signals im
Intervall $[t_1,t_2]$ gedeutet werden. (Dividierte man durch die Intervalldauer t_2-t_1,
so erhielte man die entsprechenden *mittleren Leistungen*.) Zwischen Kreuzenergie und
Energie besteht die für viele Abschätzungen wichtige *Schwarzsche Ungleichung*. Sie
besagt, daß das Betragsquadrat der Kreuzenergie höchstens gleich dem Produkt der Ein-
zelenergien sein kann, und dieses nur dann, wenn Proportionalität zwischen den beiden Zeitfunktionen besteht. Die Ungleichung gilt auch, wenn man y(t) durch $y^*(t)$ ersetzt:

$$| <x,y^*> |^2 \leq \| x \|^2 \cdot \| y \|^2 \quad ,$$

wobei das Gleichheitszeichen jetzt für $y(t) = c \cdot x^*(t)$ gilt. Das *Kronecker-Delta* δ_{ik}
ist eine Kurzschreibweise, mit deren Hilfe man einer von laufenden Indizes i und k
abhängenden Größe den Wert 1 bei Gleichheit und den Wert 0 bei Verschiedenheit der
Indizes zuordnet.

Die allgemeinste Definition der Orthogonalität lautet: Ein Funktionensystem $\{\varphi_i(t)\}$
reeller oder komplexer Funktionen aus dem Intervall $[t_1,t_2]$ ist orthogonal in diesem
Intervall bezüglich einer Gewichtsfunktion $\psi(t)$, wenn gilt:

$$\int_{t_1}^{t_2} \psi(t) \cdot \varphi_i(t) \cdot \varphi_k^*(t) dt = \alpha_i \delta_{ik} \quad . \tag{2.43}$$

Im folgenden werden nur Funktionensysteme betrachtet, die auch ohne Gewichtsfunktion,
d.h. für $\psi(t) \equiv 1$, die Bedingungen erfüllen. Ein Funktionensystem $\{\varphi_i(t)\}$ heißt dann
orthogonal im Intervall $[t_1,t_2]$, wenn das Skalarprodukt aller Funktionen mit un-

---

*) Allgemein definiert man die Norm $\| x \|_p$ einer Funktion x(t) im Intervall $[t_1,t_2]$
zu

$$\| x \|_p = \left(\int_{t_1}^{t_2} |x(t)|^p dt \right)^{\frac{1}{p}} \quad .$$

Funktionen, deren so definierte Norm existiert (endlich und von Null verschieden ist),
zählt man zu einem sog. "Funktionenraum" L_p. Für p = 1 (Raum L_1) spricht man auch von
den "absolut integrierbaren", für p = 2 (Raum L_2) von den "quadratisch integrierbaren"
Funktionen. Die oben (ohne Index) definierte Norm $\| x \| = \| x \|_2$ gilt also für p = 2.
Abweichungen hiervon werden künftig besonders gekennzeichnet.

Tabelle 2.7 Orthogonale Funktionen

Allgemeine Definitionen: Zeitintervall $[t_1, t_2]$
$$\langle x,y\rangle = \int_{t_1}^{t_2} x(t)y^*(t)dt \quad ; \qquad \langle y,x\rangle = \langle x,y\rangle^* \qquad \text{Skalarprodukt}$$ $$\text{Kreuzenergie}$$ $$\langle x,x\rangle = \|x\|^2 = \int_{t_1}^{t_2} x(t)x^*(t)dt = \int_{t_1}^{t_2} |x(t)|^2 dt \qquad \text{Energie} \qquad \|x\| = \sqrt{\langle x,x\rangle} \ \text{Norm}$$ Schwarzsche Ungleichung $\qquad\qquad\qquad\qquad$ Kronecker-Delta $$|\langle x,y\rangle|^2 \leq \|x\|^2 \cdot \|y\|^2 \qquad\qquad \delta_{ik} = \begin{cases} 1 \ \text{für } i = k \\ 0 \ \text{für } i \neq k \end{cases}$$ Gleichheit gilt für $y(t) = c \cdot x(t)$
Orthogonale Funktionen $\{\varphi_i(t)\}$: $$\langle \varphi_i, \varphi_k\rangle = \|\varphi_i\|^2 \delta_{ik} \ \overset{n}{=} \ \delta_{ik}$$ Division der Funktionen durch ihre Norm liefert orthonormale Funktionen $\|\varphi_i\|^2 = 1$ (Zeichen $\overset{n}{=}$).
Approximation von $x(t)$ durch n Funktionen $\varphi_i(t)$: $$x(t) - \varepsilon(t) = x_{(n)}(t) = \sum_{i=1}^{n} x_i \varphi_i(t) \quad \text{mit} \quad x_i = \frac{1}{\|\varphi_i\|^2} \langle x, \varphi_i\rangle$$ x_i sind verallgemeinerte Fourier-Koeffizienten mit der Eigenschaft, daß für den Fehler $\varepsilon(t) = x(t) - x_{(n)}(t)$ gilt: $$\|\varepsilon\|^2 = \int_{t_1}^{t_2} |x(t) - x_{(n)}(t)|^2 dt \quad \rightarrow \quad \text{Minimum}$$ Approximation optimal bezüglich kleinster Norm $|\varepsilon|$ des Fehlers bzw. kleinsten mittleren Fehlerquadrates $\|\varepsilon\|^2$.
Vollständiges System $\{\varphi_i(t)\}$: $\lim_{n\to\infty} \|\varepsilon\| = 0$ $\varepsilon(t)$ ist Nullfunktion. Es gilt "fast überall": $x(t) = \sum_{i=1}^{\infty} x_i \varphi_i(t)$
Theorem von Parseval: $$\langle x,y\rangle = \sum_{i=1}^{\infty} \|\varphi_i\|^2 x_i y_i^* \ \overset{n}{=} \ \sum_{i=1}^{\infty} x_i y_i^*$$ $$\langle x,x\rangle = \|x\|^2 = \sum_{i=1}^{\infty} \|\varphi_i\|^2 |x_i|^2 \ \overset{n}{=} \ \sum_{i=1}^{\infty} |x_i|^2$$

gleichem Index (k $\neq$ i) nach Tab.2.7 verschwindet. Für gleichen Index k = i ergibt
sich das Quadrat $\|\varphi_i\|^2$ der Norm. Dividiert man jedes dieser Signale durch seine Norm,
so spricht man von einem *orthonormalen* System. Für solche Systeme ist in Tab.2.7
$\|\varphi_i\|$ = 1 zu setzen; der Übergang wird durch das Zeichen $\overset{n}{=}$ angegeben.

Die Entwicklung einer Funktionen x(t) im Intervall $[t_1, t_2]$ in eine Reihe orthogonaler Funktionen ist bei *endlicher* Gliederzahl n i.a. nur eine *Approximation* $x_{(n)}(t)$,
die sich um den *Fehler* $\varepsilon(t)$ von der Funktion x(t) unterscheidet. Die Koeffizienten
x_i der Reihe lassen sich dank der Orthogonalität der Funktionen $\{\varphi_i(t)\}$ nach Tab. 2.7
als inneres Produkt der zu entwickelnden Funktion x(t) mit der betreffenden Funktion
$\varphi_i(t)$ bestimmen. Man nennt sie die *verallgemeinerten Fourierkoeffizienten*. Sie haben
die Eigenschaft, daß die Approximation optimal ist im Sinne *kleinster Fehlernorm*
$\|\varepsilon\|$ bzw. *kleinsten mittleren Fehlerquadrates* $\|\varepsilon\|^2$. Das bedeutet, daß die Energie
des Fehlers durch diese Wahl der Koeffizienten bei gegebenem n ein Minimum wird.

Ein orthogonales System heißt *vollständig*, wenn die Fehlernorm verschwindet, sobald
die Gliederzahl n gegen Unendlich geht. Das bedeutet zwar nicht, daß der Fehler $\varepsilon(t)$
identisch verschwindet. Er wird jedoch zu einer sog. *Nullfunktion*. Eine solche Funktion kann höchstens zu diskreten Zeitpunkten, deren Menge jedoch einem verschwindendem Zeitintervall entspricht, von Null verschieden sein. Der Fehler $\varepsilon(t)$ hat also
keine Energie. Man sagt dann, die Funktionen x(t) und $x_{(n)}(t)$ seien "fast überall"
gleich.

Aus der Orthogonalität und Vollständigkeit eines Systems ergibt sich das *Theorem von
Parseval* (Tab.2.7). Auf zwei entwickelte Funktionen x(t) und y(t) angewendet besagt es, daß deren Kreuzenergie $\langle x,y \rangle$ gleich ist der Summe der Kreuzenergien seiner orthogonalen Komponenten. Diese Kreuzenergie $\langle x,y \rangle$ verschwindet, wenn die Funktionen x(t) und y(t) ihrerseits bereits orthogonal sind. Auf die gleiche Funktion
(y=x) angewendet folgt daraus, daß die Energie des Signals gleich der Summe der Ener-
gien seiner orthogonalen Komponenten ist. Durch Division mit der Intervalldauer
$t_2 - t_1$ erhält man die entsprechenden Zusammenhänge für die mittleren Leistungen (vgl.
hierzu Beispiel 3.3c).

Ein Beispiel für ein vollständiges System orthogonaler Funktionen sind die (unge-
dämpften) *komplexen Exponentialfunktionen* (mit $-\infty \leq i \leq \infty$):

$$\varphi_i(t) = e^{j2\pi i f_0 t} \quad ; \quad \|\varphi_i\|^2 = T_0 = 1/f_0 \ . \tag{2.44}$$

Sie sind orthogonal in einem Intervall $[t_1, t_1 + T_0]$, wobei T_0 die der Frequenz f_0 ent-
sprechende Periodendauer ist. Dividiert man jede Funktion durch ihre Norm $\|\varphi_i\| = \sqrt{T_0}$,
so entsteht ein orthonormales System. Entsprechend der Eulerschen Gleichung

$$e^{\pm j2\pi i f_0 t} = \cos 2\pi i f_0 t \pm j \sin 2\pi i f_0 t \tag{2.45}$$

ist eine Signaldarstellung in diesem System eine Entwicklung des Signals in eine
Reihe harmonischer Schwingungen oder in eine *Fourier-Reihe*. Dies ist eine der bis-
her am häufigsten verwendeten Beschreibungen eines Signals in der Nachrichtentechnik.
Die Fourier-Reihen werden hier als bekannt vorausgesetzt. Als Sonderfall der Fourier-
Transformation für periodische Signale werden sie im Abschnitt 3.4 besprochen.

Ein weiteres wichtiges Beispiel für ein orthogonales Funktionensystem sind die (bereits in Gl.(2.39) aufgetretenen) Funktionen vom Typ si x = (sin x)/x in folgender
Form mit $-\infty \leq i \leq \infty$:

$$\varphi_i(t) = \mathrm{si}[\pi F(t-i/F)] \quad ; \quad \|\varphi_i\|^2 = 1/F \quad . \tag{2.46}$$

Sie sind orthogonal im gesamten Zeitintervall $[-\infty,\infty]$, d.h. für $-\infty \leq t \leq \infty$. Allerdings
sind sie *nicht vollständig*, da sich mit ihrer Hilfe nur auf die Bandbreite F = 2B
bandbegrenzte Funktionen mit verschwindender Fehlernorm beschreiben lassen (vgl. Abschnitt 3.4).

Neben diesen, in der klassischen Nachrichtentechnik vorherrschenden, orthogonalen
Systemen gibt es noch andere Funktionensysteme. Wie schon im Abschnitt 1.3 erwähnt,
besteht prinzipiell kein Grund, ein bestimmtes System zu bevorzugen. Es gewinnen z.B.
orthogonale Rechteckfunktionen (Walsh-Funktionen, vgl. z.B. [5]) zunehmende Bedeutung bei digitalen Systemen. Für die Analyse und Synthese spulenloser (RC-aktiver)
Schaltungen eignen sich u.a. die orthogonalisierten Laguerre-Funktionen (vgl. z.B.
[6]). Auf diese angedeuteten Möglichkeiten kann jedoch hier nicht eingegangen werden.

Die Entwicklung in orthogonale Funktionen gilt selbstverständlich nicht nur für Zeitfunktionen, sondern auch für Funktionen jeder beliebigen Variablen. Sie wird im Rahmen der Fourier-Transformation insbesondere auch für Frequenzfunktionen benötigt
(vgl. Abschnitt 3.4).

2.3.2 Integraltransformationen, Fourier-Transformation

Die Entwicklung eines Signals in orthogonale Funktionen beschränkt sich auf ein -
in der Regel endliches - Zeitintervall $[t_1,t_2]$, nämlich auf das Orthogonalitätsin-
tervall des Funktionensystems. Über den Verlauf außerhalb dieses Intervalls ist damit zunächst nichts ausgesagt; er hängt von den Eigenschaften des Funktionensystems
ab. Bei den Fourier-Reihen (vgl. auch Abschnitt 2.3.1) wiederholt sich das Signal
periodisch außerhalb des Intervalls; ebenso bei den erwähnten Walsh-Funktionen. Die
si-Funktionen sind zwar im unbeschränkten Zeitintervall orthogonal, jedoch nicht

vollständig. Die Laguerre-Funktionen sind lediglich in Halbintervall $[0,\infty)$ orthogonal. Es gibt zwar Funktionensysteme, die im unbeschränkten Zeitintervall orthogonal und vollständig sind. Sie eignen sich jedoch kaum für die Behandlung von Übertragungsproblemen.

Zur Beschreibung von Signalen im unbeschränkten Zeitintervall bedient man sich daher vorzugsweise der Integraltransformationen. Eine der wichtigsten Integraltransformationen in der System- und Netzwerktheorie ist die (einseitige und zweiseitige) *Laplace-Transformation* [7], die hier als bekannt vorausgesetzt wird. Sie eignet sich besonders für die Analyse linearer zeitunabhängiger Systeme (vgl. z.B. [8]). Als Sonderfall der Laplace-Transformation unter gewissen Konvergenzbedingungen (vgl. Abschnitt 3.1) ergibt sich die *Fourier-Transformation* [9], die hier ebenfalls als bekannt vorausgesetzt werden muß. Wegen ihrer Bedeutung für die Nachrichtenübertragung sind jedoch ihre wichtigsten Eigenschaften in Tab.2.8 zusammenfassend dargestellt. Dabei wird - ohne weitere Erörterungen - vorausgesetzt, daß für die betrachteten Funktionen die Fourier-Transformation existiert *) oder in geeigneter Weise interpretierbar ist.

Die Definitionsgleichungen der Fourier-Transformation sind in der Kopfzeile der Tab. 2.8 angegeben. Die hier gewählte Schreibweise benutzt im Bild- oder Unterbereich die Frequenz f als Variable, wodurch die Beziehungen zwischen Zeitbereich und Frequenzbereich (d.h. zwischen Original- oder Oberbereich und Bild- oder Unterbereich) am deutlichsten zum Ausdruck kommen. Hierauf wird später noch eingegangen. Andere gebräuchliche Schreibweisen der Fourier-Transformation lassen sich hieraus mit Hilfe der Beziehung $\omega = 2\pi f$ zwischen Kreisfrequenz ω und Frequenz f leicht ableiten.

Die Fourier-Transformation ordnet jeder (geeigneten) *Zeitfunktion* $x(t)$ eine *Frequenzfunktion* (Spektralfunktion) $X(f)$ eindeutig zu, und umgekehrt. Sowohl die Zeit- als auch die Frequenzfunktion sind i.a. *komplex*. Zwischen ihren (geraden oder ungeraden) Real- und Imaginärteilen bestehen die in Tab.2.8 unter "Eigenschaften" genannten Beziehungen. Weitere wichtige Eigenschaften sind die "Symmetrie" bei *Vertauschung* von Zeit- und Frequenzfunktion sowie die Beziehungen für die *konjugiert komplexen* Funktionen.

---

*) Hinreichend für die Existenz der Fourier-Transformation einer Zeitfunktion $x(t)$ ist (neben den sehr allgemeinen und hier stets als erfüllt vorausgesetzten sog. Dirichlet-Bedingungen) die Existenz der Norm $\| x \|_1$ (vgl. Fußnote im Abschnitt 2.3.1), d.h. die Zugehörigkeit zum Raum L_1 der absolut integrierbaren Funktionen. Diese Bedingung ist jedoch nicht notwendig. Daher haben auch andere Zeitfunktionen, insbesondere solche aus dem Raum L_2 der quadratisch integrierbaren Funktionen, eine Fourier-Transformierte. Die notwendigen Bedingungen für die Existenz der Fourier-Transformation sind nicht bekannt.

Tabelle 2.8 Fourier-Transformation

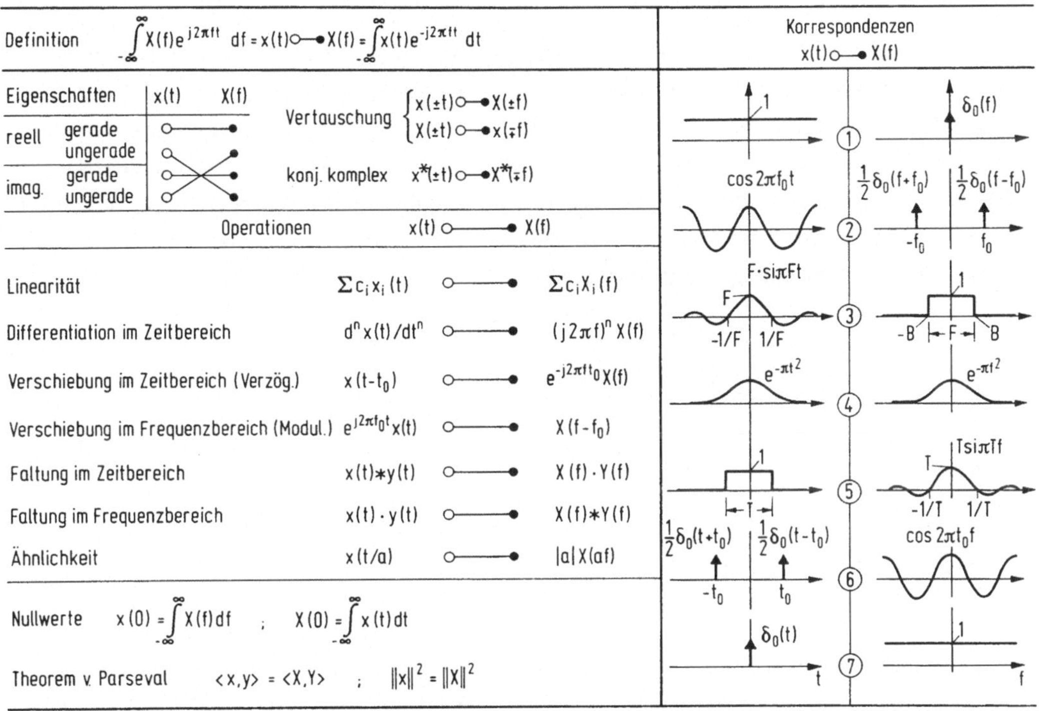

Die wichtigsten Operationen und Korrespondenzen sind in Tab.2.8 aufgeführt. Die
Operationen gleichen denen der Laplace-Transformation (vgl. z.B. [8]). Anzumerken
ist jedoch, daß die Integration im Zeitbereich fehlt, da sie in der Regel auf nicht
transformierbare Funktionen führt *). Andererseits ist die Faltung im Frequenzbereich aufgenommen. Sie läßt sich - im Gegensatz zur Laplace-Transformation - hier
leichter ausführen, weil die Frequenzfunktionen die reelle Variable f besitzen und
in vielen Fällen auch selbst reellwertig sind. Weitere Einzelheiten werden von Fall
zu Fall besprochen.

Als *Korrespondenzen* sind in Tab.2.8 nur einige typische und in der Nachrichtenübertragung wichtige Beispiele aufgeführt, und zwar unter Beschränkung auf reelle
und gerade Zeitfunktionen, die aufgrund der genannten Eigenschaften auch reelle und
gerade Frequenzfunktionen liefern. In diesem Sonderfall wird die vollständige Symme-

---

*) Für die einmalige Integration gilt:

$$\int\limits_{-\infty}^{t} x(\tau)\,d\tau \;\circ\!\!-\!\!\bullet\; \tfrac{1}{2}\,\delta_0(f)X(0) + \frac{1}{j2\pi f}\,X(f) \quad , \quad \text{vgl. Beispiel 2.9.}$$

trie zwischen Zeit- und Frequenzfunktion, d.h. die "Reziprozität von Zeit und Frequenz" [10], besonders deutlich. Hierauf wird später noch Bezug genommen.

Schließlich sind in Tab.2.8 noch die *Nullwerte* der Zeit- und Frequenzfunktionen sowie das bereits in Tab.2.7 erwähnte *Theorem von Parseval* angegeben, deren Anwendung bei Bedarf noch besprochen werden wird. Zur Schreibweise des Theorems von Parseval in Tab.2.8 ist anzumerken: Die Bildung des Skalarproduktes <x,y> und des Normquadrates <x,x> = $\| x \|^2$ ist in Tab.2.7 für Zeitfunktionen erklärt. Sie gilt selbstverständlich auch für Funktionen einer anderen Variablen, also etwa der Frequenz f. Explizit geschrieben besagt also das Theorem

$$\int\limits_{-\infty}^{\infty} x(t) \cdot y^*(t) dt = \int\limits_{-\infty}^{\infty} X(f) \cdot Y^*(f) df \quad ,$$

bzw. für y = x:

$$\int\limits_{-\infty}^{\infty} |x(t)|^2 dt = \int\limits_{-\infty}^{\infty} |X(f)|^2 df \quad ,$$

was nichts anderes bedeutet, als daß die Kreuzenergie bzw. die Energie (das Normquadrat und damit auch die Norm) im Zeit- und Frequenzbereich der Fourier-Transformation identisch sind.

Einige Korrespondenzen anderer wichtiger Funktionen sind in Tab.2.8a angegeben. Sie werden in den Beispielen 2.9 und 3.1 hergeleitet und besprochen. Dabei tritt die *Hilbert-Transformation* als weitere Integraltransformation auf, die insbesondere zur Beschreibung sog. analytischer Signale benötigt wird. (Vgl. Abschnitt 3.2 und 4.2).

Tabelle 2.8a Fourier- und Hilbert-Transformierte

Definitionen:

Sprung:
$$\delta_{-1}(\alpha) = \begin{cases} 1 & \text{für } \alpha > 0 \\ \frac{1}{2} & \text{"} \quad \alpha = 0 \\ 0 & \text{"} \quad \alpha < 0 \end{cases} = \frac{1}{2} + \frac{1}{2}\,\text{sgn}\,\alpha$$

Signumfunktion:
$$\text{sgn}\,\alpha = \begin{cases} 1 & \text{für } \alpha > 0 \\ 0 & \text{"} \quad \alpha = 0 \\ -1 & \text{"} \quad \alpha < 0 \end{cases} = 2\delta_{-1}(\alpha) - 1$$

Hilbert-Transformierte:
$$\hat{g}(\alpha) = g(\alpha) * \frac{1}{\pi\alpha} = \frac{1}{\pi} \int_{-\infty}^{\infty} \frac{g(\lambda)}{\alpha - \lambda}\, d\lambda$$

Korrespondenzen $\quad x(t)\!\circ\!\!-\!\!\bullet\, X(f)$

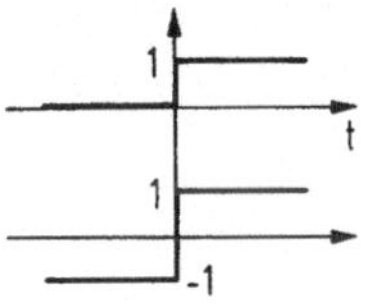 $\delta_{-1}(t)$	$\dfrac{\delta_0(f)}{2} - j\dfrac{1}{2\pi f}$
$\text{sgn}\,t$	$-j\dfrac{1}{\pi f}$
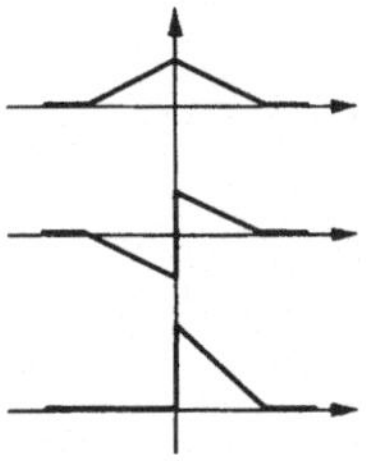 $x(t)$	$X(f)$
$x(t)\cdot\text{sgn}\,t$	$X(f)*\left(-j\dfrac{1}{\pi f}\right) = -j\hat{X}(f)$
$x(t)(1+\text{sgn}\,t)$ $=x(t)\cdot 2\delta_{-1}(t)$	$X(f) - j\hat{X}(f)$
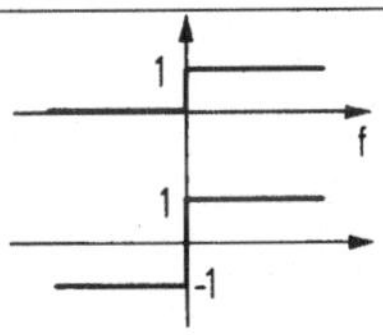 $\dfrac{\delta_0(t)}{2} + j\dfrac{1}{2\pi t}$	$\delta_{-1}(f)$
$j\dfrac{1}{\pi t}$	$\text{sgn}\,f$
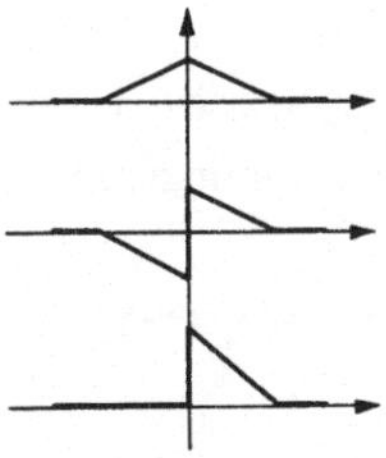 $x(t)$	$X(f)$
$x(t)*\left(j\dfrac{1}{\pi t}\right) = j\hat{x}(t)$	$X(f)\cdot\text{sgn}\,f$
$x(t) + j\hat{x}(t)$	$X(f)(1+\text{sgn}\,f)$ $=X(f)\cdot 2\delta_{-1}(f)$

<u>Beispiel 2.9</u>

a) Neben den in Tab.2.8 angegebenen kann man sich weitere Korrespondenzen oft auch
ohne Anwendung der Fourier-Integrale beschaffen, indem man die Linearität der Fourier-Transformation ausnützt.

So lassen sich ggf. gesuchte Funktionen additiv aus bereits bekannten zusammensetzen.
Weiterhin kann man versuchen, die unbekannte Zeitfunktion stückweise durch Geraden
anzunähern (falls sie nicht schon aus Geradenstücken besteht). Dann läßt sich durch
Differentiation im Zeitbereich die Frequenzfunktion leicht finden, wie dies am Beispiel in Bild B 2.9/1 gezeigt wird. Gesucht sei die Frequenzfunktion $X(f)$ zu der ge-

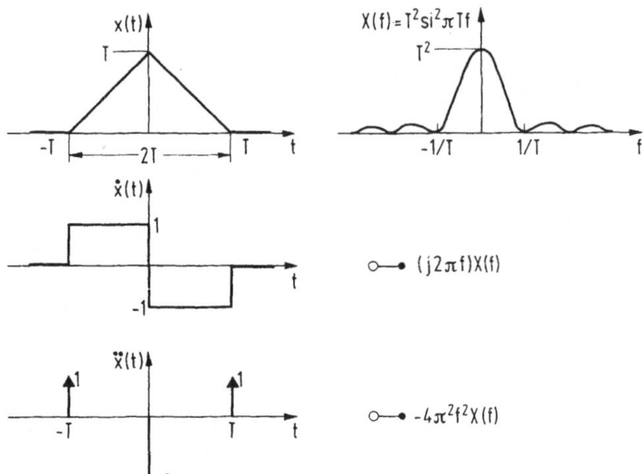

Bild B 2.9/1 Ermittlung der
Frequenzfunktion durch Differentiation im Zeitbereich

gegebenen Zeitfunktion $x(t)$. Nach zweimaliger Differentiation im Zeitbereich erhält
man eine Summe von Impulsen, deren Fourier-Transformierte nach Tab. 2.8, Korrespondenz Nr. 7, und Verschiebungssatz im Zeitbereich leicht anzugeben ist:

$$\ddot{x}(t) = - 2\delta_0(t) + \delta_0(t+T) + \delta_0(t-T) \;\circ\!\!-\!\!\bullet\; -2 + e^{j2\pi Tf} + e^{-j2\pi Tf}$$

oder

$$\ddot{x}(t) \;\circ\!\!-\!\!\bullet\; - 2 + 2 \cos 2\pi Tf = - 4 \sin^2 \pi Tf \quad .$$

(Dabei wurde die Beziehung $\cos 2\alpha = 1 - 2\sin^2\alpha$ verwendet). Diese Frequenzfunktion muß
aber nach dem Differentionssatz im Zeitbereich gleich $-4\pi^2 f^2 X(f)$ sein (Bild B 2.9/1).

Durch Vergleich ergibt sich demnach

$$X(f) = \frac{\sin^2 \pi Tf}{\pi^2 f^2} = T^2 si^2 \pi Tf \quad . \tag{*}$$

Dieses oft sehr einfache Verfahren läßt sich auch auf Zeitfunktionen erweitern, die stückweise aus Polynomen zusammengesetzt sind.

b) Man muß jedoch beachten, daß die Auflösung nach X(f) in Gl.(*), d.h. die Division durch $(j2\pi f)^2 = -4\pi^2 f^2$, eine zweimalige Rückintegration im Zeitbereich bedeutet. Diese ist unproblematisch, sofern die ursprüngliche Zeitfunktion x(t) (Bild B 2.9/1) gutartig ist, was sicher erfüllt wird, wenn x(t) absolut integrierbar ist.

In manchen Fällen muß jedoch die im Abschnitt 2.3.2 genannte Beziehung für die Integration im Zeitbereich (hier für eine Funktion y(t) angeschrieben)

$$\int\limits_{-\infty}^{t} y(\tau)d\tau \; \circ\!\!-\!\!\bullet \; \left[\delta_0(f)/2 \right] Y(0) + (j \cdot 2\pi f)^{-1} Y(f) \tag{**}$$

beachtet werden. Gesucht sei etwa die Fourier-Transformierte X(f) der Sprungfunktion $x(t) = \delta_{-1}(t)$ nach Bild B 2.9/2. Verfährt man wie oben und differenziert den Sprung, so ergibt sich $\dot{x}(t) = y(t)$ zu

$$y(t) = \delta_0(t) \; \circ\!\!-\!\!\bullet \; 1 = Y(f) \quad .$$

Es ist also Y(0) = 1, und die Rückintegration nach Gl.(**) liefert demnach

$$x(t) = \delta_{-1}(t) \; \circ\!\!-\!\!\bullet \; \frac{1}{2} \delta_0(f) - j\frac{1}{2\pi f} = X(f) \quad .$$

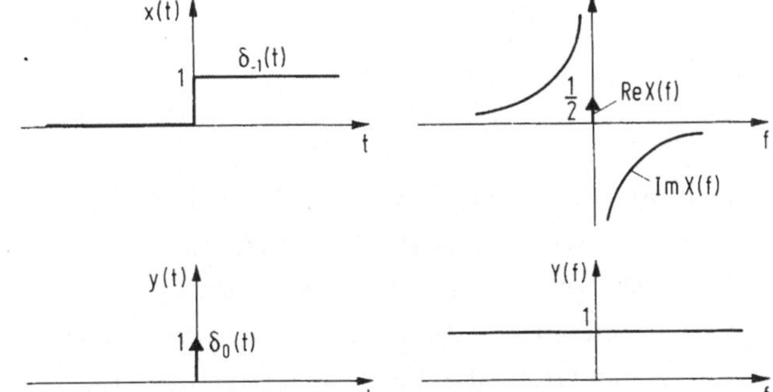

Bild B 2.9/2
Fourier-Transformierte
der Sprungfunktion

Man erkennt, daß in diesem Fall das Verfahren nach Bild B 2.9/1 zu einem Fehler durch Unterdrückung des Impulses $(1/2)\delta_0(f)$ führen würde. Allerdings ist $\delta_{-1}(t)$ auch keine absolut integrierbare Funktion.

c) Aus diesem Ergebnis folgt schließlich durch "Addition bekannter Funktionen" noch
die Fourier-Transformierte der sog. Signumfunktion (Vorzeichenfunktion) nach Bild
B 2.9/3:

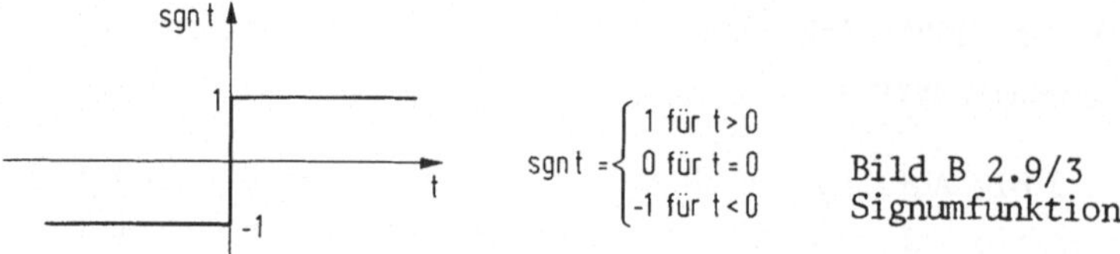

Bild B 2.9/3
Signumfunktion

Sie läßt sich nach Bild B 2.9/2 mit Hilfe der Sprungfunktion $\delta_{-1}(t)$ darstellen:

$$\mathrm{sgn}(t) = 2\delta_{-1}(t) - 1 \quad .$$

Ihre Fourier-Transformierte ist demnach

$$\mathrm{sgn}(t) \circ\!\!-\!\!\bullet\ -j\,\frac{1}{\pi f} \quad .$$

d) Aufgrund des Vertauschungssatzes (Tab.2.8) findet man für die Sprung- und Signumfunktion im Frequenzbereich

$$\frac{1}{2}\,\delta_0(t) + j\frac{1}{2\pi t}\ \circ\!\!-\!\!\bullet\ \delta_{-1}(f) \quad ,$$

$$j\frac{1}{\pi t}\ \circ\!\!-\!\!\bullet\ \mathrm{sgn}(f) \quad .$$

Die Fourier-Transformierten für den Sprung und die Signumfunktion sind in Tab. 2.8a
eingetragen. Sie werden im Beispiel 3.1 zur Erklärung der Hilbert-Transformation
benötigt. ∎

2.3.3. Eigenschaften determinierter Signale

Die einer Zeitfunktion x(t) durch die Fourier-Transformation zugeordnete Frequenzfunktion (Spektralfunktion) nennt man auch kurz das *Spektrum*. Physikalische Zeitfunktionen haben eine durch ihre Amplitude gegebene Dimension (z.B. Spannung oder
Strom). Dann hat das Spektrum die Dimension Amplitude · Zeit, was sich auch als Am-
plitude/Frequenz deuten läßt. Man nennt das Spektrum daher auch *Amplitudendichte*.
Es ist eine i.a. komplexwertige Funktion der reellen Variablen f. Man kann es daher
nach bekannten Beziehungen entweder in ein *reelles* und *imaginäres* oder in ein *Be-
trags-* und *Phasenspektrum* zerlegen. Das Spektrum entspricht also einer Zerlegung
eines Signals in harmonische Schwingungen und enthält alle Informationen (also z.B.

Betrag *und* Phase) zur Rekonstruktion des Signals. Daher spricht man bei determinierten Signalen von der (eigentlichen) *harmonischen Analyse*. Im Gegensatz dazu ist bei zufälligen Signalen nur die bereits mehrfach erwähnte erweiterte harmonische Analyse möglich (Abschnitt 2.2.10).

Da in der Nachrichtenübertragung determinierte und zufällige Signale oft gemeinsam betrachtet werden müssen (vgl. Kapitel 3), interessiert die Frage, wie sich determinierte Signale in der erweiterten harmonischen Analyse darstellen lassen. Hierzu muß man zunächst zwischen Energie- und Leistungssignalen (Vgl. Abschnitt 2.1) unterscheiden.

In Tab.2.7 wurde das Quadrat $\|x\|^2$ der Norm, d.h. das Skalarprodukt $\langle x,x\rangle$ eines Signals x(t) mit sich selbst, als Energie des Signals im Intervall $[t_1,t_2]$ gedeutet. Im folgenden wird zunächst vorausgesetzt, daß alle Signale auf ein Intervall $[-T/2,T/2]$ der Dauer T *zeitbegrenzt* sind. Dann bedeuten

$$\|x\|^2 \quad \text{die Energie im Intervall T} \quad ,$$

$$\frac{1}{T}\|x\|^2 \quad \text{die mittlere Leistung im Intervall T} \quad .$$

Im beschränkten Zeitintervall existieren in der Regel beide Größen. Geht man mit $T\to\infty$ zum unbeschränkten Intervall über, so ergibt sich die Unterscheidung zwischen *Energie-* und *Leistungssignalen:*

$$0 < \|x\|^2 < \infty \quad \text{für } T \to \infty \quad \text{Energiesignal} \quad , \tag{2.47a}$$

$$0 < \lim_{T\to\infty} \frac{1}{T}\|x\|^2 < \infty \quad \text{Leistungssignal} \quad . \tag{2.47b}$$

Energiesignale haben im unbeschränkten Zeitintervall eine endliche und von Null verschiedene Energie (verschwindende mittlere Leistung), Leistungssignale dagegen eine endliche und von Null verschiedene mittlere Leistung (unendliche Energie). Die Energiesignale sind demnach identisch mit den quadratisch integrierbaren Funktionen des Raumes L_2 (vgl. Fußnote im Abschnitt 2.3.1 und 2.3.2).

Beispiel 2.10

In Tab.2.8 sind bei den Korrespondenzen sieben Zeitfunktionen angegeben. Davon sind Nr. 3, 4 und 5 Energiesignale und Nr. 1, 2, 6 und 7 Leistungssignale. Dies erkennt man mit Hilfe des ebenfalls in Tab. 2.8 angegebenen Theorems von Parseval (das Quadrat $\|x\|^2$ der Norm ist in Tab.2.7 erklärt). Man kann dabei entweder die Integration im Zeit- oder im Frequenzbereich betrachten, um die Energiesignale zu erkennen.

Nr. 1 und 2 ergeben sich nach Gl.(2.47b) als Leistungssignale durch Integration im
Zeitbereich. Nr. 6 und 7 sind durch Integration im Frequenzbereich leicht als Energiesignale auszuschließen, lassen sich jedoch nur mit Hilfe von Grenzübergängen und
unter gewissen Konvergenzbedingungen als Leistungssignale identifizieren. ∎

Bei den folgenden Betrachtungen seien zwei Zeitfunktionen x(t) und y(t) sowie die
dazugehörigen Frequenzfunktionen X(f) und Y(f) gegeben. Definiert man eine *zeitverschobene* Zeitfunktion

$$y_\tau = y(t - \tau) \; \circ\!\!-\!\!\bullet \; Y(f) \cdot e^{-j2\pi f \tau} \;\; , \tag{2.48}$$

so läßt sich ganz allgemein nach Tab.2.7 das Skalarprodukt von x(t) mit der zeitverschobenen Funktion y_τ bilden:

$$\langle x, y_\tau \rangle = \int_{-\infty}^{\infty} x(t) \cdot y^*(t - \tau)\,dt \;\; , \tag{2.49a}$$

$$\lim_{T\to\infty} \frac{1}{T} \langle x, y_\tau \rangle = \lim_{T\to\infty} \frac{1}{T} \int_{-T/2}^{T/2} x(t) \cdot y^*(t - \tau)\,dt \;\; . \tag{2.49b}$$

Dabei gilt Gl.(2.49a) für Energiesignale und Gl.(2.49b) für Leistungssignale.

Man erkennt die formale Gleichheit der rechten Seiten mit der Kreuzkorrelationsfunktion ergodischer Zufallsprozesse nach Tab.2.4. (Dort tritt selbstverständlich nur
die Form der Gl. (2.49b) auf, da ergodische Zufallsprozesse nur Leistungssignale
sein können. Außerdem fehlt in 'Tab.2.4 der Stern für die konjugiert komplexe Funktion, da dort nur reelle Musterfunktionen betrachtet wurden.) Man kann also auch
determinierten Signalen *Korrelationsfunktionen* nach Gl.(2.49) zuordnen.

Diese Bezeichnung ist insofern unkorrekt, als Korrelation und Korrelationsfunktion
nach Abschnitt 2.2.8 und 2.2.9 statistische Mittelwerte, d.h. Scharmittel sind, die
nur bei ergodischen Zufallsprozessen mit den Zeitmitteln übereinstimmen. Die hier
für determinierte Signale angegebenen Korrelationsfunktionen sind dagegen nach Gl.
(2.49) ausschließlich als Zeitmittel definiert. Würde man sie als Scharmittel angeben, so käme etwas völlig anderes heraus, da determinierte Signale in der Regel
nicht stationär und damit auch nicht ergodisch sind. Man müßte hier korrekterweise
von Pseudokorrelationsfunktionen sprechen, was man der Einfachheit wegen jedoch nicht
tut. Ferner muß man stets zwischen Energie- und Leistungssignalen unterscheiden.
Eine Identität mit den als Scharmittel definierten Korrelationsfunktionen ergibt
sich lediglich bei periodischen Signalen, die man als Zufallsprozesse auffaßt.
Vgl. hierzu den Schluß des Beispiels 2.8.

Die Korrelationsfunktionen determinierter Signale werden zur Unterscheidung von denen der Zufallssignale mit k (gegenüber 1 bei Zufallssignalen) bezeichnet. Die Erörterung beschränkt sich auf *Energiesignale*, d.h. auf Gl.(2.49a). Bei Leistungssignalen muß stets die Interpretation nach Gl.(2.49b) zugrundegelegt werden.

Die Zusammenhänge sind in Tab.2.9 dargestellt. Als *Kreuzkorrelationsfunktion* $k_{xy}(\tau)$ ist das Skalarprodukt nach Gl.(2.49a) definiert. Sie läßt sich, wie in der Tabelle angegeben, auch als *Faltung* $x(\tau) * y^*(-\tau)$ schreiben. Sie ist nicht eine Funktion der Zeit t, sondern der Zeitverschiebung τ. Betrachtet man jetzt τ als Variable im Zeitbereich, so findet man nach Tab.2.8 (Faltung im Zeitbereich) sehr leicht den Übergang in den Frequenzbereich; es ergibt sich die *Kreuzenergiedichte* $K_{xy}(f) = X(f) \cdot Y^*(f)$. Korrelationsfunktion und Energiedichte hängen also über die Fourier-Transformation zusammen. Dies ist nichts anderes als das *Theorem von Wiener-Khintchine* (vgl. Abschnitt 2.2.10 und Tab.2.4), hier jedoch auf determinierte Energiesignale angewendet. Zu diesem Ergebnis führt auch das Theorem von Parseval (Tab.2.8), wenn man es auf das Skalarprodukt von x mit (dem zeitverschobenen) y_τ anwendet. Setzt man dagegen im Theorem von Wiener Khintchine im Zeitbereich $\tau = 0$, so ergibt sich die *Kreuzenergie* $k_{xy}(0) = <x,y>$ als Integral der Kreuzenergiedichte über alle Frequenzen, d.h. das Theorem von Parseval in seiner ursprünglichen Form. Die beiden Theoreme sind also in diesem Sinne identisch bzw. gehen ineinander über.

Alle soeben besprochenen Beziehungen gelten auch für den Sonderfall y = x. Die entsprechenden Größen heißen dann *Autokorrelationsfunktion*, *Energiedichte* und *Energie*.

Alle in Tab.2.8 für die Fourier-Transformation zusammengestellten Beziehungen gelten damit nicht nur für Zeit- und Frequenzfunktion, sondern auch für Korrelationsfunktion und Energiedichte (bei Leistungssignalen Leistungsdichte). Die Variable im Zeitbereich ist dabei die Zeitverschiebung τ. Da man im Frequenzbereich nicht mehr mit den Frequenzfunktionen X(f) oder Y(f) der einzelnen Signale, sondern lediglich mit Energie- (oder Leistungs-)dichten K(f) rechnet, entspricht diese Darstellung der *erweiterten harmonischen Analyse* determinierter Signale. Selbstverständlich gehen dabei Detailkenntnisse verloren: Aus der Energiedichte lassen sich die Zeitfunktionen nicht mehr rekonstruieren, man kann eben lediglich die Korrelationsfunktion bilden. Dies ist besonders deutlich bei der Energiedichte $K_x(f) = |X(f)|^2$: Sie sagt nur noch etwas über das Betragsspektrum, jedoch nichts mehr über das Phasenspektrum der Zeitfunktion x(t) aus.

Tabelle 2.9 Korrelationsfunktionen und Energie- und Leistungs-Dichten
         determinierter Signale

$$x(t) \;\circ\!\!-\!\!\bullet\; X(f); \quad x_\tau = x(t-\tau) \;\circ\!\!-\!\!\bullet\; X(f)e^{-j2\pi f\tau}$$
$$y(t) \;\circ\!\!-\!\!\bullet\; Y(f); \quad y_\tau = y(t-\tau) \;\circ\!\!-\!\!\bullet\; Y(f)e^{-j2\pi f\tau}$$

Fourier-Transformation siehe Tab.2.8.

	Zeitbereich (Variable τ)	Frequenzbereich

$y(t) \neq x(t)$

Kreuzkorrelationsfunktion — Kreuzenergiedichte

$$k_{xy}(\tau) \begin{cases} = \displaystyle\int_{-\infty}^{\infty} x(t)y^*(t-\tau)\,dt \\[2mm] = \langle x, y_\tau \rangle = x(\tau) * y^*(-\tau) \end{cases}$$

$$\circ\!\!-\!\!\bullet \quad X(f)\cdot Y^*(f)$$

Theorem von Parseval:

$$\int_{-\infty}^{\infty} X(f)\,Y^*(f)e^{j2\pi f\tau}\,df = k_{xy}(\tau)$$

$$\circ\!\!-\!\!\bullet \quad K_{xy}(f)$$

Theorem von Wiener-Khintchine

$\tau = 0$ — $\tau = 0$

Kreuzenergie

$$\langle x, y \rangle = \int_{-\infty}^{\infty} X(f)\,Y^*(f)\,df = k_{xy}(0)$$

Theorem von Parseval

$y(t) = x(t)$

Alle Gleichungen auch für $y(t) = x(t)$ gültig:

Autokorrelationsfunktion
$$k_{\underline{x}}(\tau) = \int_{-\infty}^{\infty} x(t)x^*(t-\tau)\,dt = \langle x, x_\tau \rangle = x(\tau)*x^*(-\tau)$$

Energiedichte $K_{\underline{x}}(f) = X(f)\cdot X^*(f) = |X(f)|^2$

Theorem von Wiener-Khintchine: $k_{\underline{x}}(\tau) \;\circ\!\!-\!\!\bullet\; K_{\underline{x}}(f)$

Für $\tau = 0$: Energie $k_{\underline{x}}(0) = \langle x, x \rangle = \|x\|^2$

Theorem von Parseval: $\|x\|^2 = \displaystyle\int_{-\infty}^{\infty} |X(f)|^2\,df$

Bemerkungen

Parseval für zeitverschobene Funktionen $\longrightarrow$ Wiener-Khintchine

Wiener-Khintchine für $\tau = 0$ $\longrightarrow$ Parseval

Formeln nur für Energiesignale gültig. Bei Leistungssignalen (mit Leistungsdichte $K_{xy}(f)$):

$$\lim_{T \to \infty} \frac{1}{T} \langle x, y_\tau \rangle = k_{xy}(\tau) \quad \circ\!\!-\!\!\bullet \quad K_{xy}(f) = \lim_{T \to \infty} \frac{1}{T} X(f)Y^*(f)$$

<u>Beispiel 2.11</u>

Gesucht sei die Autokorrelationsfunktion der Zeitfunktion nach Tab.2.8, Korrespondenz Nr. 5. Sie ergibt sich nach Tab.2.9 als Faltung:

$$k_{\underline{x}}(\tau) = x(\tau) * x^*(-\tau) \quad .$$

Da die betrachtete Zeitfunktion reell und gerade ist, können der Stern und das Minuszeichen entfallen. Dann führt diese Faltung aber offensichtlich auf die (in t statt τ geschriebene) Funktion x(t) in Beispiel 2.9, Bild B 2.9/1. Die zu der Autokorrelationsfunktion $k_{\underline{x}}(\tau)$ gehörende Energiedichte $K_{\underline{x}}(f)$ (Tab. 2.9, Theorem von Wiener-Khintchine) ist demnach durch X(f) aus Bild B 2.9/1 gegeben. ∎

2.4 Zusammenfassung

Ein Überblick über die in der Nachrichtentechnik vorkommenden Signale und deren mathematische Beschreibung ist nur mit Hilfe einer gewissen *Klassifizierung* möglich. Hierzu sind im Abschnitt 2.1 einige wichtige Merkmale aufgeführt, wobei insbesondere auch zwischen zufälligen und determinierten Signalen unterschieden wird, die anschließend nacheinander behandelt werden.

Zufällige Signale lassen sich nur statistisch beschreiben. Die dazu nötigen Begriffe und Methoden der Wahrscheinlichkeitsrechnung sind im Abschnitt 2.2 zusammengestellt. Mit Hilfe des *mathematischen Modells* eines Zufallsexperimentes definiert man Ereignisse und deren Wahrscheinlichkeiten. Eine Abbildung der (ggf. abstrakten) Ereignisse des Modells in die reellen Zahlen führt auf den Begriff der *Zufallsvariablen*, wobei sich je nach Art der Abbildung verschiedene Zufallsvariable ergeben. Eine Zufallsvariable ist durch Angabe der *Wahrscheinlichkeitsdichte-* oder *Wahrscheinlichkeitsverteilungsfunktion* (kurz Dichte und Verteilung genannt) vollständig beschrieben, da sich damit alle Berechnungen ausführen lassen, die für eine Zufallsvariable überhaupt möglich sind. Hat man mehrere Zufallsvariable gemeinsam zu betrachten, so spricht man von einer Verbundvariablen, einer mehrdimensionalen Zufallsvariablen oder von einem Zufallsvektor. Zu dessen Beschreibung benötigt man entsprechend die *Verbunddichte* oder *Verbundverteilung*, die es insbesondere auch ermöglicht, die *statistische Abhängigkeit* der einzelnen Variablen zu beurteilen. Viele Probleme lassen sich unter Beschränkung auf höchstens *zweidimensionale* Variable lösen.

Zur vereinfachten Beschreibung von Zufallsvariablen und zur Charakterisierung bestimmter globaler Eigenschaften verwendet man die *statistischen Mittelwerte*, die man durch Bildung des *Erwartungswertes*, d.h. durch Mittelung der gesuchten Größe über das Ensemble bzw. die Schar (Scharmittel) erhält. Die wichtigsten statistischen

Mittelwerte sind die *Momente* und *Zentralmomente*, die man nach ihrer Ordnung unterscheiden kann. Für die Praxis wichtig sind die Momente höchstens zweiter Ordnung (Mittelwert, Quadratmittel, Varianz, Korrelation, Kovarianz). Beschränkt man sich auf diese Größen, so spricht man von einer *Statistik zweiter Ordnung*. Die Angabe lediglich dieser Größen stellt eine wesentlich schwächere Aussage dar, als die Angabe der Dichte oder Verteilung. Auch über den Zusammenhang zweier Variabler kann dann z.B. höchstens ausgesagt werden, daß sie unkorreliert sind, was i.a. nicht auch statistische Unabhängigkeit bedeutet.

Ordnet man den Ereignissen des mathematischen Modells nicht nur reelle Zahlen, sondern reelle Zeitfunktionen zu, so entsteht ein *Zufallsprozeß*, d.h. ein Ensemble von Zeitfunktionen. Jede einzelne dieser Zeitfunktionen nennt man eine *Musterfunktion*. Zu jedem festen Zeitpunkt ergeben die Funktionswerte der Musterfunktionen ein Ensemble reeller Zahlen, was aber nichts anderes ist als eine Zufallsvariable. Jede "Momentaufnahme" bzw. jeder "Schnitt" durch einen Zufallsprozeß ergibt also eine Zufallsvariable. Mehrere Schnitte ergeben eine Verbundvariable oder einen Zufallsvektor. Ein Zufallsprozeß ist vollständig beschrieben, wenn die Verbunddichte (oder Verbundverteilung) für jeden beliebigen so gebildeten Zufallsvektor bekannt ist. Es können also alle bereits für Zufallsvariable definierten Begriffe und Grössen übernommen und angewendet werden, insbesondere die Momente und Zentralmomente.

Allerdings ist die Verbunddichte eines derartigen Zufallsvektors (und damit alle daraus abgeleiteten Größen) i.a. von den Zeitpunkten abhängig, an denen die "Schnitte" liegen, d.h. sowohl vom absoluten Zeitpunkt eines Schnittes als auch von den zeitlichen Abständen aller anderen Schnitte zu diesem einen. Entfällt die Abhängigkeit vom absoluten Zeitpunkt, nennt man den Prozeß *streng stationär*. Die Verbunddichte hängt dann nur noch von den gegenseitigen Abständen der Schnitte ab.

In vielen Fällen beschreibt man Prozesse unter Beschränkung auf zweidimensionale Variable und mit Hilfe der Momente höchstens zweiter Ordnung, wie sie oben schon aufgeführt wurden. Anhand dieser Momente definiert man eine schwächere Art von Stationarität: Sind die Momente nicht vom absoluten Zeitpunkt, sondern höchstens vom zeitlichen Abstand der beiden Schnitte (d.h. der Stellen, an denen die zwei Zufallsvariablen definiert werden) abhängig, so nennt man den Prozeß *schwach stationär*. Der Mittelwert ist dann konstant und die Korrelation ist eine Funktion des zeitlichen Abstandes. Aus diesem Grund, und weil die beiden Zufallsvariablen aus dem selben Prozeß definiert sind, nennt man die Größe *Autokorrelationsfunktion*. Nach dem Theorem von Wiener-Khintchine erhält man die spektrale *Leistungsdichte* eines schwach stationären Zufallsprozesses durch Fourier-Transformation der Autokorrelationsfunktion. Das Funktionenpaar Autokorrelationsfunktion/Leistungsdichte tritt bei der *erweiterten harmonischen Analyse*, d.h. bei der Beschreibung zufälliger Signale und ihres Durchgangs durch Systeme, an die Stelle des ebenfalls durch

die Fourier-Transformation gegebenen Funktionenpaares Zeitfunktion/Frequenzfunktion
bei der eigentlichen harmonischen Analyse, d.h. bei der Beschreibung determinierter
Signale (s. unten und vgl. Abschnitt 3.5).

Eine zweidimensionale Zufallsvariable läßt sich auch aus zwei verschiedenen Prozessen bilden, indem man die eine aus dem ersten und die zweite aus dem zweiten Prozeß definiert. Diesen Verbundprozeß beschreibt man im Rahmen der Statistik zweiter
Ordnung durch die analogen Begriffe *Kreuzkorrelationfunktion* bzw. *Kreuzleistungsdichte*.

Scharmittel, d.h. Mittelwerte über das Ensemble der Musterfunktionen eines Zufallsprozesses, lassen sich praktisch (z.B. meßtechnisch) kaum erfassen. Es steht in der
Regel nur eine einzige Musterfunktion zur Verfügung. Man macht daher sehr oft die
Annahme, der Prozeß sei nicht nur stationär, sondern auch *ergodisch*. Dann sind die
Scharmittel identisch mit den aus einer einzigen Musterfunktion gewonnenen Zeitmitteln, die sich (ggf. näherungsweise) messen lassen.

Wie bereits erwähnt, ist eine Zufallsvariable durch Angabe ihrer Verteilung vollständig beschrieben. Von den vielen Möglichkeiten ist die *Gauß-Verteilung* (Normalverteilung) eine der wichtigsten. Zufallsprozesse mit Gauß-Verteilung haben besonders einfache und durchsichtige Eigenschaften: Sie sind durch die Momente höchstens
zweiter Ordnung vollständig beschrieben, da sich die Verbunddichte für den n-dimensionalen Fall aus Mittelwerts- und Autokorrelationsfunktion zusammensetzen läßt.
Bei Gauß-Prozessen fallen daher auch die Begriffe schwach und streng stationär sowie unkorreliert und statistisch unabhängig zusammen. Im Falle der Stationarität
genügt also die Angabe des konstanten Mittelwertes und der Autokorrelationsfunktion.
Eine der häufigsten Störungen bei der Nachrichtenübertragung, das *Rauschen*, läßt
sich meist in dieser Weise erfassen.

Bei *determinierten Signalen* ist, im Gegensatz zu den Zufallssignalen, die Zeitfunktion bekannt, weswegen hier präzisere Analysemethoden zur Verfügung stehen.
Eine davon ist die Reihenentwicklung mit Hilfe eines vollständigen Systems *orthogonaler Funktionen* (z.B. Fourier-Reihe). Die Entwicklung ist meist nur für ein beschränktes Zeitinervall gültig. Im unbeschränkten Intervall benutzt man Integraltransformationen, insbesondere die *Fourier-Transformation*. Sie ordnet der Zeitfunktion eine Frequenzfunktion (ein Spektrum) zu und ist Grundlage der eigentlichen
harmonischen Analyse. Die Angabe des Funktionenpaares Zeitfunktion/Frequenzfunktion bei determinierten Signalen ist aussagekräftiger als die Angabe des Paares
Autokorrelationsfunktion/Leistungsdichte bei zufälligen Signalen. Zur gemeinsamen
Behandlung beider Signalarten kann man jedoch auch für determinierte Signale Korrelationsfunktionen bzw. Energie- oder Leistungsdichten definieren.

Die wichtigsten Ergebnisse des Kapitels 2 sind in den Tabellen 2.1 bis 2.9 zusammengefaßt. Mit diesen Grundlagen sowie mit Hilfe der elementaren Grundgesetze der Systemtheorie wird im folgenden Kapitel die Übertragung determinierter und zufälliger Signale durch Systeme behandelt.

3. Systeme

Wie schon im Abschnitt 1.3 erwähnt wurde, besteht prinzipiell kein Grund, eine bestimmte Art der Signaldarstellung zu bevorzugen. Die Auswahl hat sich vielmehr nach der Zweckmäßigkeit zu richten, und diese kann stets nur im Hinblick auf die zu beschreibenden Systeme beurteilt werden. Dieses Kapitel befaßt sich daher mit dem Zusammenhang zwischen Signalen und Systemen. Hierunter sind i.a. alle Probleme der Systemanalyse und Systemsynthese zu verstehen, die im Rahmen dieser Vorlesung selbstverständlich nicht einmal andeutungsweise erörtert werden können. Vielmehr wurde bereits im Abschnitt 1 auf die Notwendigkeit hingewiesen, Systeme durch Modelle zu ersetzen, um sie überhaupt mathematisch erfassen zu können. Die folgenden Betrachtungen beschränken sich auf meist extrem einfache Modelle, deren stark idealisierte Eigenschaften so vorgegeben werden, daß ihre Wirkung auf ein Signal leicht anzugeben ist. Dabei wird auf die Realisierbarkeit oft zunächst keine Rücksicht genommen, so daß diese Methode in erster Linie für überschlägige Betrachtungen geeignet ist. Andererseits lassen sich bei geschickter Wahl der vorausgesetzten Eigenschaften ganze Klassen von Systemen in ihrem prinzipiellen Verhalten beschreiben und es lassen sich Einblicke in grundlegende Gesetze der Nachrichtenübertragung gewinnen.

Vorausgesetzt werden im folgenden Grundkenntnisse der Systemtheorie, wie sie etwa durch die Theorie linearer Systeme und Netzwerke [8] vermittelt werden.

3.1 Lineare zeitunabhängige Systeme

Viele Theoreme und Berechnungsmethoden, insbesondere auch die Bedeutung der harmonischen Analyse, beruhen auf der Voraussetzung, daß die zu betrachtenden Systeme sowohl *linear* als auch *zeitunabhängig* sind. Diese Voraussetzung soll auch hier stets gelten, sofern nichts Gegenteiliges gesagt wird.

Ein lineares System läßt sich stets durch seine Antwort auf einen Impuls $\delta_0(t)$, d.h.
durch seine *Impulsantwort* a(t) charakterisieren $*$). Ist es obendrein noch zeitunabhängig, so ist seine Impulsantwort unabhängig vom Erregungszeitpunkt. Da für ein
lineares System das Superpositionsprinzip gilt, kann seine Antwort $a_x(t)$ auf eine
beliebige Erregung x(t) mit Hilfe des *Superpositionsintegrals*, d.h. durch Faltung
der Impulsantwort mit der Erregung, berechnet werden:

$$a_x(t) = a(t) * x(t) = \int_{-\infty}^{\infty} a(\lambda)x(t - \lambda)d\lambda = \int_{-\infty}^{\infty} a(t - \lambda)x(\lambda)d\lambda \quad . \tag{3.1}$$

Dies ist die bekannte *Lösung im Zeitbereich*, die sich stets anwenden läßt, sobald
ein System linear und zeitunabhängig ist. Die Bedeutung der harmonischen Analyse für
lineare zeitunabhängige Systeme läßt sich mit Gl.(3.1) leicht zeigen: Erregt man
das System mit einer komplexen Exponentialfunktion $x(t) = e^{st}$; $s = \sigma+j\omega = \sigma+j2\pi f$,
so folgt

$$a_x(t) = \int_{-\infty}^{\infty} a(\lambda)e^{s(t-\lambda)}d\lambda = e^{st}\int_{-\infty}^{\infty} a(\lambda)e^{-s\lambda}d\lambda = e^{st} A^L(s) \quad ,$$

$$\text{mit} \quad A^L(s) = \int_{-\infty}^{\infty} a(\lambda)e^{-s\lambda}d\lambda \quad . \tag{3.2}$$

Die Antwort ist also ebenfalls eine komplexe Exponentialfunktion und folgt aus der
Erregung durch Multiplikation mit einer Konstanten $A^L(s)$. Man nennt e^{st} auch Eigen-
funktion des Systems. Jede Signaldarstellung mit Hilfe komplexer Exponentialfunktionen, also z.B. die Laplace- und Fourier-Transformation, ist besonders günstig. Sie
führt auf die bekannte *Lösung im Frequenzbereich:*

$$A_x^L(s) = A^L(s) \cdot X^L(s)$$

Laplace-Transformation

$$a_x(t) = a(t) * x(t)$$

$$A_x(f) = A(f) \cdot X(f)$$

Fourier-Transformation . $\qquad$ (3.3)

Durch Multiplikation der transformierten Erregung mit der Systemfunktion und Rücktransformation erhält man die Antwort. Das System wird dabei durch die Systemfunktion $A^L(s)$ charakterisiert, die sich nach Gl.(3.2) als Laplace-Transformierte der
Impulsantwort ergibt.

$*$) Die Impulsantwort wird hier und im folgenden der Einfachheit wegen ohne Index geschrieben (im Gegensatz zur Schreibweise $a_0(t)$ in [8]).

Da über das System außer Linearität und Zeitunabhängigkeit bisher keine weiteren
Voraussetzungen gemacht wurden, ist noch zu untersuchen, unter welchen Bedingungen
Gl.(3.3) überhaupt anwendbar ist. Insbesondere interessiert der Gültigkeitsbereich
der Systemfunktion und die Frage, wann die Fourier-Transformierte $A(f)$ mit $A^O(f) =$
$A^L(j2\pi f)$, d.h. mit der Laplace-Transformierten für $\sigma = O$ identisch ist.

Die Systemfunktion nach Gl.(3.2) wird zunächst für eine beliebige (also auch für
$t < O$ existierende) Impulsantwort $a(t)$ bestimmt. Hierzu ist die *zweiseitige* Laplace-
Transformation erforderlich, deren Integral (wenn es überhaupt existiert) nur für
bestimmte Werte $Re(s) = \sigma$ innerhalb eines Konvergenzstreifens in der s-Ebene konvergiert (schraffiert in Bild 3.1a und b). In diesem Gebiet ist $A^{2L}(s)$ polfrei, außerhalb (auch rechts davon) können Pole liegen. Selbstverständlich ist $A^{2L}(s)$ durch sog.
analytische Fortsetzung auch außerhalb dieses Streifens erklärt. Als Systemfunktion
ist sie jedoch im folgenden Sinne nur innerhalb des Konvergenzstreifens gültig: Bestimmt man mit Hilfe des Umkehrintegrals der Laplace-Transformation wieder die Zeitfunktion, so erhält man nur dann die ursprüngliche Funktion $a(t)$, wenn die Integration innerhalb des Konvergenzgebietes erfolgt. Andernfalls kann sich eine andere
Zeitfunktion ergeben. Daraus folgt: Die Systemfunktion charakterisiert nur dann eindeutig ein durch seine Impulsantwort gegebenes System, wenn auch das Konvergenzge-
biet bekannt ist.

Setzt man ein *kausales* System voraus, so ist wegen

$$a(t) \equiv O \quad \text{für } t < O \tag{3.4}$$

in Gl.(3.2) die *einseitige* Laplace-Transformation anwendbar. Das Integral konvergiert in der ganzen Halbebene rechts von einer Konvergenzabszisse (Bild 3.1 c und d).
$A^{1L}(s)$ ist im schraffierten Gebiet polfrei. Für die Rückintegration gilt sinngemäß
das oben Gesagte.

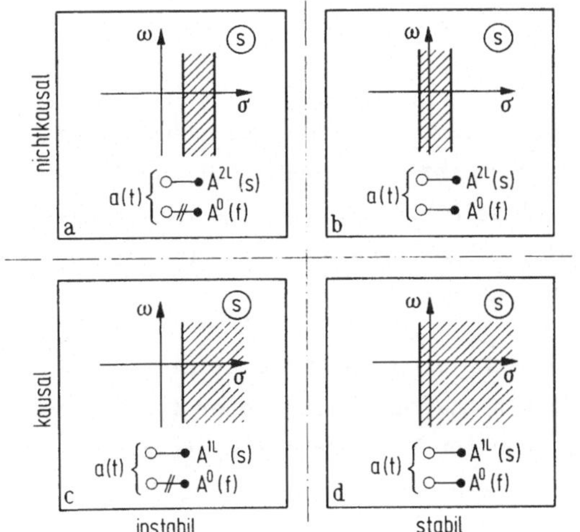

Bild 3.1
Gültigkeitsbereiche der Systemfunktion
linearer zeitunabhängiger Systeme
(Index 2L bedeutet zweiseitige, 1L einseitige Laplace-Transformation.

$A^O(f) = A^L(j2\pi f)$ Systemfunktion für $\sigma = O$.)

Würde man z.B. in Bild 3.1a und c in der Systemfunktion $\sigma = 0$ setzen, d.h. die Funktion $A^O(f) = A^L(j2\pi f)$ mit Hilfe des Umkehrintegrals der Fourier-Transformation rückintegrieren, so ergäbe sich (falls das Integral überhaupt existiert) *nicht* die Impulsantwort a(t) des Systems. Umgekehrt würde die Fourier-Transformation von a(t) (falls sie überhaupt existiert) *nicht* auf $A^O(f)$ führen. Die Fourier-Transformierte A(f) ist also i.a. nicht einfach der Sonderfall $A^O(f)$ der Laplace-Transformierten für $\sigma = 0$.

Anders verhält es sich, wenn man (völlig unabhängig von der Kausalität) die Voraussetzung eines *stabilen* Systems macht und die Stabilität dabei so definiert, daß amplitudenbeschränkte Erregungen auch amplitudenbeschränkte Antworten erzeugen. Es läßt sich zeigen, daß hierfür notwendig und hinreichend ist (W.M. Siebert in [11]):

$$\int_{-\infty}^{\infty} |a(\lambda)| \, d\lambda < \infty \quad . \tag{3.5}$$

Die Impulsantwort a(t) eines stabilen Systems muß also dem Raum L_1 der absolut integrierbaren Funktionen angehören (vgl. Fußnote im Abschnitt 2.3.1). Sie besitzt daher mit Sicherheit eine Fourier-Transformierte (vgl. Fußnote im Abschnitt 2.3.2), d.h. das Integral in Gl.(3.2) konvergiert auch für $\sigma = 0$, die imaginäre Achse der s-Ebene liegt innerhalb des Konvergenzgebietes (Bild 3.1b und d). Hier kann die Fourier-Transformation als Sonderfall der Laplace-Transformation für $\sigma = 0$ angesehen werden. Man erkennt ferner, daß die Systemfunktion stabiler Systeme nur dann *analytisch* (polfrei) in der rechten Halbebene ist, wenn ein kausales System vorliegt; nichtkausale Systeme dagegen dürfen solche Pole außerhalb des Konvergenzstreifens besitzen.

Was hier für die Impulsantwort von Systemen gesagt wurde, gilt sinngemäß auch für Signale. Die Lösung im Frequenzbereich nach Gl.(3.3) ist daher nur dann eindeutig, wenn die Transformierte des Signals mindestens eine Konvergenzabszisse mit der Systemfunktion gemeinsam hat.

Die übliche Darstellung linearer zeitunabhängiger Systeme mit Hilfe der *einseitigen Laplace-Transformation*, wie sie z.B. in [8] zu finden ist, gilt stets nur für *kausale* Systeme und Signale, die stabil oder instabil sein können. Auch die Rücktransformation mit Hilfe der Partialbruchzerlegung (d.h. ohne Verwendung des Umkehrintegrals) führt nur unter dieser Bedingung zu richtigen Ergebnissen.

In der Nachrichtenübertragung dagegen strebt man nicht eine Analyse realisierbarer Systeme an, sondern untersucht die Übertragungseigenschaften vorgegebener (auch nicht realisierbarer) Systeme, wofür die (zweiseitige) Fourier-Transformation oft zweckmäßiger ist. Im folgenden wird daher vorausgesetzt, daß die linearen zeitunabhängigen Systeme stets auch *stabil* sind. Dann ist die *Fourier-Transformation* bei der Lö-

sung im Frequenzbereich nach Gl.(3.3) ohne Einschränkung anwendbar, wenn auch die
Erregung eine Fourier-Transformierte hat. Auf Kausalität dagegen kann in vielen Fällen verzichtet werden. Nichtkausale Systeme sind nicht realisierbar. Interessiert
man sich jedoch nicht für die (bei idealisierten Systemen ggf. unendlich große) Laufzeit, so kann man auch mit nichtkausalen Systemen rechnen, wobei die Rechnung oft
einfacher wird. Nichtkausale Signale sind ohne weiteres vorstellbar.

3.2 Ideale Modulatoren

Bei linearen zeitunabhängigen Systemen ergibt sich nach Gl.(3.3) die Antwort durch
Faltung im Zeitbereich, der nach Tab.2.8 die Multiplikation im Frequenzbereich entspricht. Die Reziprozität von Zeit und Frequenz führt in Analogie dazu auf Systeme,
deren Antwort sich durch Multiplikion im Zeitbereich ergibt, der nach Tab.2.8 die
Faltung im Frequenzbereich entspricht. Dies sind die idealen Modulatoren [10], die
in Bild 3.2 den linearen Systemen gegenübergestellt sind.

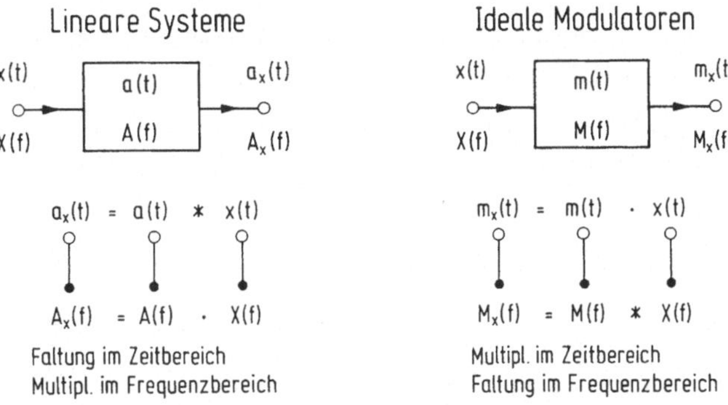

Bild 3.2
Lineare Systeme
und ideale Modulatoren

Ein idealer Modulator sei also zunächst rein formal als System definiert, das eine
Erregung x(t) mit einer *Modulatorzeitfunktion* m(t) multipliziert, d.h. das Spektrum
X(f) der Erregung mit der *Modulatorfrequenzfunktion* M(f) (Spektrum) faltet. Ein Mo-
dulator in diesem Sinne ist also nichts anderes als ein *Multiplizierer*.

Zur Terminologie ist dabei folgendes anzumerken: Betrachtet man den Modulator als
System mit *einem* Eingang für x(t) und einem Ausgang für $m_x(t)$, so ist auch der Modulator ein *lineares*, allerdings *zeitabhängiges* System. Betrachtet man ihn dagegen
als System mit *zwei* Eingängen für x(t) und m(t), so ist er als Multiplizierer ein
nichtlineares System (vgl. z.B. [8]). Man nennt daher solche Systeme oft auch *quasi-
linear*. Einer einfachen Ausdrucksweise zuliebe sei hier und im folgenden mit einem
linearen stets auch ein zeitunabhängiges System gemeint, so daß der ideale Modulator
nicht zu dieser Klasse gehört, ganz gleich wie man ihn auffaßt.

Die Analogie idealer Modulatoren zu den linearen Systemen läßt sich vervollständi-
gen, was hier allerdings nur angedeutet werden kann. Die Betrachtungen im Abschnitt
3.1 über den Zusammenhang zwischen Impulsantwort und Systemfunktion linearer Systeme
lassen sich umgekehrt auch auf den Zusammenhang zwischen Modulatorspektrum und Modulatorzeitfunktion anstellen. Die Modulatorzeitfunktion kann dabei - wie die Systemfunktion - als Funktion einer komplexen Variablen (deren Imaginärteil die Zeit ist)
aufgefaßt werden. Man kann formal ein "stabiles" Modulatorspektrum definieren, wobei
sich eine auf der imaginären Zeitachse existierende Modulatorzeitfunktion ergibt. Man
kann zusätzlich ein "kausales" Modulatorspektrum definieren, das nur für $f \geq 0$
existiert und für $f < 0$ identisch verschwindet. "Stabile und kausale" Spektren führen
ganz allgemein auf das sog. *analytische Signal*, entsprechend der analytischen Systemfunktion stabiler und kausaler Systeme *). Das analytische Signal $\hat{x}(t) + j \cdot x(t)$ ist
komplex. Genau wie bei Systemfunktionen stabiler und kausaler Systeme ist sein Imaginärteil $\hat{x}(t)$ die sog. Hilbert-Transformierte seines Realteils $x(t)$. Sein Spektrum
enthält nur positive Frequenzen ("kausales" Spektrum). Diese Zusammenhänge können
hier nicht explizit erörtert werden. Sie folgen jedoch zwanglos aus den angedeuteten
Analogiebetrachtungen, wie aus den Beispielen 3.1b und c hervorgeht, in denen sowohl
die analytische Frequenzfunktion (Systemfunktion) als auch ihr Gegenstück, die analytische Zeitfunktion (das analytische Signal) besprochen werden (vgl. auch Tab.2.8a).
Das analytische Signal ist ein wichtiges Hilfsmittel bei der mathematischen Beschreibung von Bandpaßsignalen und modulierten Signalen, wie aus Kapitel 4 hervorgeht.

Beispiel 3.1

a) In Bild B 3.1a ist eine Zeitfunktion $x(t) \circ\!\!-\!\!\bullet X(f)$ nach Tab.2.8, Korrespondenz Nr.5
gegeben. Sie errege ein *lineares System* mit der Impulsantwort $a(t) = \delta_0(t - t_0)$.
Die dazugehörige Systemfunktion $A(f)$ ergibt sich aus Tab.2.8, Nr.7 und dem Verschie-
bungssatz im Zeitbereich. Die Antwort $a_x(t)$ des Systems folgt nach Bild 3.2 aus der
Faltung der *Zeitfunktionen* $a(t)$ und $x(t)$, die sich graphisch leicht vornehmen läßt.
Die Antwort $A_x(f)$ ist dabei die *Multiplikation* der *Frequenzfunktionen*.

Das lineare System ist offenbar ein ideales *Totzeitglied* (Verzögerungsglied, "Zeit-
umsetzer"), da die Zeitfunktion lediglich um t_0 verzögert wurde. Dies folgt auch aus
der Systemfunktion $A(f)$. Das Phasenmaß (die Phase) ist gleich deren negativem Winkel
$-\underline{/A(f)} = 2\pi f t_0$ und die *Gruppenlaufzeit* t_g ist die Ableitung der Phase nach der Kreisfrequenz $\omega = 2\pi f$:

---

*) Mit der Kurzbezeichnung "analytisch" bezeichnet man üblicherweise eine Funktion,
die in einer abgeschlossenen Halbebene ihrer komplexen Variablen analytisch oder re-
gulär, d.h. frei von Singularitäten (z.B. Polen) ist. Die Systemfunktion stabiler
und kausaler Systeme z.B. hat keine Pole in der rechten Halbebene der komplexen Frequenz einschließlich der imaginären Achse (vgl. z.B. [8]).

$$t_g = \frac{d}{d\omega}(-\underline{/}A(f)) = \frac{1}{2\pi}\frac{d}{df}(2\pi f t_0) = t_0 \quad .$$

Dieselben Ergebnisse folgen unmittelbar aus Tab.2.8 mit dem Verschiebungssatz im
Zeitbereich, den man deshalb auch Verzögerungssatz nennt.

In Bild B 3.1b dagegen ist eine Frequenzfunktion $X(f) \bullet\!\!-\!\!\circ x(t)$ nach Tab.2.8, Nr.3
gegeben. Sie errege einen *idealen Modulator* mit dem Modulatorspektrum $M(f) = \delta_0(f-f_0)$.

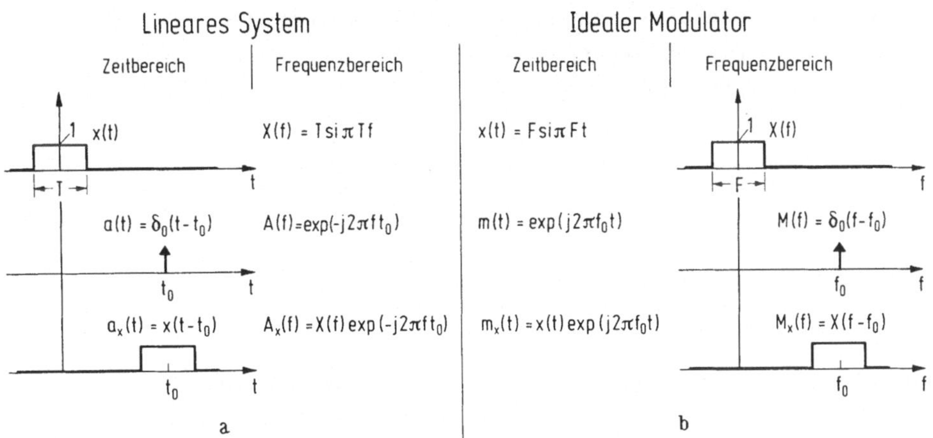

Bild B 3.1 a) lineares System (Totzeitglied),
         b) idealer Modulator (Frequenzumsetzer)

Die dazugehörige Modulatorzeitfunktion $m(t)$ ergibt sich aus Tab.2.8, Nr.1 und dem
Verschiebungssatz im Frequenzbereich. Die Antwort $M_x(f)$ des Modulators folgt nach
Bild 3.2 aus der *Faltung* der *Frequenzfunktionen* $M(f)$ und $X(f)$; die Antwort $m_x(t)$ er-
gibt sich durch *Multiplikation* der *Zeitfunktionen*.

Der Modulator ist offenbar ein idealer *Frequenzumsetzer* (Amplitudenmodulator, "Tot-
frequenzglied"), da die Frequenzfunktion lediglich um f_0 versetzt wurde. Dies folgt
auch aus der Modulatorzeitfunktion $m(t)$. Die "Zeitphase" ist gleich deren Winkel
$\underline{/}m(t) = 2\pi f_0 t$ und die *Momentanfrequenz* $f(t) = \frac{1}{2\pi}\omega(t)$ (oder die momentane sog. *Trägerfrequenz*) ist die mit $1/(2\pi)$ multiplizierte Ableitung der Zeitphase nach der Zeit:

$$f(t) = \frac{1}{2\pi}\frac{d}{dt}\underline{/}m(t) = \frac{1}{2\pi}\frac{d}{dt}(2\pi f_0 t) = f_0 \quad .$$

Dieselben Ergebnisse folgen unmittelbar aus Tab.2.8 mit dem Verschiebungssatz im
Frequenzbereich, den man deshalb auch Modulationssatz nennt.

An dieser Gegenüberstellung von Totzeitgliedern und Frequenzumsetzern zeigt sich
die Analogie zwischen linearen Systemen und idealen Modulatoren besonders deutlich.

b) Eine nichtkausale Zeit- oder Frequenzfunktion (Bild B 3.1) wurde durch Verschiebung im Zeit- bzw. Frequenzbereich *kausal*, die dazugehörige Frequenz- bzw. Zeitfunktion *analytisch* (vgl. Abschnitt 3.1 und 3.2).

Man kann auch ohne Verschiebung zu kausalen Funktionen gelangen, indem man die ursprüngliche Funktion durch Multiplikation mit der Sprungfunktion auf positive Werte ihrer Variablen begrenzt:

Eine gegebene *Zeitfunktion* x(t) wird durch Multiplikation mit der Sprungfunktion $\delta_{-1}(t)$ in eine kausale Zeitfunktion abgeändert. Dem entspricht die Faltung der Frequenzfunktion X(f) mit dem Spektrum der Sprungfunktion (siehe Tab.2.8a). Es ergibt sich (mit einem Faktor 2)

$$2x(t) \cdot \delta_{-1}(t) \quad \circ\!\!-\!\!\bullet \quad X(f) * \left[\delta_0(f) - j\frac{1}{\pi f} \right] = X(f) - j \cdot \hat{X}(f)$$

$$\text{mit} \quad \hat{X}(f) = \frac{1}{\pi} X(f) * \frac{1}{f} = \frac{1}{\pi} \int_{-\infty}^{\infty} \frac{X(\lambda)}{f-\lambda} \, d\lambda \quad .$$

Die Faltung mit dem Impuls liefert die ursprüngliche Frequenzfunktion X(f). Die Faltung mit $1/(\pi f)$ führt auf den zusätzlichen Anteil $\hat{X}(f)$, der die Hilbert-Transformierte von X(f) ist, da das Faltungsintegral nichts anderes als die Hilbert-Transformation darstellt. Eine Frequenzfunktion X(f) wird also analytisch, wenn man ihre mit -j multiplizierte Hilbert-Transformierte hinzufügt. Die dazugehörige Zeitfunktion ist kausal, d.h. sie existiert nur für t ≥ 0.

Entsprechendes gilt für *Frequenzfunktionen* X(f). Macht man sie durch Multiplikation mit der Sprungfunktion $\delta_{-1}(f)$ "kausal", so muß man die Zeitfunktionen falten. Es ergibt sich (mit einem Faktor 2)

$$2X(f) \cdot \delta_{-1}(f) \quad \bullet\!\!-\!\!\circ \quad x(t) * \left[\delta_0(t) + j\frac{1}{\pi t} \right] = x(t) + j \cdot \hat{x}(t) \quad ,$$

$$\text{mit} \quad \hat{x}(t) = \frac{1}{\pi} x(t) * \frac{1}{t} = \frac{1}{\pi} \int_{-\infty}^{\infty} \frac{x(\lambda)}{t-\lambda} \, d\lambda \quad .$$

$\hat{x}(t)$ ist die Hilbert-Transformierte von x(t). Eine Zeitfunktion x(t) wird also analytisch, wenn man ihre mit j multiplizierte Hilbert-Transformierte hinzufügt. Die dazugehörige Frequenzfunktion ist "kausal", d.h. nur für f ≥ 0 existent.

Ein einfaches Beispiel für ein analytisches Signal ergibt sich aus Tab.2.8, Korrespondenz Nr.2: Betrachtet man nur das (doppelte) Spektrum für positive Frequenzen, so ist:

$$\delta_0(f - f_0) \quad \bullet\!\!-\!\!\circ \quad e^{j2\pi f_0 t} = \cos 2\pi f_0 t + j\cdot\sin 2\pi f_0 t \quad .$$

Dies ist die geläufige komplexe Exponentialfunktion. Sie ist ein analytisches Signal. Die Sinusfunktion ist demnach die Hilbert-Transformierte der Cosinusfunktion.

.c) Aus den obigen Beziehungen findet man leicht die beiden Korrespondenzen für die Hilbert-Transformierten (Signumfunktion sgn siehe Beispiel 2.9c und d):

$$j\cdot\text{sgn}(t)\cdot x(t) \ \circ\!\!-\!\!\bullet \ \hat{X}(f)$$

$$\hat{x}(t) \ \circ\!\!-\!\!\bullet \ -j\cdot\text{sgn}(f)\cdot X(f) \quad .$$

Daraus erkennt man leicht, daß die zweifache Hilbert-Transformation auf die negative ursprüngliche Funktion führt, z.B.:

$$\overset{\wedge}{\hat{x}}(t) \ \circ\!\!-\!\!\bullet \ \left[-j\cdot\text{sgn}(f)\right]^2 X(f) = -\,X(f) \ \bullet\!\!-\!\!\circ \ -x(t) \quad . \quad \blacksquare$$

Die Entstehung der Hilbert-Transformierten sowie der kausalen und analytischen Funktionen im Zeit- und Frequenzbereich ist in Tab.2.8a zusammenfassend dargestellt. Diese Beziehungen werden im Abschnitt 4.2 bei der Beschreibung von Bandpaßsignalen benötigt.

Zusammenfassung: Die beiden ersten Abschnitte dieses Kapitels behandelten die linearen zeitunabhängigen Systeme und die idealen Modulatoren (die man entweder als linear und zeitabhängig oder als nichtlinear auffassen kann).

Die Beschränkung auf stabile Zeitfunktionen (im Sinne der Gl.(3.5)) erlaubt die Anwendung der Fourier- anstelle der Laplace-Transformation. Lineare zeitunabhängige Systeme gehorchen dann dem Faltungssatz im Zeitbereich, ideale Modulatoren dagegen dem Faltungssatz im Frequenzbereich.

Die Analogie, nämlich die Gegenüberstellung der beiden Faltungssätze, führt zu weitergehenden Betrachtungen: So wie einer kausalen (nur für $t \geq 0$ existierenden) Zeitfunktion eine analytische Frequenzfunktion entspricht, führt der Begriff der "kausalen" (nur für $f \geq 0$ existierenden) Frequenzfunktion zu einer analytischen Zeitfunktion, d.h. zum Begriff des sog. analytischen Signals.

Darüber hinaus liefert die Fourier-Transformation noch weitere Zusammenhänge zwischen Zeit- und Frequenzfunktionen, die im folgenden besprochen werden. Insbesondere ergeben sich durch die Annahme von zeit- oder bandbegrenzten Funktionen wichtige Grundgesetze der Nachrichtentechnik.

3.3 Das Zeit-Bandbreite-Produkt

Es wurde bisher schon wiederholt auf die Reziprozität von Zeit- und Frequenz hingewiesen. Der Vertauschungssatz in Tab.2.8 macht deutlich, daß Zeitfunktion und Frequenzfunktion sehr leicht gegeneinander austauschbar sind. Für reelle und gerade
Funktionen folgt daraus völlige Symmetrie, was aus den Korrespondenzen der Tab.2.8
besonders anschaulich hervorgeht. Außerdem erkennt man, daß das Spektrum um so
"breiter" ist, je "schmaler" die Zeitfunktion ist und umgekehrt. Dieser Zusammenhang läßt sich für viele praktisch wichtige Fälle quantitativ erfassen.

Gegeben sei ein System nach Bild 3.3c mit einer (reellen und geraden) "pulsförmi-
gen" Systemfunktion A(f), etwa vom Typ der Frequenzfunktion in Korrespondenz Nr. 4
der Tab.2.8. Dann ist die ebenfalls reelle und gerade Impulsantwort a(t) von "ähn-
lichem" Typ (Bild 3.3a). Die Sprungantwort $a_{-1}(t)$ folgt durch Integration der Impulsantwort (Bild 3.3b).

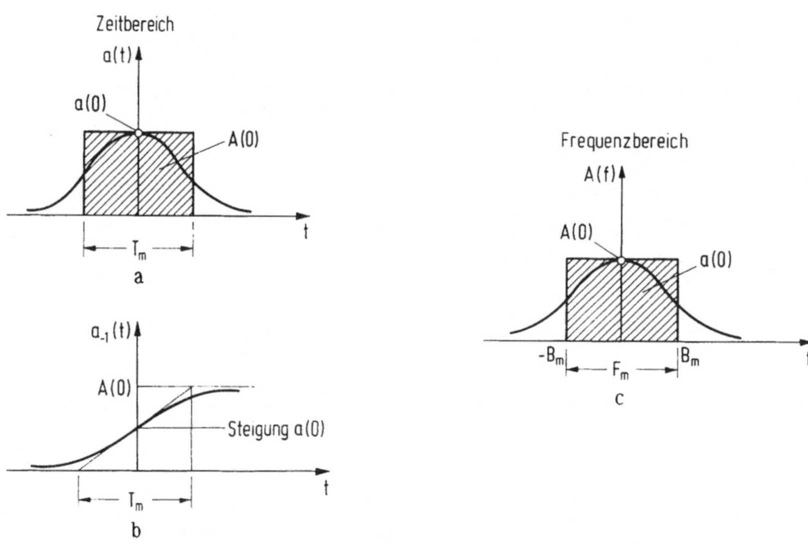

Bild 3.3 Zum Zeit-Bandbreite-Produkt

Man definiert eine *mittlere Zeitdauer* T_m aus der Impulsantwort a(t) mit Hilfe eines
flächengleichen Rechteckes der Höhe a(0). Nach Tab.2.8 ("Nullwerte") ist diese
Fläche gleich dem Wert A(0) der Systemfunktion für f = 0: $T_m \cdot a(0) = A(0)$. Die so
definierte mittlere Zeitdauer T_m ist auch gleich der sog. *Einschwingzeit* der Sprungantwort $a_{-1}(t)$ in Bild 3.2b: Die Sprungantwort als Integral über die Impulsantwort
erreicht den asymptotischen Endwert A(0); ihre Steigung für t = 0 ist definitionsgemäß gleich dem Nullwert a(0) der Impulsantwort. Die mit Hilfe der Tangente in
t = 0 definierte Einschwingzeit ist $T_m = A(0)/a(0)$.

Ebenso definiert man die *mittlere Bandbreite* $F_m = 2B_m$ (die einfache Bandbreite B_m
mißt man üblicherweise nur im Bereich der positiven Frequenzen) aus der Systemfunktion A(f) mit Hilfe eines flächengleichen Rechteckes der Höhe A(0), dessen Flächeninhalt nach Tab.2.8 gleich dem Wert a(0) der Impulsantwort für t = 0 ist: $F_m \cdot A(0)$ =
a(0). Für die beiden Flächen in Bild 3.3a und c gilt also:

$$T_m \cdot a(0) = A(0) \quad ; \quad F_m \cdot A(0) = a(0) \quad .$$

Daraus folgt die wichtige Beziehung:

$$T_m \cdot F_m = 1 \quad . \tag{3.6}$$

Dies ist das *Zeit-Bandbreite-Produkt* [12], das Produkt aus mittlerer Zeitdauer (oder
Einschwingzeit) und mittlerer Bandbreite. Es ist für alle hier betrachteten "gutartigen" Signale im Rahmen der getroffenen Definitionen konstant gleich 1 *).
Damit ist der Zusammenhang zwischen den "Breiten" der Zeit- und der Frequenzfunktion quantitativ erfasst.

Neben den hier getroffenen Definitionen, die in vielen Fällen zweckmäßig, in anderen Fällen unbrauchbar sind, gibt es zahlreiche andere Definitionen für Zeitdauer
und Bandbreite, da keine Definition für alle Signale paßt. In allen Fällen ergibt
jedoch das Produkt einen Wert in der Größenordnung 1, so daß Gl.(3.6) qualitativ
immer gilt.

Gl.(3.6) nennt man - in Analogie zur Physik - auch die *Unschärferelation* der Nachrichtentechnik. Ob dieser umstrittene Vergleich sinnvoll ist, dürfte für den Nach-
richtentechniker von untergeordneter Bedeutung sein.

Beispiel 3.2

Bei einem Fernsehbild schreibt der Elektronenstrahl 25 Vollbilder pro Sekunde mit
je 625 Zeilen. Das sind 25 · 625 = 15625 Zeilen pro Sekunde. Die Dauer einer Zeile
beträgt also $(15625)^{-1}$ sec = 64 µsec.

Innerhalb einer Zeile muß der sog. Videoverstärker, der die Intensität des Elek-
tronenstrahls steuert, etwa die gleiche Schwarz-Weiß-Struktur in horizontaler Richtung erzeugen, wie sie das Bild in vertikaler Richtung besitzt. Der Verstärker muß
also in 1/625 der Zeilendauer einschwingen können. Seine Einschwingzeit muß demnach

$$T_m = 64 \text{ µsec}/625 \approx 100 \text{ nsec}$$

---

*) Es gilt in dieser einfachen Form allerdings nur für reelle gerade Funktionen
a(t) $\circ\!\!-\!\!\bullet$ A(f).

betragen. Nach Gl.(3.6) ist dazu eine mittlere Bandbreite

$$F_m = \frac{1}{T_m} = \frac{1}{100 \text{ nsec}} = 10 \text{ MHz}$$

bzw. eine einfache Bandbreite

$$B_m = \frac{F_m}{2} = 5 \text{ MHz}$$

erforderlich. Diese Überschlagsrechnung führt auf die tatsächlich gebräuchliche Bandbreite (vgl. Abschnitt 1.2). ∎

3.4 Zeit- oder Bandbegrenzung, Abtasttheoreme

Zeit- oder bandbegrenzte Signale haben besondere Eigenschaften: Sie führen sowohl auf den Zusammenhang zwischen dem Fourier-Integral und den Fourier-Reihen als auch auf wichtige Grundgesetze der Nachrichtentechnik, die sog. Abtasttheoreme.

Eine auf das Intervall T *zeitbegrenzte* Funktion x(t) nach Bild 3.4a (dicke Kurve) kann man sich aus einer beliebigen Zeitfunktion entstanden denken, die ein sog. Zeittor, d.h. einen Modulator (Abschnitt 3.2) mit den Eigenschaften nach Tab.2.8. Korrespondenz Nr.5, durchlaufen hat (Multiplikation der Zeitfunktionen). Diese "einmalige" Zeitfunktion habe die Frequenzfunktion X(f) nach Bild 3.4a (dicke Kurve). x(t) läßt sich in einem beliebigen Intervall $T_0 \geq T$ nach Tab.2.7 in orthogonale Funktionen entwickeln. Wählt man dafür das vollständige System der komplexen Exponentialfunktionen nach Gl.(2.44) und nennt man die entwickelte Funktion y(t), so wird

$$y(t) = \sum_{i = -\infty}^{\infty} y_i \cdot e^{j2\pi i f_0 t} \; ; \quad f_0 = 1/T_0, \tag{3.7a}$$

mit den Fourier-Koeffizienten:

$$y_i = \frac{1}{T_0} \int_{-T_0/2}^{T_0/2} x(t) \cdot e^{-j2\pi i f_0 t} \, dt \; . \tag{3.7b}$$

Die Funktion y(t) ist innerhalb des Intervalls T_0 identisch mit x(t); außerhalb dieses Intervalls dagegen verschwindet sie nicht, sondern ist infolge der Periodizität des gewählten Funktionensystems die *periodische Fortsetzung* mit der Periodendauer $T_0 = 1/f_0$ der einmaligen Zeitfunktion x(t) (Bild 3.4a, dünne Kurve). Gl.(3.7a) ist also nichts anderes als die *Fourier-Reihe* der periodischen Zeitfunktion y(t), deren Fourier-Koeffizienten y_i nach Gl.(3.7b) bis auf den Faktor $1/T_0 = f_0$ der Fourier-Transformierten X(f) der einmaligen Zeitfunktion an den *diskreten* Stellen f = i · f_0 entsprechen:

$$y_i = f_0 \cdot X(if_0) \quad . \tag{3.8}$$

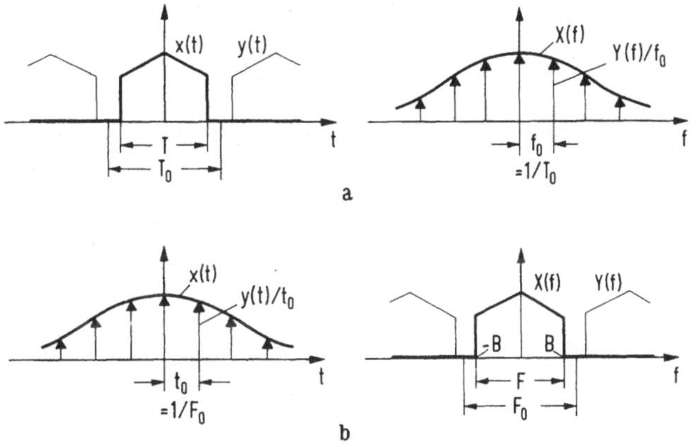

Bild 3.4
a) zeitbegrenzte
b) bandbegrenzte Funktionen

Das Spektrum der periodischen Zeitfunktion y(t) erhält man durch Fourier-Transformation der Gl.(3.7a) nach Tab.2.8. Durch Verwendung der Korrespondenz Nr.1 in Verbindung mit der Verschiebung im Frequenzbereich sowie der Linearität ergibt sich mit Gl.(3.8)

$$Y(f) = f_0 \sum_{i=-\infty}^{\infty} X(if_0) \cdot \delta_0(f - if_0) \quad ; \quad f_0 = 1/T_0 \quad . \tag{3.9}$$

Durch periodische Fortsetzung einer einmaligen Zeitfunktion x(t) entartet demnach deren kontinuierliches Spektrum X(f) in ein *diskretes* Spektrum Y(f) (Linienspektrum), das sich als Summe von Frequenzimpulsen im Abstand $f_0 = 1/T_0$ darstellen läßt. Die Gewichte dieser Impulse sind die mit f_0 multiplizierten *Abtastwerte* des kontinuierlichen Spektrums an den diskreten Stellen f = i · f_0. Anders ausgedrückt: Die sog. Hüllkurve des diskreten Spektrums der periodischen Zeitfunktion y(t) ist das mit f_0 multiplizierte kontinuierliche Spektrum der einmaligen Zeitfunktion x(t). Damit sind die Eigenschaften der Fourier-Reihen periodischer Zeitfunktionen auf die Eigenschaften der Fourier-Transformation entsprechender einmaliger Zeitfunktionen zurückgeführt.

Aus der periodischen Zeitfunktion y(t) mit dem diskreten Spektrum Y(f) nach Gl.(3.9) kann man durch Ausblenden einer Periode T_0 die einmalige Zeitfunktion wiedergewin-

nen. Hierzu denkt man sich die Zeitfunktion y(t) in Bild 3.4a mit der Zeitfunktion
eines Zeittores der Dauer T_0 (Tab.2.8, Korrespondenz Nr.5) multipliziert. Dann ergibt sich offenbar wieder die einmalige Funktion x(t) $\circ\!\!-\!\!\bullet$ X(f). Der Multiplikation
im Zeitbereich (Modulation, vgl. Abschnitt 3.2) entspricht die Faltung im Frequenzbereich, und es folgt ($f_0 = 1/T_0$)

$$X(f) = \int_{-\infty}^{\infty} \text{si } \pi T_0 \lambda \cdot \sum_i X(if_0) \cdot \delta_0(f - \lambda - if_0)d\lambda \quad .$$

Durch Vertauschen von Integration und Summation und Integrieren ergibt sich

$$X(f) = \sum_{i = -\infty}^{\infty} X(if_0) \cdot \frac{\sin \pi T_0(f - if_0)}{\pi T_0(f - if_0)} \quad ; \qquad T_0 = 1/f_0 \quad . \tag{3.10}$$

Dies ist die Darstellung der zu einer auf ein Intervall T begrenzten Zeitfunktion
gehörenden Frequenzfunktion X(f) mit Hilfe ihrer Abtastwerte $X(if_0)$. Sie gilt nur
für $T_0 \geq T$, d.h. für

$$f_0 \leq \frac{1}{T} \quad . \tag{3.11}$$

Andernfalls würden sich die Perioden der Zeitfunktion y(t) in Bild 3.4a überlappen
und die einmalige Zeitfunktion wäre nicht mehr rekonstruierbar.

Das in Gl.(3.10) auftretende System der um $if_0 = i/T_0$ gegeneinander verschobenen
si-Funktionen ist nach Gl.(2.46) orthogonal im unbeschränkten Frequenzintervall. An
der Stelle $f = kf_0$ hat die Funktion mit i = k den Wert 1, während alle anderen Funktionen mit i $\neq$ k verschwinden. Daraus wird zunächst die exakte Rekonstruktion der
Abtastwerte deutlich. Darüberhinaus werden auch alle Zwischenwerte rekonstruiert,
weswegen man die si-Funktion auch *Interpolationsfunktion* nennt.

In völliger Analogie zu den zeitbegrenzten stehen die *bandbegrenzten* Funktionen.
Eine auf den Intervall F =.2B bandbegrenzte Funktion X(f) nach Bild 3.4b (dicke
Kurve) kann man sich aus einer beliebigen Frequenzfunktion entstanden denken, die
einen sog. idealen Tiefpaß mit den Eigenschaften nach Tab.2.8, Korrespondenz Nr.3,
durchlaufen hat. Diese "einmalige" Frequenzfunktion habe die Zeitfunktion x(t)
nach Bild 3.4b (dicke Kurve). In Analogie zu den Gl.(3.7) bis (3.11) ergibt sich:

Die Entwicklung der einmaligen Frequenzfunktion $X(f)$ im beliebigen Intervall $F_0 \geq F$
in eine Fourier-Reihe ergibt deren periodische Fortsetzung $Y(f)$ (Bild 3.4b, dünne
Kurve)

$$Y(f) = \sum_{i = -\infty}^{\infty} Y_i \cdot e^{-j2\pi i f t_0} \quad ; \qquad t_0 = 1/F_0 \quad , \tag{3.12a}$$

mit den Fourier-Koeffizienten

$$Y_i = \frac{1}{F_0} \int_{-F_0/2}^{F_0/2} X(f) \cdot e^{j2\pi i f t_0} \, df \quad . \tag{3.12b}$$

Diese Koeffizienten entsprechen bis auf den Faktor $1/F_0 = t_0$ den *Abtastwerten* der
Zeitfunktion $x(t)$ zu den *diskreten* Zeiten $t = i \cdot t_0$:

$$Y_i = t_0 \cdot x(it_0) \quad . \tag{3.13}$$

Die Zeitfunktion $y(t)$ mit dem periodischen Spektrum $Y(f)$ ergibt sich demnach zu

$$y(t) = t_0 \sum_{i = -\infty}^{\infty} x(it_0) \cdot \delta_0(t - it_0) \quad ; \qquad t_0 = 1/F_0 \quad . \tag{3.14}$$

Durch periodische Fortsetzung eines einmaligen Spektrums $X(f)$ entartet also dessen
kontinuierliche Zeitfunktion $x(t)$ in eine *diskrete* Zeitfunktion $y(t)$, deren "Linien"
im Abstand $t = it_0$ auftreten und deren Hüllkurve die mit t_0 multiplizierte kontinuierliche Zeitfunktion des einmaligen Spektrums ist.

Aus dem periodischen Spektrum $Y(f)$ mit der diskreten Zeitfunktion $y(t)$ nach Gl.(3.14)
gewinnt man mit Hilfe eines idealen Tiefpasses der Bandbreite F_0 (Tab.2.8, Korrespondenz Nr.3) die ursprüngliche Funktion wieder. Analog zu Gl.(3.10) ergibt sich
hier durch Faltung im Zeitbereich

$$x(t) = \sum_{i = -\infty}^{\infty} x(it_0) \cdot \frac{\sin \pi F_0(t - it_0)}{\pi F_0(t - it_0)} \quad ; \qquad F_0 = 1/t_0 \quad . \tag{3.15}$$

Dies ist die Darstellung der zu einer auf ein Intervall F begrenzten Frequenzfunktion gehörenden Zeitfunktion $x(t)$ mit Hilfe ihrer Abtastwerte $x(it_0)$. Sie gilt in
Analogie zu Gl.(3.11) nur für

$$t_0 \leq 1/F = 1/(2B) \tag{3.16}$$

und ihre Eigenschaften sind wie dort interpretierbar.

Aus dem Gesagten geht hervor: Bei Begrenzung einer der beiden Funktionen (Zeit-
oder Frequenzfunktion) ist eine vollständige Beschreibung durch diskrete Abtastwerte der jeweils anderen Funktion (Frequenz- oder Zeitfunktion) möglich. Dies ist
die Aussage der *Abtasttheoreme* *):

Auf ein Intervall $\left\{ \begin{array}{l} T \text{ zeitbegrenzte} \\ F = 2B \text{ bandbegrenzte} \end{array} \right\}$ Funktionen sind durch diskrete Werte

der $\left\{ \begin{array}{l} \text{Frequenzfunktion} \\ \text{Zeitfunktion} \end{array} \right\}$ im Abstand $\left\{ \begin{array}{l} f_0 \leq 1/T \\ t_0 \leq 1/F = 1/(2B) \end{array} \right\}$ vollständig bestimmt

und aus diesen Werten rekonstruierbar.

Umgekehrt gilt: Willkürliche Werte der $\left\{ \begin{array}{l} \text{Frequenzfunktion} \\ \text{Zeitfunktion} \end{array} \right\}$ lassen sich nur in

einem Abstand $\left\{ \begin{array}{l} f_0 \geq 1/T \\ t_0 \geq 1/F = 1/(2B) \end{array} \right\}$ frei vorgeben, wenn die $\left\{ \begin{array}{l} \text{Zeitfunktion} \\ \text{Frequenzfunktion} \end{array} \right\}$

auf ein Intervall $\left\{ \begin{array}{l} T \text{ zeitbegrenzt} \\ F = 2B \text{ bandbegrenzt} \end{array} \right\}$ ist.

Im einzelnen unterscheidet man das für zeitbegrenzte Funktionen gültige *Abtasttheorem*
für *Frequenzfunktionen* (hochgestellte Angaben) und das für bandbegrenzte Funktionen
gültige *Abtasttheorem* für *Zeitfunktionen* (tiefgestellte Angaben). Das praktisch
wichtigere Abtasttheorem für Zeitfunktionen geht auf Nyquist zurück, weswegen man
die zur Abtastung bandbegrenzter Zeitfunktionen mindestens erforderliche Abtastfrequenz $f_a = 1/t_0 = F = 2B$ auch *Nyquist-Rate* nennt.

Die Abtasttheoreme, insbesondere für bandbegrenzte Funktionen, haben wichtige theoretische und praktische Konsequenzen (vgl. Kapitel 5). Selbstverständlich ist weder
ideale Zeitbegrenzung noch ideale Bandbegrenzung praktisch realisierbar, da sie eines unbegrenzten Aufwandes bedürfen. Ein ideales Zeittor wäre nur mit Schaltungen
unbegrenzter Bandbreite, ein idealer Tiefpaß nur mit Schaltungen unbegrenzter Laufzeit realisierbar. Das Gleichheitszeichen in den Abtasttheoremen stellt also einen
theoretischen Grenzfall dar. In der Praxis, wo nur unvollkommene Zeit- oder Bandbegrenzung möglich ist, muß stets ein Abstand von dieser theoretischen Grenze gewahrt
bleiben.

Aus Gl.(3.10) und (3.15) geht noch folgendes hervor: Ist eine der beiden Funktionen
(Zeit- oder Frequenzfunktion) begrenzt, kann es die andere nicht gleichzeitig auch
sein. Dies folgt unmittelbar aus der im unbegrenzten Intervall existierenden Interpolationsfunktion. Trotzdem macht man in der Praxis für Überschlagsrechnungen gelegentlich die Annahme, daß eine Funktion gleichzeitig zeit- und bandbegrenzt ist,
indem man die außerhalb geeignet gewählter Begrenzungsintervalle liegenden Anteile
vernachlässigt.

---

*) Die Theoreme werden für den bisher betrachteten und praktisch wichtigsten Fall
äquidistanter Abtastwerte angegeben. Über Verallgemeinerungen vgl. z.B. [22].

<u>Beispiel 3.3</u>

a) Für die Sprachübertragung beim Fernsprechen ist nach Abschnitt 1.2 eine (einfache) Bandbreite von 3,4 kHz erforderlich. Die theoretische Grenze für den Abstand der Abtastwerte liegt demnach mit $F = 2B = 6{,}8$ kHz bei

$$t_0 = \frac{1}{F} = 147 \; \mu\text{sec} \; .$$

Das Sprachband ist jedoch nicht scharf begrenzt. Will man ein beliebiges Sprachsignal möglichst gut durch seine Abtastwerte erfassen, so wählt man den Abstand *kleiner*, indem man eine größere Bandbreite von $F = 2B = 8$ kHz zugrundelegt:

$$t_0 = \frac{1}{F} = 125 \; \mu\text{sec} \; .$$

Dies ist die in der Praxis z.B. bei der PCM-Übertragung (Pulscodemodulation, vgl.
Abschnitte 1.2 und 5.5) verwendete Abtastrate.

Fragt man dagegen, in welchem Abstand man Abtastwerte frei vorgeben kann, damit sie
über einen Fernsprechkanal übertragen und durch Abtastung wiedergewonnen werden können, so gibt das Abtasttheorem hierauf keine direkte Antwort. Eine Abschätzung ist
jedoch auf folgende Weise möglich. Abtastwerte im Abstand t_0 lassen sich durch ein
auf F bandbegrenztes Signal übertragen. Geht dieses Signal unverzerrt durch den Kanal, so lassen sich die Abtastwerte wiedergewinnen. Wegen der Verzerrungen des Kanals wählt man den Abstand t_0 *größer*, indem man eine kleinere Bandbreite als die des
verzerrenden Systems zugrundelegt. Dann kann man annehmen, daß dieses schmalbandige
Signal das System unverzerrt durchläuft.

Ein extremes Beispiel hierfür ist die Datenübertragung über Fernsprechkanäle (Abschnitt 1.2). Die Übertragungsgeschwindigkeit von 1200 Baud entspricht 1200 Abtastwerten pro Sekunde, nach dem Abtasttheorem also nur einer ausgenutzten Bandbreite
von $F = 2B = 1{,}2$ kHz.

b) Die Aussage des Abtasttheorems bezüglich der frei vorgebbaren Abtastwerte läßt
sich also nicht ohne weiteres auf den Fall der Bandbegrenzung durch reale Systeme
anwenden. Setzt man jedoch Systeme voraus, die innerhalb einer Bandbreite F nur geringe Amplituden- und Phasenverzerrungen haben, so läßt sich mit dieser Aussage die
"Übertragungsfähigkeit" eines Systems abschätzen. Ein System mit der Bandbreite F =
2B kann danach höchstens $1/t_0 = F$ frei wählbare Amplitudenwerte pro Sekunde übertragen. In einem beliebigen Intervall T können also höchstens

$$T/t_0 = T \cdot F$$

unabhängige Amplitudenwerte übertragen werden. Dies ist eine wichtige Beziehung bei
der Berechnung der Übertragungsfähigkeit von Systemen (vgl. Abschnitt 5.4).

c) Die Darstellung bandbegrenzter Signale nach Gl.(3.15) ermöglicht in einfacher Weise die Angabe der Energie oder die Leistung solcher Signale mit Hilfe der Abtastwerte. Da die Interpolationsfunktionen orthogonal sind, läßt sich das Theorem von Parseval (Tab.2.7 unten) anwenden. Mit dem Normquadrat $\|\varphi_i\|^2 = 1/F_0 = t_0$ nach Gl. (2.46) folgt für die Energie des durch Gl.(3.15) beschriebenen Signals x(t):

$$\|x\|^2 = t_0 \sum_{i=-\infty}^{\infty} |x(it_0)|^2 \quad . \tag{*}$$

Dieser Ausdruck existiert nach Gl.(2.47) nur für Energiesignale. Für Leistungssignale ergibt sich die mittlere Leistung P_s, indem man die Energie der Abtastwerte aus einem endlichen Zeitintervall $T = nt_0$ durch diese Zeit dividiert *) und dann T bzw. n gegen unendlich gehen läßt:

$$P_s = \lim_{T \to \infty} \frac{1}{T} \|x\|^2 = \lim_{n \to \infty} \frac{1}{n} \sum_{i=-n/2}^{n/2} |x(it_0)|^2 = \overline{|x(it_0)|^2} \quad . \tag{**}$$

Die mittlere Signalleistung P_s ist also offenbar gleich dem zeitlichen Quadratmittel der Abtastwerte. Setzt man Ergodizität voraus, so kann sie nach Gl.(2.32) auch als Scharmittel angegeben werden. Bezeichnet man den Abtastwert als Zufallsvariable mit x_i und die Wahrscheinlichkeitsdichtefunktion mit f_{x_i}, so ergibt sich

$$P_s = \overline{|x_i|^2} = \int_{-\infty}^{\infty} x^2 \cdot f_{x_i}(x)\,dx \quad . \tag{***}$$

Energie bzw. Leistung bandbegrenzter Signale sind also aus den Abtastwerten eindeutig angebbar.

d) Die in Bild 3.4 bzw. durch Gl.(3.9) und Gl.(3.14) dargestellten Verhältnisse ermöglichen eine einfache Angabe der jeweiligen Fourier-Transformierten periodisch fortgesetzter Zeit- oder Frequenzfunktionen. Dies soll an folgendem Beispiel erläutert werden:

Gegeben sei die Korrespondenz Nr.1 aus Tab.2.8:

$$x(t) = \delta_0(t) \quad \circ\!\!-\!\!\bullet \quad 1 = X(f) \quad .$$

---

*) Diese Division ergibt bei endlichem T bzw. n nur eine Näherung für P_s und führt erst nach dem Grenzübergang $T \to \infty$ bzw. $n \to \infty$ zum exakten Wert.

Gesucht sei die Fourier-Transformierte der in Bild B 3.3a gezeigten periodischen
Fortsetzung des Impulses $\delta_0(t)$, d.h. der Funktion:

$$y(t) = \sum_{i = -\infty}^{\infty} \delta_0(t - iT_0) \ .$$

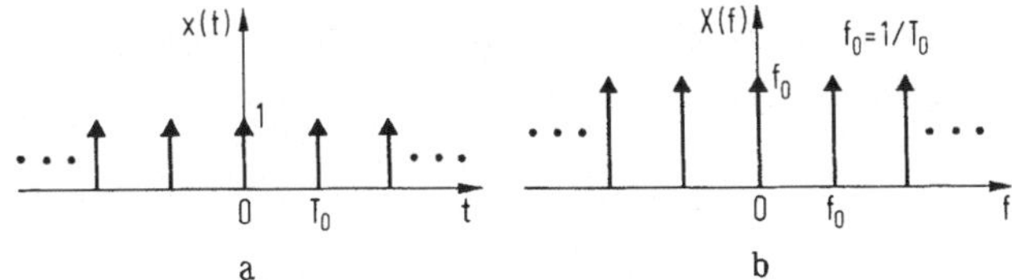

Bild B 3.3
Periodische Impulsfolge
und ihre Fourier-Transformierte

Das Ergebnis läßt sich sofort aus Bild 3.4a oder aus Gl.(3.9) angeben. Mit $X(f) =$
$X(if_0) \equiv 1$ ergibt sich:

$$Y(f) = f_0 \sum_{i = -\infty}^{\infty} \delta_0(f - if_0) \ ; \qquad f_0 = 1/T_0 \ .$$

Diese Frequenzfunktion ist in Bild B 3.3b dargestellt. Eine Impulsfolge im Zeitbereich geht also durch Fourier-Transformation in eine Impulsfolge im Frequenzbereich
über. Zu dem gleichen Ergebnis gelangt man in umgekehrter Richtung vom Frequenzbereich in den Zeitbereich, wenn man Bild 3.4b bzw. Gl.(3.14) verwendet.

Aus diesen Ergebnissen lassen sich die Abtasttheoreme folgendermaßen interpretieren:
Die Abtastung einer Zeitfunktion entspricht der Multiplikation mit y(t) nach Bild
B 3.3a (idealer Modulator), was einer Faltung der zugehörigen Frequenzfunktionen
gleichkommt. Hieraus folgt unmittelbar die periodische Fortsetzung der Frequenzfunktion sowie deren Rückgewinnbarkeit durch einen idealen Tiefpaß, sofern die Nyquist-
Rate eingehalten wird. Umgekehrt entspricht die "Abtastung" einer Frequenzfunktion
ihrer Multiplikation mit Y(f) nach Bild B 3.3b (lineares System), was einer Faltung der dazugehörigen Zeitfunktionen gleichkommt. Hieraus folgt die periodische
Fortsetzung der Zeitfunktion und deren Rückgewinnbarkeit durch ein ideales Zeittor,
sofern die "Nyquist-Rate" im Frequenzbereich eingehalten wird. Der Leser mache sich
diese Aussagen anhand entsprechender Skizzen und anhand des bei Impulsen sehr einfachen Faltungsmechanismus klar. ∎

Zusammenfassung: Die beiden letzten Abschnitte erörterten zwei wichtige Grundgesetze der Nachrichtentechnik, die unmittelbar aus den Eigenschaften der Fourier-
Transformation folgen. Für geeignete Signale wurde das Zeit-Bandbreite-Produkt definiert. Es besagt, daß die "Breiten" eines Signals im Zeit- und im Frequenzbereich
einander umgekehrt proportional sind. Diese "Breiten" wurden dabei mit Hilfe von

Mittelwerten definiert, die durchaus nicht in allen Fällen existieren, so daß ggf.
auf andere Definitionen ausgewichen werden muß. Dabei ändert sich aber lediglich
der Proportionalitätsfaktor; die Aussage bleibt qualitativ richtig.

Setzt man dagegen Signale mit scharf begrenzten "Breiten" voraus, so kommt man zum
Begriff der zeit- oder bandbegrenzten Signale. Für solche Signale gelten die Abtasttheoreme. Sie besagen, daß bei Begrenzung der Zeit- bzw. Frequenzfunktion diskrete Werte der Frequenz- bzw. Zeitfunktion zur Beschreibung des Signals ausreichen.
Die Abtasttheoreme basieren auf den Zusammenhängen zwischen dem Fourier-Integral
und den Fourier-Reihen.

Die Fourier-Transformation erweist sich also als außerordentlich wichtiges Hilfsmittel. Sie liefert ganz allgemein den Zusammenhang zwischen Zeit- und Frequenzfunktion. Angewendet auf Impulsantwort und Systemfunktion linearer zeitunabhängiger Systeme ermöglicht der Faltungssatz eine zweckmäßige Berechnung der Systemantwort. Dieses sind, kurz gesagt, die Methoden der harmonischen Analyse.

Nach Kapitel 2 liefert die Fourier-Transformation jedoch auch den Zusammenhang
zwischen Korrelationsfunktion und Leistungsdichte. Überträgt man die Methoden der
harmonischen Analyse in geeigneter Weise auf diese Größen, so kommt man zur erweiterten harmonischen Analyse, mit deren Hilfe sich der Durchgang zufälliger Signale
durch lineare zeitunabhängige Systeme beschreiben läßt.

Die folgenden Abschnitte befassen sich näher mit diesen Problemen, nämlich mit der
Übertragung determinierter und zufälliger Signale durch lineare zeitunabhängige
Systeme. Für zeitabhängige bzw. nichtlineare Systeme (z.B. für ideale Modulatoren)
ist der geschilderte Übergang zur erweiterten harmonischen Analyse nicht möglich.
Mit einem linearen ist daher im folgenden stets auch ein zeitunabhängiges System
gemeint.

3.5 Übertragung durch lineare Systeme

Die Übertragung determinierter Signale durch lineare Systeme, d.h. die Berechnung
der Antwort bei gegebener Erregung, ist durch Gl.(3.3) als Lösung im Zeit- oder
im Frequenzbereich gegeben.

Wie bereits zu Beginn des Kapitels 3 gesagt, ist die detaillierte Systemanalyse
nicht Gegenstand der Nachrichtenübertragung. Es kommt vielmehr darauf an, anhand
vorgegebener (typischer, wenn auch z.T. idealisierter) Systemeigenschaften deren
Übertragungsverhalten zu beurteilen.

3.5.1 Lineare Verzerrungen determinierter Signale

Hierunter versteht man alle Änderungen, die ein Signal oder sein Spektrum beim
Durchlaufen eines linearen Systems erfahren. Ein lineares System ist (unter den
Voraussetzungen des Abschnitts 3.1) entweder durch seine Impulsantwort a(t) (oder
Sprungantwort $a_{-1}(t)$) oder durch seine Systemfunktion

$$A(f) = |A(f)| \cdot e^{j\underline{/}A(f)} = |A(f)| \cdot e^{-jb(f)} \tag{3.17}$$

vollständig beschrieben. Die Systemfunktion läßt sich nach Gl.(3.17) stets durch
Betrag und Winkel angeben, wobei der Winkel $\underline{/}A(f)$ gleich dem negativen Phasenmaß
b(f) (kurz Phase genannt) ist. Sowohl Betrag als auch Phase sind Funktionen der
Frequenz f.

Das Spektrum eines Signals wird bei der Übertragung durch ein lineares System mit
der Systemfunktion *multipliziert*, d.h. sowohl sein Betragsspektrum als auch sein
Phasenspektrum werden in Abhängigkeit von der Frequenz verändert. Hieraus entstehen die *linearen Verzerrungen*, die man daher in *Betrags* *)- und *Phasenverzerrungen*
unterteilen kann. Kennzeichnend für die linearen Verzerrungen ist, daß nur das vorhandene Spektrum nach Betrag und Phase verändert wird, daß also - im Gegensatz zu
nichtlinearen Verzerrungen - keine neuen Frequenzen entstehen können.

Gegeben sei ein System nach Bild 3.5. Seine Systemfunktion hat den konstanten Betrag

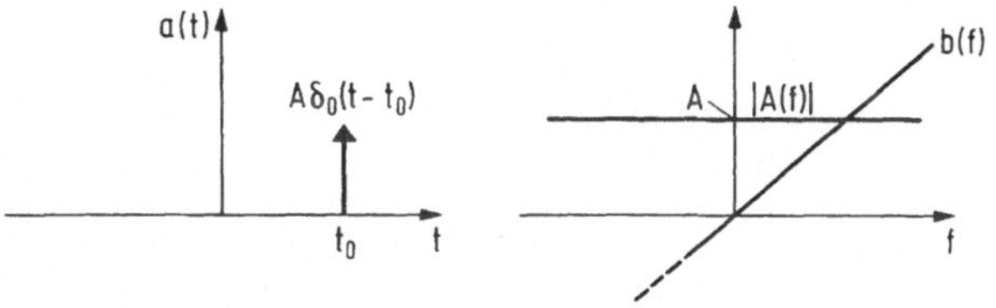

Bild 3.5 Verzerrungsfreies System

A und eine frequenzproportionale Phase $b(f) = 2\pi t_0 f = -\underline{/}A(f)$, wobei $2\pi t_0$ den Propor-
tionalitätskoeffizienten darstellt. Zusammen mit der nach Tab.2.8 dazugehörigen Impulsantwort gilt daher für dieses System

$$a(t) = A \cdot \delta_0(t - t_0) \; \circ\!\!-\!\!\bullet \; A \cdot e^{-j2\pi t_0 f} = A(f) \quad . \tag{3.18}$$

Dies ist aber nichts anderes als ein ideales Totzeitglied (Verzögerungsglied) nach
Beispiel 3.1 und Bild B 3.1a. Der Impuls - und damit jedes andere Signal - wird lediglich um eine *Laufzeit* t_0 verzögert, bleibt sonst aber ungeändert. Bild 3.5 stellt

---

*) Aus dem Betrag $|A(f)|$ definiert man die Dämpfung a(f) zu $a(f) = \ln(1/|A(f)|)$.
Betragsverzerrungen entsprechen demnach den Dämpfungsverzerrungen.

also ein *verzerrungsfreies System* dar, gekennzeichnet durch einen *konstanten Betrag* und eine *frequenzproportionale Phase* der Systemfunktion.

Die Phase ist - wie jeder Winkel - in 2π vieldeutig. Die Phasenkurve in Bild 3.5 läßt sich also beliebig um $n \cdot 2\pi$ (n ganz) versetzen; die Eigenschaften entsprechender Systeme wären nicht voneinander zu unterscheiden.

Die oben erwähnte Laufzeit definiert man aus der Phase b(f) auf zwei verschiedene Arten, nämlich als sog. Phasenlaufzeit ($\omega = 2\pi f$)

$$ t_{ph} = \frac{b}{\omega} = \frac{1}{2\pi} \cdot \frac{b}{f} $$

und als *Gruppenlaufzeit*

$$ t_g = \frac{db}{d\omega} = \frac{1}{2\pi} \frac{db}{df} = -\frac{1}{2\pi} \frac{d}{df} (\underline{/}A(f)) \quad . \tag{3.19} $$

Bei dem verzerrungsfreien System nach Bild 3.5 sind beide Laufzeiten identisch (Gl. (3.18))

$$ t_{ph} = t_g = t_0 \quad , $$

d.h. t_0 ist die Laufzeit dieses Systems. Berücksichtigt man dagegen die Vieldeutigkeit der Phase, so stellt sich die Phasenlaufzeit als unbrauchbare und physikalisch sinnlose Größe heraus, da sie für gleichwertige Systeme mit nicht voneinander unterscheidbaren Eigenschaften völlig verschiedene Werte annehmen kann. Die Gruppenlaufzeit dagegen bleibt, wie ersichtlich, von der Vieldeutigkeit der Phase unberührt und stellt bei verzerrungsfreier Übertragung die tatsächliche Signallaufzeit dar. Äquivalent zur frequenzproportionalen Phase eines verzerrungsfreien Systems sind demnach, wenn man auch noch Phasenverschiebungen von $\pm\pi$ zuläßt (was lediglich eine Umpolung des Signals bedeutet), die beiden Bedingungen b(0) = $\pm n\pi$ und t_g = const für alle f. Bei der Übertragung von Bandpaßsignalen, die im Kapitel 4 behandelt wird, kann die erste Bedingung entfallen, und es genügt konstante Gruppenlaufzeit innerhalb des Bandes (vgl. auch Abschnitt 4.3) [13].

Die oben erwähnten linearen Verzerrungen sind also Abweichungen von den in Bild 3.5 dargestellten Eigenschaften eines verzerrungsfreien Systems. Da sowohl konstanter Betrag als auch frequenzproportionale Phase (konstante Gruppenlaufzeit) Idealisierungen sind, zeigt jedes praktisch realisierbare System Abweichungen hiervon. Für überschlägige Betrachtungen genügt es, aus der Vielfalt der Möglichkeiten einige typische Fälle herauszugreifen (vgl. etwa [12, 14]). Diese sind in Tab.3.1 qualitativ und unmaßstäblich dargestellt. Die Sprungantwort ist dabei stets das Integral der Impulsantwort.

Tabelle 3.1 Lineare Verzerrungen

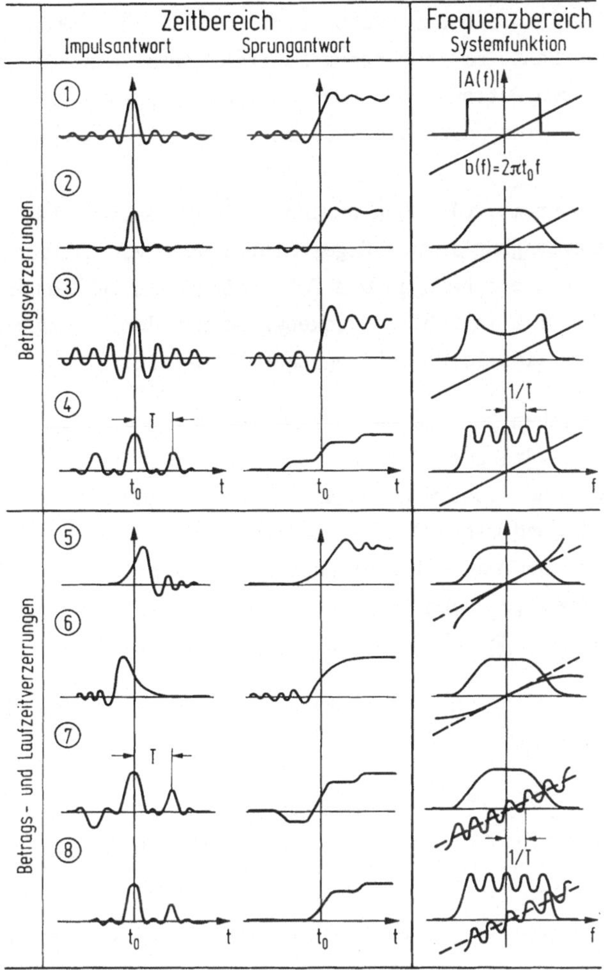

Bei den reinen *Betragsverzerrungen* (Dämpfungsverzerrungen) setzt man frequenzproportionale Phase $b(f) = 2\pi t_0 f$, d.h. nach Gl.(3.19) konstante Laufzeit t_0 voraus.
Scharfe Bandbegrenzung (Nr.1) ergibt das bereits aus Tab.2.8, Korrespondenz Nr.3
bekannte "Überschwingen" der Impulsantwort (und der Sprungantwort). Fallender Betrag (Nr.2) mildert, steigender Betrag (Nr.3) erhöht das Überschwingen. Periodisch
schwankender Betrag (Nr.4) erzeugt sog. "paarige Echos" in der Impulsantwort (vgl.
auch Tab.2.8, Nr.6) und entsprechende "Stufen" in der Sprungantwort. Bei allen
Betragsverzerrungen sind jedoch Impuls- bzw. Sprungantwort *symmetrisch* bzw. punkt-
symmetrisch bezüglich der zugrundegelegten Laufzeit t_0.

Treten jedoch Phasen- oder *Laufzeitverzerrungen* hinzu, so werden die zeitlichen
Vorgänge *unsymmetrisch*. Steigende Laufzeit (Nr.5) bevorzugt (zeitlich) die tiefen,
fallende Laufzeit (Nr.6) die hohen Frequenzen. Periodisch schwankende Laufzeit
(Nr.7) ergibt paarige Echos mit entgegengesetzten Vorzeichen. Bei sog. minimal-
phasigen Systemen treten Betrags- und Laufzeitschwankungen (Nr.8) stets gemeinsam
auf. Hier ergibt sich (etwa durch Überlagerung der Fälle 4 und 7) nur ein zeitlich
nacheilendes Echo.

Da verzerrungsfreie Systeme, wie oben erwähnt, nicht realisierbar sind, strebt man
in der Nachrichtenübertragung in der Regel hinreichend verzerrungsarme Systeme an,
die möglichst frei von Überschwingen und Echos sind. Ein in diesem Sinne "gutarti-
ges" System wäre z.B. Nr.2 in Tab.3.1, gekennzeichnet durch langsam abnehmenden Betrag und frequenzproportionale Phase (konstante Laufzeit).

Der Prototyp eines solchen gutartigen Systems ist der sog. *Gauß-Tiefpaß* nach Tab.2.8,
Korrespondenz Nr.4. Er wäre zwar - ebenso wie der ideale Tiefpaß Nr.3 - nur mit unendlich hohem Aufwand und dabei mit unendlich großer Laufzeit realisierbar. Er läßt
sich jedoch praktisch (und mit endlicher und im Übertragungsbereich konstanter Laufzeit) so gut annähern, daß man seine Eigenschaften "stellvertretend" für viele praktische Systeme zugrundelegen kann [15]. Diese Eigenschaften werden daher noch kurz
besprochen, und zwar ohne Berücksichtigung der Laufzeit:

Aus der normierten Beziehung in Tab.2.8 folgt durch Anwenden des Ähnlichkeitssatzes
(für $a = T_m$):

$$a(t) = \frac{1}{T_m}\, e^{-\frac{1}{2}\left(\frac{\sqrt{2\pi}}{T_m}\, t\right)^2} \circ\!\!-\!\!\bullet\; e^{-\frac{1}{2}\left(\frac{\sqrt{2\pi}}{F_m}\, f\right)^2} = A(f) \quad ; \qquad T_m = 1/F_m \;. \qquad (3.20)$$

Dabei sind T_m und F_m gerade die mittlere Zeitdauer und die mittlere Bandbreite nach
Gl.(3.6). Die Exponenten in Gl.(3.20) sind so umgeschrieben, daß man den Zusammen-
hang mit den Größen in Tab.2.5 erkennt: Impulsantwort und Systemfunktion haben den
Verlauf der Gaußschen Fehlerfunktion $\varphi(x)$ *):

$$a(t) = \frac{\sqrt{2\pi}}{T_m}\, \varphi\left(\frac{\sqrt{2\pi}}{T_m}\, t\right) \quad ; \quad A(f) = \sqrt{2\pi}\, \varphi\left(\frac{\sqrt{2\pi}}{F_m}\, f\right) \;. \qquad (3.21a)$$

Durch Integration findet man noch die Sprungantwort:

$$a_{-1}(t) = \int_{-\infty}^{t} a(\lambda)\,d\lambda = \frac{1}{2} + \frac{1}{2}\, \Phi\left(\frac{\sqrt{2\pi}}{T_m}\, t\right) \;. \qquad (3.21b)$$

---

*) Der Gauß-Tiefpaß hat *nichts* mit einer Gauß-Verteilung zu tun. Der Name bezieht
sich lediglich auf den Verlauf der genannten Funktionen.

Die Größen sind in Bild 3.6 dargestellt. Man erkennt, daß kein Überschwingen auftritt. Die mittlere Zeitdauer T_m und die mittlere Bandbreite $F_m = 2B_m$ können näherungsweise bei der halben Gesamthöhe der Kurven für a(t) bzw. A(f) abgelesen werden. In einem Intervall $2T_m$ bzw. $2F_m$ können die Funktionen praktisch als *begrenzt* angesehen werden (vgl. Schluß des Abschnittes 3.4), obwohl keine der Funktionen wirklich begrenzt ist. Die einzige Signalverzerrung besteht in einer Verbreiterung des Impulses auf die mittlere Zeitdauer T_m bzw. einer Abflachung des Sprunges auf die Einschwingzeit T_m. Die bisher nicht berücksichtigte Phase b(f) ist frequenzproportional, die Laufzeit nach Gl.(3.19) daher konstant, jedoch unbestimmt. Theoretisch ist sie unendlich; praktisch hängt sie von der Art der Aproximation ab.

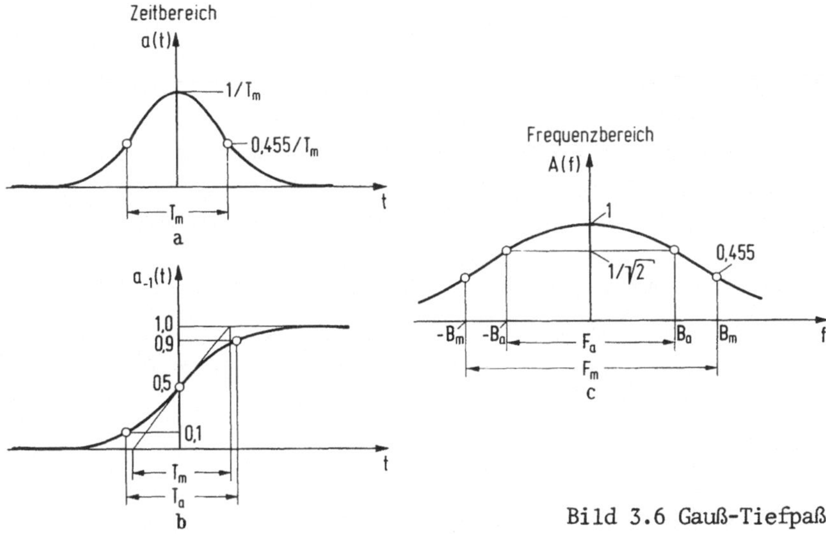

Bild 3.6 Gauß-Tiefpaß

Wegen der Bedeutung des Gauß-Tiefpasses als Modell für viele praktische Systeme definiert man auch noch ein von Gl.(3.6) abweichendes Zeit-Bandbreite-Produkt. Sowohl die mittlere Zeitdauer oder Einschwingzeit T_m als auch die mittlere Bandbreite $F_m = 2B_m$ sind schwer zu messen. In der Technik definiert man die Zeit in der die Sprungantwort (Bild 3.6b) von 10% auf 90% ihres Endwertes ansteigt als die sog. *Anstiegszeit* T_a und die Bandbreite zwischen den Punkten, an denen der Betrag der Systemfunktion (Bild 3.6c) gerade auf $1/\sqrt{2}$ abgefallen ist. Dies entspricht einer Dämpfung von 3 dB (3 Dezibel), weswegen man auch von der *3-dB-Bandbreite* $F_a = 2B_a$ spricht. Beide Größen lassen sich leicht und ohne Kenntnis des gesamten Verlaufes der Funktionen messen. Beim Gauß-Tiefpaß gilt der Zusammenhang:

$$T_a = 1{,}022\,T_m \quad ; \quad F_a = 0{,}665\,F_m \quad . \tag{3.21c}$$

Daraus folgt mit Gl.(3.6) das *technische Zeit-Bandbreite-Produkt* zu

$$T_a \cdot F_a = 0{,}68 \quad , \tag{3.22a}$$

bzw. für die einfache 3 dB-Bandbreite $B_a = F_a/2$:

$$T_a \cdot B_a = 0{,}34 \quad . \tag{3.22b}$$

Die Gl.(3.21c), d.h. die gleichzeitige Gültigkeit der Gl.(3.6) und (3.22), ist selbstverständlich nur für den Gauß-Tiefpaß gegeben. Für überschlägige Berechnungen an praktischen Systemen ist Gl.(3.22) stets vorzuziehen, da Anstiegszeit T_a und 3 dB-Bandbreite $F_a = 2B_a$ stets definierbar sind, auch wenn z.B. eine mittlere Bandbreite $F_m = 2B_m$ gar nicht existiert.

Bei Anwendung des Zeit-Bandbreite-Produktes in einer der beiden Formen Gl.(3.6) oder Gl.(3.22) wird im folgenden stets vorausgesetzt, daß sich das betreffende System am Modell des Gauß-Tiefpasses (mit konstanter, aber endlicher Laufzeit) hinreichend gut beschreiben läßt. Ein Fall, wo dies z.B. nicht zutrifft, wurde in Beispiel 3.3 besprochen.

Schaltet man mehrere Gauß-Tiefpässe mit den Anstiegszeiten T_{a1}, T_{a2},... usw. hintereinander, so multiplizieren sich die Systemfunktionen. Aus Gl.(3.20) ist zu erkennen, daß das resultierende System ebenfalls ein Gauß-Tiefpaß mit der Anstiegszeit

$$T_a = \sqrt{T_{a1}^2 + T_{a2}^2 + \dots} \tag{3.23}$$

ist. Diese Gleichung ist von großem praktischen Nutzen. Sie gestattet es u.a. auch anzugeben, welche Anstiegszeit T_a am Ausgang eines Systems der Eigenanstiegszeit T_{a2} auftritt, wenn die Erregung bereits die Anstiegszeit T_{a1} hat, also kein idealer Sprung ist.

Beispiel 3.4

a) Ein einfaches RC-Glied nach Bild B 3.4 hat eine Systemfunktion

$$Y/X = A(f) = \frac{1}{1 + j2\pi Tf} \quad ; \quad |A(f)| = \frac{1}{\sqrt{1 + 4\pi^2 T^2 f^2}}$$

sowie eine Impuls- und Sprungantwort:

$$a(t) = \frac{1}{T} e^{-t/T} \quad ; \quad a_{-1}(t) = 1 - e^{-t/T} \quad .$$

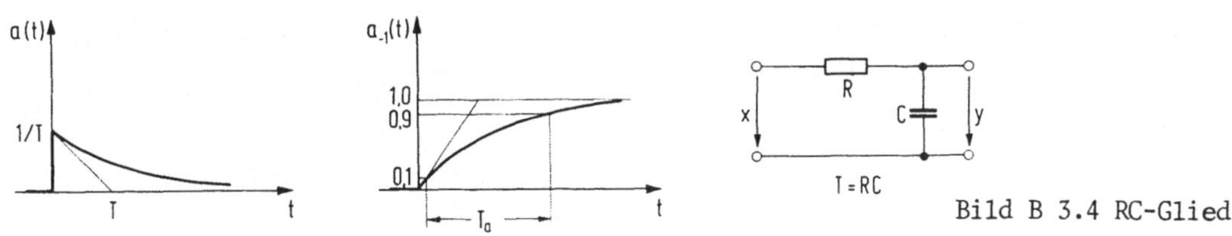

Bild B 3.4 RC-Glied

Es entspricht in seinen Verzerrungen etwa dem Typ Tab.3.1, Nr.6. Die Voraussetzungen für die Angabe des Zeit-Bandbreite-Produktes nach Bild 3.3 sind demnach nicht gegeben. Ein flächengleiches Rechteck für die Impulsantwort läßt sich zwar finden, für den Betrag $|A(f)|$ der Systemfunktion dagegen nicht.

Das technische Zeit-Bandbreite-Produkt nach Gl.(3.22) läßt sich jedoch angeben. Für die Anstiegszeit T_a (Bild B 3.4, Abstand zwischen dem 10%- und 90%-Punkt) findet man aus der Sprungantwort $a_{-1}(t)$:

$$T_a = 2,2 \; T \quad .$$

Für die 3 dB-Bandbreite B_a findet man aus dem Betrag $|A(f)|$:

$$B_a = \frac{1}{2\pi T} \quad .$$

Damit wird

$$T_a B_a = 0,35 \quad ,$$

was mit Gl.(3.22b) gut übereinstimmt. Es läßt sich zeigen, daß die Kettenschaltung mehrerer gleichartiger und entkoppelter RC-Glieder bereits eine gute Annäherung an einen Gauß-Tiefpaß ergibt. Mit wachsender Gliederzahl wird die Übereinstimmung immer besser. Es läßt sich ganz allgemein zeigen [32], daß die Kettenschaltung von n identischen entkoppelten Tiefpaßgliedern, deren Impulsantwort die Eigenschaften einer Wahrscheinlichkeitsdichtefunktion endlicher Varianz haben, für $n \to \infty$ auf einen Gauß-Tiefpaß führt. Dies ist eine Analogie zum zentralen Grenzwertsatz der Statistik (Abschnitt 2.2.11).

Für die Kettenschaltung einzelner (entkoppelter) RC-Glieder darf allerding Gl.(3.23) nicht verwendet werden, da diese nur dann gilt, wenn die Sprungantworten von vornherein den Charakter nach Bild 3.6 haben.

b) Gegeben sei ein Gauß-Tiefpaß mit der Anstiegszeit $T_{a2} = 10$ nsec. Er wird mit einem nichtidealen Sprung der Anstiegszeit $T_{a1} = 10$ nsec erregt. Seine Antwort hat dann nach Gl.(3.23) die Anstiegszeit

$$T_a = \sqrt{T_{a1}^2 + T_{a2}^2} = \sqrt{2} \cdot 10 \text{ nsec} \approx 14 \text{ nsec.}$$

c) Ein Gauß-Tiefpaß mit der Anstiegszeit T_a werde mit einem idealen Rechteckimpuls
der Dauer T_i erregt. Wie groß muß T_i sein, damit die Antwort praktisch die volle
Amplitude erreicht?

Nach Bild 3.6 braucht die Sprungantwort von näherungsweise 0 bis 100% ihrer Amplitude rund die doppelte Anstiegszeit $2T_a$. Die Impulsdauer T_i muß also

$$T_i \geq 2T_a$$

betragen, damit der Impuls noch voll einschwingen kann. Für $T_i = T_a$ erreicht die
Antwort lediglich 80% ihrer vollen Amplitude. Bei nichtidealen Rechteckimpulsen
ist für T_a die resultierende Anstiegszeit nach Teil b des Beispiels einzusetzen.   ∎

Zusammenfassung: Die linearen Verzerrungen determinierter Signale lassen sich in
Betrags- und Phasenverzerrungen unterteilen. Ein verzerrungsfreies System müßte
für alle Frequenzen eine Systemfunktion konstanten Betrages und frequenzproporti-
onaler Phase besitzen. Realisierbare Systeme weichen stets von dieser Idealforde-
rung ab. Die Abweichungen lassen sich in gewissem Sinne typisieren, wodurch qua-
litative Aussagen über auftretende Verzerrungen ermöglicht werden. Daraus ergibt
sich als "Modell" zur Beschreibung verzerrungsarmer Systeme der sog. Gauß-Tiefpaß.

Die folgenden Abschnitte erörtern die "Verzerrungen" zufälliger Signale bei der
Übertragung durch lineare Systeme.

3.5.2 Übertragung zufälliger Signale

Die Übertragung zufälliger Signale durch lineare Systeme ist nur mit den Mitteln
der erweiterten harmonischen Analyse (Abschnitt 2.2.9 und 2.2.10 bzw. Abschnitt
2.3) berechenbar.

Bei der eigentlichen harmonischen Analyse ergab sich nach Gl.(3.3) die (hier $y(t)$
genannte) Antwort auf eine determinierte Erregung $x(t)$ zu

$$y(t) = a(t) * x(t)$$
$$Y(f) = A(f) \cdot X(f) \quad . \tag{3.24}$$

Geht man von den Zeitfunktionen zu den Korrelationsfunktionen und von den Frequenzfunktionen zu den spektralen Dichten über (Tab.2.4 und 2.9), so ergibt sich zwischen diesen Größen eine der Gl.(3.24) völlig analoge Beziehung (Bild 3.7). Dabei
werden Erregung und Antwort durch ihre Autokorrelationsfunktionen im Zeitbereich
(Tab.2.4) bzw. nach dem Theorem von Wiener-Khintchine durch ihre Leistungsdichten
im Frequenzbereich ersetzt. Für das System definiert man aus Impulsantwort $a(t)$
bzw. Systemfunktion $A(f)$ nach Tab.2.9 die *System-Autokorrelationsfunktion* $k_a(\tau)$

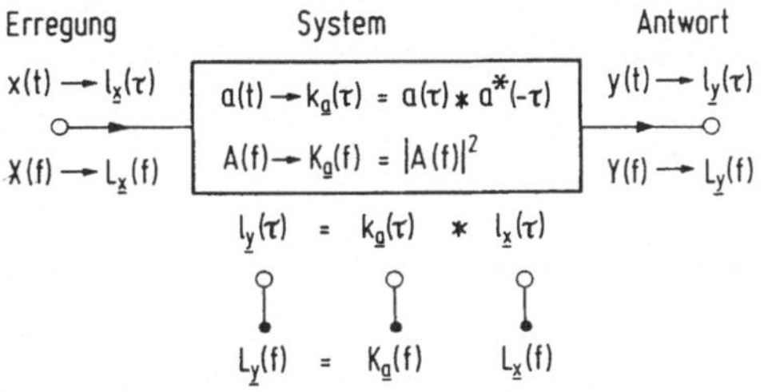

Bild 3.7
Erweiterte harmonische Analyse
linearer Systeme

$$
\begin{array}{ccc}
\text{Erregung} & \text{System} & \text{Antwort} \\
x(t) \to l_{\underline{x}}(\tau) & \boxed{\begin{aligned} a(t) &\to k_{\underline{a}}(\tau) = a(\tau) * a^*(-\tau) \\ A(f) &\to K_{\underline{a}}(f) = |A(f)|^2 \end{aligned}} & y(t) \to l_{\underline{y}}(\tau) \\
X(f) \to L_{\underline{x}}(f) & & Y(f) \to L_{\underline{y}}(f)
\end{array}
$$

$$
l_{\underline{y}}(\tau) = k_{\underline{a}}(\tau) * l_{\underline{x}}(\tau)
$$

$$
L_{\underline{y}}(f) = K_{\underline{a}}(f) \quad L_{\underline{x}}(f) \tag{3.25}
$$

bzw. die spektrale *Systemdichte* $K_{\underline{a}}(f)$ zu

$$
k_{\underline{a}}(\tau) = a(\tau) * a^*(-\tau) \circ\!\!-\!\!\bullet A(f)A^*(f) = |A(f)|^2 = K_{\underline{a}}(f) \quad . \tag{3.26}
$$

Da die Impulsantwort keine physikalische Zeitfunktion, sondern eine Rechengröße
darstellt, ist auch die Systemdichte keine Energie- oder Leistungsdichte, weswegen sie kurz "Dichte" genannt wird.

Mit Hilfe dieser Definitionen sowie Gl.(3.24) findet man leicht die in Bild 3.7
genannten Zusammenhänge:

$$
l_{\underline{y}}(\tau) \circ\!\!-\!\!\bullet L_{\underline{y}}(f) = Y(f)Y^*(f) = A(f)A^*(f)\, X(f)X^*(f) = K_{\underline{a}}(f) \cdot L_{\underline{x}}(f) \bullet\!\!-\!\!\circ k_{\underline{a}}(\tau) * l_{\underline{x}}(\tau)
$$

Weiterhin läßt sich noch die *Kreuzkorrelationsfunktion* und *Kreuzleistungsdichte*
zwischen Antwort und Erregung angeben:

$$
l_{yx}(\tau) = a(\tau) * l_{\underline{x}}(\tau)
$$

$$
L_{yx}(f) = A(f) \cdot L_{\underline{x}}(f) \quad , \tag{3.27}
$$

wobei die Impulsantwort die Rolle einer *System-Kreuzkorrelationsfunktion* bzw. die
Systemfunktion die Rolle einer *System-Kreuzdichte* spielt. Für die "umgekehrte
Richtung" xy gilt

$$
l_{xy}(\tau) = a^*(\tau) * l_{\underline{x}}(\tau) \circ\!\!-\!\!\bullet A^*(f)L_{\underline{x}}(f) = L_{xy}(f) \quad . \tag{3.28}
$$

Gl.(3.27) und (3.28) findet man durch ähnliche Überlegungen wie Gl.(3.25).

Speist man zwei Systeme mit derselben Erregung, so gelten für jedes System die genannten Beziehungen. Außerdem läßt sich dann in ähnlicher Weise noch die Kreuzkorrelationsfunktion und Kreuzleistungsdichte zwischen den beiden Antworten angeben.

Die völlige Analogie zwischen Gl.(3.25) und (3.24) gestattet es, alle bisherigen
Betrachtungen über Zeit- und Frequenzfunktionen auch auf Autokorrelationsfunktio-

nen und spektrale Dichten auszudehnen. Erregung und Antwort können determinierte
Signale *) oder auch Zufallsprozesse nach Abschnitt 2.2.9 sein. Diese müssen allerdings mindestens *schwach stationär* sein, da nur dann ihre Leistungsdichte definiert
werden kann.

Einer der wichtigsten praktischen Fälle ist die Erregung eines Systems mit *weißem
Rauschen* nach Abschnitt 2.2.12. Liegt am Eingang des Systems ein "Autokorrelati-
onsimpuls" $N_w \cdot \delta_0(\tau) \circlearrowright N_w$ nach Gl.(2.38), so folgt aus Gl.(3.25) für diesen
Sonderfall

$$l_y(\tau) = N_w \cdot k_a(\tau)$$
$$L_y(f) = N_w \cdot K_a(f) \quad , \tag{3.29a}$$

und aus Gl.(3.27):

$$l_{yx}(\tau) = N_w \cdot a(\tau)$$
$$L_{yx}(f) = N_w \cdot A(f) \quad . \tag{3.29b}$$

Bei Speisung mit weißem Rauschen ist demnach die Autokorrelationsfunktion am Ausgang proportional der System-Autokorrelationsfunktion. Weiterhin ist die Kreuzkorrelationsfunktion zwischen Ausgang und Eingang proportional der Impulsantwort, wo-
von man auch meßtechnisch zur Ermittlung der Impulsantwort eines Systems mittels
Rauschgenerator und Korrelationsmeßgerät Gebrauch macht.

In Gl.(3.29a) spielt $k_a(\tau)$ die Rolle der "Impulsantwort" und $K_a(f)$ die Rolle der
"Systemfunktion". Da es sich um reelle und gerade Funktionen handelt (Tab.2.4),
läßt sich ein Zeit-Bandbreite-Produkt nach Bild 3.3 und Gl.(3.6) definieren. Die
mittlere Zeitdauer spielt hier die Rolle einer *mittleren Korrelationsdauer* des
Systems bei Erregung mit weißem Rauschen (Bezeichnung T_k)

$$T_k = \frac{K_a(0)}{k_a(0)} = \frac{1}{k_a(0)} \int_{-\infty}^{\infty} k_a(\tau)d\tau \quad , \tag{3.30a}$$

und die mittlere Bandbreite hat die Bedeutung der sog. *äquivalenten Rauschbandbreite* $F_k = 2B_k$:

$$F_k = 2B_k = \frac{k_a(0)}{K_a(0)} = \frac{1}{K_a(0)} \int_{-\infty}^{\infty} K_a(f)df = \frac{1}{|A(0)|^2} \int_{-\infty}^{\infty} |A(f)|^2 df \quad . \tag{3.30b}$$

---

*) In diesem Fall müssen ihre Korrelationsfunktionen und spektralen Dichten nach
Tab.2.9 definiert werden.

Die *mittlere Leistung* des Rauschens am Ausgang des Systems ist nach Tab.2.4 und Gl.
(3.29)

$$\sigma_y^2 = 1_y(0) = N_w \cdot k_{\underline{a}}(0) = N_w \int_{-\infty}^{\infty} K_{\underline{a}}(f)df = N_w \, |A(0)|^2 \, F_k \quad , \tag{3.31}$$

läßt sich also aus der Leistungsdichte N_w der Erregung und der Rauschbandbreite
$F_k = 2B_k$ angeben. Dabei ist, wie im Abschnitt 2.2.12 erwähnt, verschwindender Mittelwert des Rauschens vorausgesetzt.

Ein Beispiel für den einfachen Fall, daß das System ein idealer Tiefpaß ist, wurde
bereits in Bild 2.6 gegeben. Allgemein ergibt sich die "Antwort" eines Systems auf
weißes Rauschen nach Gl.(3.29). Wichtig ist insbesondere die Varianz σ_y^2 nach Gl.
(3.31), die man entweder mit Hilfe der äquivalenten Rauschbandbreite oder als Produkt aus der Leistungsdichte N_w des weißen Rauschens und der System-Autokorrelationsfunktion $k_{\underline{a}}(0)$ berechnen kann. $k_{\underline{a}}(0)$ folgt dabei aus Tab.2.9 zu

$$k_{\underline{a}}(0) = \langle a,a \rangle = \|a\|^2 = \int_{-\infty}^{\infty} |a(t)|^2 dt \quad , \tag{3.32}$$

d.h. als das Quadrat der Norm oder als die "Energie" der Impulsantwort a(t) (Tab.2.7).

Zum Durchgang zufälliger Signale durch lineare zeitunabhängige Systeme ist noch folgendes zu bemerken: Die Erörterungen beziehen sich ausschließlich auf Korrelationsfunktionen bzw. Leistungsdichten mindestens schwach stationärer Prozesse. Diese
Größen sind statistische Mittelwerte und sagen *nichts* über die Verteilung, d.h. über
die Wahrscheinlichkeitsdichte- und Wahrscheinlichkeitsverteilungsfunktion aus. Sie
gelten für beliebige Verteilungen. Es ist i.a. auch nicht möglich, die Verteilung
am Ausgang eines Systems anzugeben, selbst wenn die Verteilung am Eingang bekannt
ist. Lediglich für die *Gauß-Verteilung* (Abschnitt 2.2.11) gilt aufgrund des zentralen Grenzwertsatzes, daß sie beim Durchgang durch lineare zeitunabhängige Systeme
erhalten bleibt. Stationäre Gauß-Prozesse können dabei lediglich in ihren beiden
Bestimmungsstücken Mittelwert und Varianz, nicht aber in ihrer Verteilung verändert werden.

Beispiel 3.5

a) Das RC-Glied aus Beispiel 3.4a werde mit weißem Rauschen der Leistungsdichte
N_w gespeist. Gesucht ist die Varianz σ_y^2 des Rauschens am Ausgang.

Mit der Impulsantwort a(t) folgt aus Gl.(3.32)

$$k_{\underline{a}}(0) = \frac{1}{T^2} \int_0^\infty e^{-\frac{2t}{T}} dt = -\frac{1}{2T} e^{-\frac{2t}{T}} \Big|_0^\infty = \frac{1}{2T} \quad.$$

Nach Gl.(3.31) beträgt demnach die Varianz

$$\sigma_y^{\;2} = \frac{N_W}{2T} \quad.$$

Zu demselben Ergebnis gelangt man mit Hilfe der äquivalenten Rauschbandbreite F_k nach Gl.(3.30b). Mit $|A(0)| = 1$ folgt

$$F_k = \int_{-\infty}^\infty \frac{df}{1 + 4\pi^2 T^2 f^2} = \frac{1}{2\pi T} \arctan(2\pi Tf) \Big|_{-\infty}^\infty = \frac{1}{2T} \quad.$$

Dies führt mit Gl.(3.31) auf das oben gefundene Ergebnis für die Varianz $\sigma_y^{\;2}$.

b) Ein Gauß-Tiefpaß nach Bild 3.6 und Gl.(3.20) werde mit weißem Rauschen der Leistungsdichte N_W gespeist. Wie groß ist die Wahrscheinlichkeit, daß die Antwort y einen vorgegebenen Wert γ überschreitet?

Die äquivalente Rauschbandbreite F_k nach Gl.(3.30b) ergibt sich mit $|A(0)| = 1$ aus Gl.(3.20) zu

$$F_k = \int_{-\infty}^\infty e^{-\left(\frac{\sqrt{2\pi}}{F_m}f\right)^2} df = \frac{F_m}{\sqrt{2}\,\sqrt{2\pi}} \int_{-\infty}^\infty e^{-\frac{1}{2}\left(\sqrt{2}\frac{\sqrt{2\pi}}{F_m}f\right)^2} d\left(\sqrt{2}\frac{\sqrt{2\pi}}{F_m}f\right) \quad,$$

oder

$$F_k = \frac{F_m}{\sqrt{2}} \int_{-\infty}^\infty \varphi(x)\,dx \quad,$$

wobei $\varphi(x)$ die Gaußsche Fehlerfunktion nach Tab.2.5 ist und das Integral gerade den Wert 1 hat. Damit wird

$$F_k = \frac{F_m}{\sqrt{2}} = \frac{1}{\sqrt{2}\,T_m} \quad,$$

und die Varianz beträgt nach Gl.(3.31) ($|A(0)| = 1$)

$$\sigma_y^{\;2} = \frac{N_W}{\sqrt{2}\,T_m} \quad.$$

Die Antwort eines linearen Systems auf weißes Rauschen hat eine Gauß-Verteilung
nach Tab.2.5. Bei bekannter Varianz σ_y^2 hat die Antwort y demnach eine Dichtefunktion

$$f_y(y) = \frac{1}{\sqrt{2\pi}\sigma_y}\, e^{-\frac{y^2}{2\sigma_y^2}} \; . \tag{*}$$

Gefragt ist nach der Wahrscheinlichkeit, daß $y > \gamma$ ist. Nach Abschnitt 2.2.5 ist
$y > \gamma$ ein Ereignis, dessen Wahrscheinlichkeit nach Gl.(2.13a) durch Integration
über die Dichtefunktion berechenbar ist:

$$P(y > \gamma) = \int_\gamma^\infty f_y(y)\,dy = \frac{1}{\sqrt{2\pi}\sigma_y} \int_\gamma^\infty e^{-\frac{y^2}{2\sigma_y^2}}\,dy \; .$$

Durch geeignete Umformung des Integrals ergibt sich

$$P(y > \gamma) = \frac{1}{\sqrt{2\pi}} \int_{\gamma/\sigma_y}^\infty e^{-\frac{1}{2}\left(\frac{y}{\sigma_y}\right)^2} d\left(\frac{y}{\sigma_y}\right) = Q\left(\frac{\gamma}{\sigma_y}\right) \; . \tag{**}$$

Das gesuchte Ergebnis läßt sich also mit Hilfe der Komplementfunktion Q aus Tab.
2.5 angeben, deren Wert anschaulich als Fläche unter der Dichtefunktion oberhalb
ihres Argumentes, d.h. eines vorgegebenen Abszissenwertes, gedeutet werden kann.

Gl.(**) gilt für beliebige Zufallssignale, deren Dichte der Gl.(*) gehorcht. Die
Eigenschaften eines durch weißes Rauschen erregten Systems äußern sich lediglich
im Wert der Varianz σ_y^2. Für den hier betrachteten Fall lautet die Antwort auf die
gestellte Frage

$$P(y > \gamma) = Q\left(\sqrt{\frac{\sqrt{2}\,T_m}{N_W}}\,\gamma \right) \; . \tag{***}$$

Bei bekannten Systemeigenschaften, die nach Gl.(3.20) durch $T_m = 1/F_m$ gegeben sind,
sowie bei gegebener Leistungsdichte N_W des weißen Rauschens ist die gesuchte Wahrscheinlichkeit für jede gewünschte "Schwelle" γ mit Hilfe einer Tabelle der Q-Funktion (oder des Fehlerintegrals nach Tab.2.5) berechenbar. Einige Werte sind in Tab.
2.5a angegeben.

c) Typische praktische Fälle von (angenäherten) Gauß-Tiefpässen sind der Videoverstärker für Fernsehsignale (vgl. Beispiel 3.2) und der Meßverstärker in einem

Elektronenstrahloszillografen. In beiden Fällen verlangt man ein Verhalten nach
Tab.3.1, Nr.5 mit verschwindendem oder nur geringem Überschwingen. Gerade dieses
Verhalten kann aber am Modell des Gauß-Tiefpasses gut beschrieben werden. (Ver-
stärker mit solchen Eigenschaften nennt man gelegentlich ganz allgemein Video-
Verstärker, auch wenn sie nicht zur Fernseh-Übertragung dienen.)

Der Tiefpaß aus Beispiel 3.4b mit der Anstiegszeit T_{a2} = 10 nsec könnte z.B. der
Meßverstärker eines Oszillografen sein. Dieser habe einen sog. Ablenkkoeffizienten
von 10 mV/cm, d.h. eine Eingangsspannung von 10 mV ergibt auf dem Schirm eine Auslenkung von 1 cm.

Welche Leistungsdichte N_w darf weißes Rauschen am Eingang haben, damit die Wahrscheinlichkeit für das Überschreiten einer Auslenkung von $\pm$ 1 mm auf dem Schirm
1% beträgt?

In Teil b dieses Beispiels ergab sich die Wahrscheinlichkeit für das Überschreiten einer Schwelle in *einer* Richtung nach Gl.(**) und für einen Gauß-Tiefpaß nach
Gl.(***). Für Überschreitung nach *beiden* Richtungen ist der doppelte Wert zu nehmen.
Die in Gl.(***) vorkommende mittlere Zeitdauer T_m des Gauß-Tiefpasses läßt sich
nach Gl.(3.21c) etwa gleich der oben gegebenen Anstiegszeit setzen: $T_m \approx T_{a2}$ = 10
nsec. (Dies gilt *nicht* für die dazugehörigen Bandbreiten F_m und F_a!) Die Schwelle
γ schließlich ist, auf den Eingang bezogen, γ = 1 mV. Die geforderte Wahrschein-
lichkeit ist $P(|y| > \gamma)$ = 0,01. Dann gilt mit

$$x = \sqrt{\frac{\sqrt{2}\,T_m}{N_w}} \;\gamma = \frac{\sqrt{\sqrt{2}\;\;10^{-8}\;\text{sec}}}{\sqrt{N_w}}\,10^{-3}\;V = \frac{1{,}19\cdot 10^{-7}}{\sqrt{\dfrac{N_w}{V^2/\text{Hz}}}}$$

für die gesuchte Beziehung:

$$P(|y| > \gamma) = 2\,Q(x) = 0{,}01 \quad .$$

Mit

$$Q(x) = 0{,}5 \cdot 10^{-2}$$

findet man aus Tab.2.5a als Lösung:

$$x = 2{,}576 \quad \text{oder} \quad N_w = 2{,}135 \cdot 10^{-15}\,\frac{V^2}{\text{Hz}} \quad .$$

Die Dimension der Leistungsdichte ergibt sich als "Amplitudenquadrat pro Hertz",
wie es den im Abschnitt 2.2.10 getroffenen Voraussetzungen entspricht. ∎

Zusammenfassung: In diesem Abschnitt wurde der Durchgang zufälliger Signale durch
lineare zeitunabhängige Systeme besprochen. Da man nicht weiß, welche Musterfunktion des Zufallsprozesses als Erregung wirkt, kann man lediglich den Durchgang
statistischer Mittelwerte berechnen. Setzt man mindestens schwach stationäre Prozesse voraus, so kann man angeben, wie die Autokorrelationsfunktion durch ein
lineares System verändert wird. An die Stelle der Erregung durch eine determinierte Zeitfunktion tritt also die "Erregung" durch eine Autokorrelationsfunktion.
Die "Antwort" des Systems ist eine geänderte Autokorrelationsfunktion, und die
Systemeigenschaften werden nicht durch die Impulsantwort, sondern durch eine daraus definierbare System-Autokorrelationsfunktion beschrieben. Die Berechnungen
lassen sich, in Analogie zu den determinierten Signalen (Zeitbereich-Frequenzbe-
reich), aufgrund des Theorems von Wiener-Khintchine auch anhand der Leistungsdichten (als den Fourier-Transformierten der Korrelationsfunktionen) vornehmen.
Zusätzlich zu den Autokorrelationsfunktionen lassen sich zwischen Ein- und Ausgang
eines Systems, sowie zwischen den Ausgängen zweier oder mehrerer Systeme, Kreuzkorrelationsfunktionen (und Kreuzleistungsdichten) definieren.

Praktisch wichtig ist die Erregung eines Systems mit weißem Rauschen. Für diesen
Sonderfall ergeben sich die wichtigen Begriffe der mittleren Korrelationsdauer bzw.
der äquivalenten Rauschbandbreite eines Systems.

Wie bereits erwähnt, gewinnt man aus diesen Betrachtungen keine Aussagen darüber,
wie eine Verteilung durch ein System verändert wird. Dies läßt sich auch nicht
allgemein angeben. Es ist eine besondere Eigenschaft der Gauß-Verteilung, daß sie
durch ein lineares zeitunabhängiges System in ihrem Charakter nicht verändert wird.

Nachdem nun determinierte und zufällige Signale getrennt betrachtet wurden, interessiert der wichtige Fall, daß beide Signalarten gemeinsam auftreten.

3.5.3 Signal und Rauschen

Die Übertragung determinierter Signale ist durch Gl.(3.24), die Übertragung schwach
stationärer Zufallsprozesse durch Gl.(3.25) (für weißes Rauschen durch Gl.(3.29))
gegeben. Dabei sind Erregung und Antwort jeweils ganz allgemein mit x und y bezeichnet worden.

In der Nachrichtenübetragung treten jedoch Nutzsignal und Störung gleichzeitig auf.
Dieser Fall wird anhand des Kanalmodells Tab.1.1 unter folgenden Voraussetzungen
betrachtet:

Es wird angenommen, daß die Wirkung des Kanals (außer etwa in einer Verzögerung)
lediglich im *additiven* Hinzufügen des Störsignals n(t) zu dem Nutzsignal s(t) be-

steht. Dann erhält der Empfänger das Eingangssignal

$$r(t) = s(t) + n(t) \qquad\qquad (3.33a)$$

und reagiert mit einem Ausgangssignal

$$y(t) = a_s(t) + z(t) \quad . \qquad\qquad (3.33b)$$

Im allgemeinen Fall können beide Komponenten der Erregung $r(t)$ entweder determinierte Signale oder schwach stationäre Zufallsprozesse sein: Die Antwort $y(t)$ läßt
sich in beiden Fällen entweder als Zeitfunktion mit der harmonischen, als Autokorrelationsfunktion mit der erweiterten harmonischen Analyse oder als Mischung aus diesen beiden Fällen angeben. Die Verwertbarkeit der dadurch gewonnenen statistischen
Informationen, etwa im Sinne der Optimierung von Systemeigenschaften, ist der wesentliche Fortschritt der erweiterten harmonischen Analyse gegenüber der klassischen
Rechnung mit determinierten Signalen (vgl. Abschnitt 1.3). *)

Im folgenden wird von diesen Möglichkeiten nur in bescheidenem Umfang Gebrauch gemacht. Von den in Tab.1.1 und Abschnitt 1.3 genannten Problemen der statistischen
Nachrichtentheorie, nämlich der Signalerkennung (Detektion) und der Signalschätzung
(Estimation), werden nur einfache Fälle besprochen. Sofern nichts anderes gesagt
ist, wird für Gl.(3.33) vorausgesetzt, daß das Nutzsignal $s(t)$ determiniert ist
und das Störsignal $n(t)$ ein stationärer Zufallsprozeß, und zwar weißes Rauschen

$$n(t) = w(t)$$

mit der Leistungsdichte N_w und verschwindendem Mittelwert nach Abschnitt 2.2.12 ist.
Nutz- und Störsignal werden künftig in diesem Fall einfach "Signal" und "Rauschen"
genannt. Die Antwort $y(t)$ enthält dann ebenfalls ein Signal $a_s(t)$, das als Zeitfunktion nach Gl.(3.24) angegeben werden kann, sowie ein Rauschen $z(t)$ dessen statistische Eigenschaften aus Gl.(3.29) bis (3.31) folgen und das voraussetzungsgemäß eine Gauß- oder Normalverteilung nach Tab.2.5 besitzt.

Ein Maß für die "Güte" eines gestörten Signals $y(t)$ nach Gl.(3.33b) ist nicht allgemein und für alle Anwendungsfälle passend angebbar (vgl. Abschnitt 1.3). Zwei
wichtige Größen lassen sich jedoch nennen, die bei entsprechendem Zuschnitt auf
das jeweils vorliegende Problem für diesen Zweck geeignet sind: Das Signal-Rausch-
Verhältnis, kurz Rauschabstand genannt, und die Fehlerwahrscheinlichkeit. Diese
Begriffe werden im folgenden besprochen und an Beispielen erläutert.

---

*) Die statistische Nachrichtentheorie, die in dieser Form von Wiener und Kolmogorow
begründet wurde, hat inzwischen auch zahlreiche Erweiterungen (vornehmlich durch
Kalman und Bucy) auf nichtstationäre Prozesse und zeitabhängige Systeme erfahren.
Als Überblick vgl. z.B. [16],[17],[33],[34].

Das Signal-Rausch-Verhältnis oder der *Rauschabstand* *)

$$\nu = \frac{P_s}{P_n} = \frac{g(a_s)}{1_z(0)} \tag{3.34}$$

ist das Verhältnis der Signalleistung P_s zur Rauschleistung P_n. Die Signalleistung läßt sich als irgendeine geeignete Funktion $g(a_s)$ des Signals $a_s(t)$ angeben und muß von Fall zu Fall so definiert werden, daß sie die tatsächlich verwertbare Nutzleistung wiedergibt. Die Rauschleistung definiert man zweckmäßigerweise als mittlere Leistung des Zufallsprozesses $z(t)$, die nach Tab.2.4 dem Wert der Autokorrelationsfunktion für $\tau = 0$ entspricht.

Eine mögliche Definition der Signalleistung P_s ist die Augenblicksleistung $|a_s(t_1)|^2$ zu irgendeinem Zeitpunkt t_1. (Zum Begriff Leistung vgl. die Bemerkungen in Abschnitt 2.2.10). Die Rauschleistung läßt sich im Rahmen der oben gemachten Einschränkungen durch die Varianz σ_z^2 angeben. Drückt man $a_s(t_1)$ mit Hilfe der Faltung nach Gl. (3.24) für den festen Zeitpunkt t_1 aus,

$$a_s(t_1) = a(t) * s(t) \Big|_{t=t_1} = \int_{-\infty}^{\infty} a(t) \cdot s(t_1 - t)\,dt = <a,s'> \quad ,$$

so läßt sich auch die Schreibweise als Skalarprodukt der Impulsantwort $a(t)$ mit einem modifizierten Signal

$$s'(t) = s^*(t_1 - t) \tag{3.35}$$

verwenden (Tab.2.7). Benutzt man schließlich für die Varianz $\sigma_z^2 = N_w k_a(0)$ nach Gl.(3.31) noch die Schreibweise der Gl.(3.32), so folgt für den Rauschabstand

$$\nu = \frac{P_s}{P_n} = \frac{|a_s(t_1)|^2}{\sigma_z^2} = \frac{|<a,s'>|^2}{N_w \|a\|^2} \quad . \tag{3.36}$$

Dies ist also der momentane Rauschabstand zu einem beliebig gewählten Zeitpunkt t_1.

Die "Güte" des Signals ist sicherlich proportional seinem Rauschabstand. Es erhebt sich damit die Frage, ob sich der Rauschabstand zu einem gewünschten Zeitpunkt t_1 durch geeignete Wahl der Systemeigenschaften (d.h. der Impulsantwort $a(t)$ in Gl.

---

*) Der Ausdruck "Abstand" bezieht sich auf die häufig übliche Angabe des Signal-Rausch-Verhältnisses in den logarithmischen Maßen Neper oder Dezibel.

(3.36)) optimieren läßt. Die Antwort liefert die Schwarzsche Ungleichung aus Tab.
2.7, die auf diesen Fall angewendet so lautet:

$$|<a,s'>|^2 \;\le\; \|a\|^2 \cdot \|s'\|^2 = \|a\|^2 \cdot \|s\|^2 \quad .$$

Die Gleichheit, und damit das Optimum, ist laut Tab.2.7 und mit Gl.(3.35) für
eine Impulsantwort

$$a(t) = c \cdot s^*(t_1 - t) \tag{3.37}$$

gegeben. Dann erreicht der Rauschabstand zum Zeitpunkt t_1 nach Gl.(3.36) den maximal möglichen Wert

$$\nu_{max} = \frac{\|s\|^2}{N_w} \quad , \tag{3.38}$$

der nur durch die Signalenergie und die Rauschleistungsdichte bestimmt ist. Wie aus
Gl.(3.37) hervorgeht, liefert das System hierzu an seinem Ausgang eine zeitliche
Nachbildung der Autokorrelationsfunktion des Signals (vgl. Beispiel 3.6), in deren
Maximum der optimale Rauschabstand auftritt. Für zeitbegrenzte Signale $s(t)$ ist
das System kausal, wenn man t_1 hinreichend groß wählt.

Systeme mit der Eigenschaft Gl.(3.37), d.h. deren Impulsantwort an die Signalform
und an die Art der Störung angepaßt (engl. "matched") ist, nennt man in Ermangelung
eines geeigneten deutschen Ausdrucks *Matched-Filter*. Sie ermöglichen, je nach Signalform, sowohl eine optimale Signalschätzung (Schätzung eines bestimmten Signalparameters) als auch eine optimale Signalerkennung (vgl. Abschnitt 1.3). Die Eigenschaften eines Matched-Filters für weißes Rauschen sind zusammenfassend in Bild
3.8 dargestellt. Die Konstante c ist für den Rauschabstand ohne Bedeutung. Sie
sorgt lediglich für den Dimensionsausgleich und ihr Zahlenwert ist beliebig. Die zu

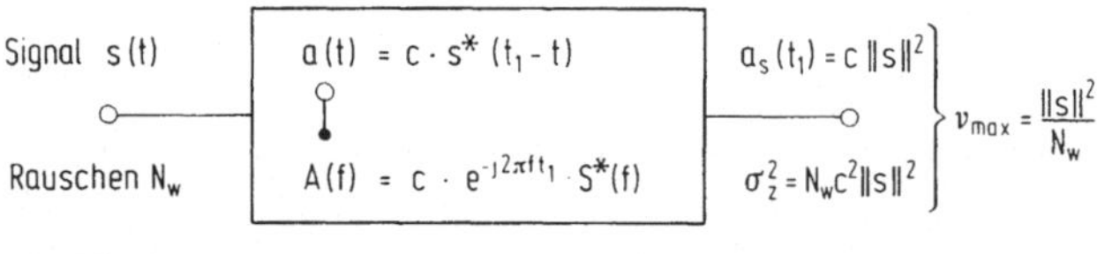

Bild 3.8
Matched-Filter
für weißes Rauschen

der Impulsantwort a(t) des Matched-Filters nach Gl.(3.37) gehörende Systemfunktion
A(f) ist in Bild 3.8 ebenfalls angegeben, wobei $S(f) \bullet\!\!-\!\!\circ s(t)$ das Signalspektrum ist.

Die hier angestellten Überlegungen lassen sich auf Fälle erweitern, in denen die
Störung nicht weißes Rauschen, sondern ein schwach stationärer Zufallsprozeß mit
beliebiger Leistungsdichte ist (vgl. z.B. [18]). Die optimalen Systemeigenschaften
hängen dann zusätzlich von der Leistungsdichte des Störprozesses ab.

Beispiel 3.6

Gegeben sei ein rechteckförmiges Signal nach Bild B 3.6 der Dauer T und mit der
Amplitude s_1. Dann muß nach Gl.(3.37) die Impulsantwort a(t) des Matched-Filters

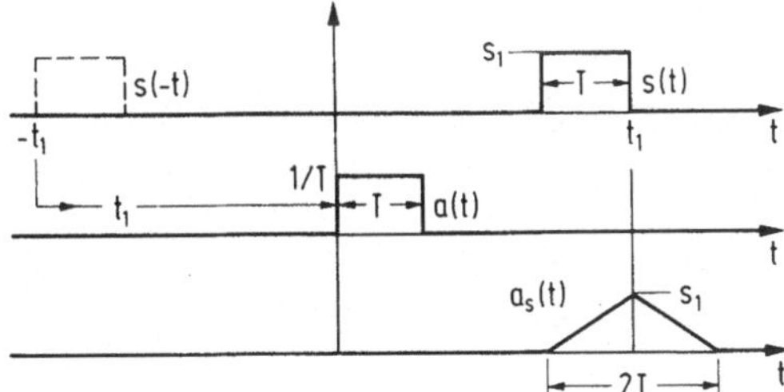

Bild B 3.6
Rechteckförmiges Signal für
Matched-Filter

ebenfalls rechteckförmig sein. Ihre Entstehung ist im Bild anschaulich dargestellt.
Der Stern kann unberücksichtigt bleiben, da s(t) ein reelles Signal ist. Man erkennt, daß t_1 mindestens gleich dem Zeitpunkt des Signalendes (s(t) $\equiv$ 0 für t > t_1)
gewählt werden muß, damit das System kausal ist. Die Systemantwort a_s(t) ist eine
zeitliche Nachbildung der Autokorrelationsfunktion des Signals s(t) (vgl. auch Beispiele 2.11 und 2.9), in deren Maximum der optimale Rauschabstand auftritt. Die
Konstante c in Gl.(3.37) wurde dabei zu c = $1/(s_1 T)$ gewählt, wodurch die Impulsantwort dimensionsrichtig und von der Signalamplitude unabhängig wird. Hier liegt
ein einfaches Beispiel einer optimalen Schätzung eines Signalparameters vor, nämlich der Amplitude s_1. Ebenso ist aber auch eine optimale Signalerkennung zum
Zeitpunkt t_1 möglich, d.h. eine Entscheidung, ob ein Signal vorhanden ist oder
nicht (vgl. die folgenden Ausführungen). ∎

Das zweite "Gütemaß" ist die *Fehlerwahrscheinlichkeit*. Sie ist in der Signalerkennung (Hypothesentest, vgl. Abschnitt 1.3) das entscheidende Kriterium für Optimalität. Bei der Signalerkennung hat der Empfänger zwischen mehreren möglichen Signalen zu entscheiden, deren Identifikation wegen der Störungen nicht eindeutig vorzunehmen ist. Dieser Fall wird am Beispiel zweier Signale besprochen.

Das mathematische Modell der Nachrichtenquelle in Tab.1.1 sei nach Abschnitt 2.2.2
durch eine Merkmalsmenge mit den beiden Elementen (Elementarereignissen, Nachrichten)
m_1 und m_2 gegeben. Deren A-priori-Wahrscheinlichkeiten seien $P(m_1)$ und $P(m_2)$ *).

---

*) Die Elementarereignisse $\{m_i\}$ werden der Einfachheit wegen ohne Mengenklammer ge-
schrieben.

Der Sender ordnet jedem Merkmal eine reelle Zeitfunktion zu, so daß nach Abschnitt
2.2.9 ein Zufallsprozeß mit den beiden Musterfunktionen

$$s(m_1,t) = s_1(t)$$

$$s(m_2,t) = s_2(t)$$

entsteht. Die Signale werden im Kanal durch weißes Rauschen gestört. Dabei seien
Signal und Rauschen *statistisch unabhängig*. Am Empfängereingang gilt dann nach Gl.
(3.33a)

$$r(m_1,t) = s_1(t) + w(t) \quad ,$$

$$r(m_2,t) = s_2(t) + w(t) \quad .$$

Der Empfänger bilde aus diesen beiden möglichen Signalen nach Gl.(3.33b) die Antworten

$$y(m_1,t) = a_{s1}(t) + z(t) \quad ,$$

$$y(m_2,t) = a_{s2}(t) + z(t) \quad .$$

Seine Aufgabe besteht in der Entscheidung, welches der beiden möglichen Signale
$s_1(t)$ oder $s_2(t)$ (d.h. welche der beiden möglichen Nachrichten m_1 oder m_2) gesendet wurde. Die Entscheidung soll optimal sein, d.h. der Empfänger soll einen Schätzwert $\hat{m}$ liefern, der die kleinste Fehlerwahrscheinlichkeit hat.

Nimmt man an, daß der Empfänger aus den beiden möglichen Signalen $s_1(t)$ bzw. $s_2(t)$
die beiden Abtastwerte s_1 bzw. s_2 bildet, so ist deren Unterscheidbarkeit durch
das Rauschen $z(t)$ gestört, dessen Varianz σ_z^2 aus Gl.(3.31) folgt und das voraussetzungsgemäß eine Gauß-Verteilung nach Tab.2.5 besitzt:

$$f_z(z) = \frac{1}{\sqrt{2\pi}\sigma_z}\, e^{-\frac{z^2}{2\sigma_z^2}} \quad . \tag{3.39}$$

Die Zufallsvariable y am Empfängerausgang läßt sich damit für die beiden Hypothesen,
daß m_1 oder m_2 gesendet wurde, durch die folgenden bedingten Dichtefunktionen beschreiben:

$$f_y(y|m_1) = f_z(y - s_1|m_1) = f_z(y - s_1) = \frac{1}{\sqrt{2\pi}\sigma_z}\, e^{-\frac{(y - s_1)^2}{2\sigma_z^2}} \quad , \tag{3.40a}$$

$$f_y(y|m_2) = f_z(y - s_2|m_2) = f_z(y - s_2) = \frac{1}{\sqrt{2\pi}\sigma_z}\, e^{-\frac{(y - s_2)^2}{2\sigma_z^2}} \qquad (3.40b)$$

Die beiden Dichtefunktionen der Zufallsvariablen y sind also identisch mit den um
die Abtastwerte s_1 und s_2 verschobenen Dichtefunktionen des Rauschens z; die Signalwerte s_1 und s_2 stellen demnach die Mittelwerte der Zufallsvariablen y dar
(Tab.2.5). Wegen der statistischen Unabhängigkeit von Signal und Rauschen sind die
bedingten Dichtefunktionen f_y der Variablen y gleich den nicht bedingten Dichtefunktionen f_z der Variablen z. Die Dichtefunktionen aus Gl.(3.40) sind in Bild 3.9
qualitativ dargestellt. Man erkennt, daß der Empfänger, ganz gleich welches Signal

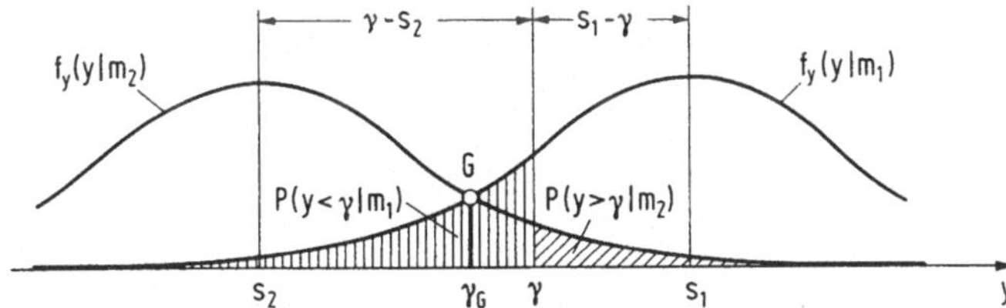

Bild 3.9
Bedingte Dichtefunktionen
nach Gl.(3.40)

gesendet wurde, irgend einen Wert $-\infty < y < \infty$ an seinem Ausgang aufweisen kann,
daß also eine fehlerfreie Entscheidung nicht möglich ist.

Der Empfänger besitze eine (zunächst beliebig gewählte) *Schwelle* γ (Bild 3.9). Entscheidet er sich für die Nachricht m_1, falls der empfangene Wert y oberhalb, und
für die Nachricht m_2, falls er unterhalb dieser Schwelle liegt, so kann er sich
in zweifacher Hinsicht irren: Es kann trotz $y > \gamma$ die Nachricht m_2 und trotz $y < \gamma$
die Nachricht m_1 gesendet worden sein. Die Fehlerwahrscheinlichkeit beträgt demnach *)

$$P(F) = P(m_1) \cdot P(y < \gamma|m_1) + P(m_2) \cdot P(y > \gamma|m_2) \quad , \qquad (3.41)$$

wobei $P(m_1)$ und $P(m_2)$ die oben genannten A-priori-Wahrscheinlichkeiten der beiden
möglichen Nachrichten sind. Die in Gl.(3.41) auftretenden bedingten Wahrscheinlichkeiten sind nach Abschnitt 2.2.5 Wahrscheinlichkeiten von Ereignissen, die sich
nach Gl.(2.13a) durch Integration über die dazugehörigen Dichtefunktionen Gl.(3.40)
berechnen lassen. Sie entsprechen offenbar den in Bild 3.9 schraffierten Flächen

---

*) Das aus Mangel an Buchstaben bei der Fehlerwahrscheinlichkeit P(F) verwendete
Symbol F für "Fehler" sollte hier und im folgenden nicht mit der Bandbreite F = 2B
verwechselt werden.

und lassen sich durch geeignete Anwendung der Komplementfunktion aus Tab.2.5 sofort
angeben (vgl. hierzu auch Gl.(**) aus Beispiel 3.5b). Damit wird aus Gl.(3.41):

$$P(F) = P(m_1) \; Q\left(\frac{s_1 - \gamma}{\sigma_z}\right) + P(m_2) \; Q\left(\frac{\gamma - s_2}{\sigma_z}\right). \tag{3.42}$$

Die Schwelle γ muß nun so gewählt werden, daß die Fehlerwahrscheinlichkeit ein Minimum ist. Die Bedingung für die optimale Schwelle läßt sich direkt aus Gl.(3.41)
finden, was hier jedoch nicht erörtert werden soll. Zu demselben Ergebnis kommt
man mit Hilfe der bereits im Abschnitt 2.2.4 genannten A-posteriori-Wahrscheinlichkeiten (vgl. auch Beispiel 2.3b).

Der Empfänger registriere zu dem erwähnten Zeitpunkt t_1 den Wert $y = \eta$. Dieser Wert
η stellt das nunmehr bekannte Ergebnis des Zufallseyperimentes dar. Man fragt jetzt,
welche der beiden Nachrichten m_1 oder m_2 *unter dieser Bedingung* wahrscheinlicher
ist, d.h. welche der beiden A-posteriori-Wahrscheinlichkeiten

$$P(m_1|y = \eta) \quad \text{oder} \quad P(m_2|y = \eta)$$

größer ist. Die optimale Entscheidung erfolgt dann zugunsten der Nachricht mit der
größeren dieser beiden Wahrscheinlichkeiten. (Im Falle der Gleichheit ist die Entscheidung beliebig.)

Die A-posteriori-Wahrscheinlichkeiten sind zunächst nicht bekannt, lassen sich jedoch mit der Regel von Bayes (Tab.2.1 und Tab.2.2) berechnen. Dabei benötigt man
eine gemischte Form dieser Regel, die Wahrscheinlichkeiten von Ereignissen und Werte von Dichtefunktionen gleichzeitig berücksichtigt. Dies soll anhand der hier gesuchten Größen gezeigt werden:

$$P(m_1|y = \eta) = \frac{f_y(\eta|m_1) \cdot P(m_1)}{f_y(\eta)} \quad ; \qquad P(m_2|y = \eta) = \frac{f_y(\eta|m_2)P(m_2)}{f_y(\eta)} \quad . \tag{3.43}$$

Diese Ausdrücke werden verständlich, wenn man sich klar macht, daß die Dichtefunktionen für den Festwert $y = \eta$ eindeutig erklärt sind (vgl. Auch die Ausführungen
zu Tab.2.2 in Abschnitt 2.2.6). Ein Vergleich der beiden A-posteriori-Wahrscheinlichkeiten führt also auf einen Vergleich der beiden Zähler in Gl.(3.43) (die Nenner sind identisch und interessieren hier nicht). Der Empfänger muß also folgende
optimale Entscheidung treffen:

$$\hat{m} = \begin{cases} m_1 \\ \\ m_2 \end{cases} \quad \text{falls} \quad \frac{f_y(\eta|m_1)}{f_y(\eta|m_2)} \begin{array}{c} > \\ < \end{array} \frac{P(m_2)}{P(m_1)} \quad . \tag{3.44}$$

Die hierzu benötigten Größen sind aber nach Bild 3.9 bekannt: Für jeden empfangenen Wert $y = \eta$ kann angegeben werden, welchen Wert die beiden bedingten Dichtefunktionen an dieser Stelle haben. Zusammen mit den ebenfalls als bekannt vorausgesetzten A-priori-Wahrscheinlichkeiten muß die optimale Schwelle γ so gewählt
werden, daß Gl.(3.44) mit dem Gleichheitszeichen erfüllt ist:

$$\frac{f_y(\gamma|m_1)}{f_y(\gamma|m_2)} = \frac{P(m_2)}{P(m_1)} \quad . \tag{3.45}$$

Mit Hilfe der Dichtefunktionen nach Gl.(3.40) läßt sich die Schwelle γ bei gegebenen A-priori-Wahrscheinlichkeiten explizit berechnen. Der in Bild 3.9 dargestellte
Fall entspricht beispielsweise ganz grob einem Verhältnis $P(m_2)/P(m_1) = 3$.

Das Verhältnis der beiden Dichtefunktionen in Gl.(3.44) spielt bei vielen Problemen der Detektion eine wichtige Rolle. Man nennt es (nach seinem englischen Namen
"likelihood ratio") *Likelihood-Verhältnis* und bezeichnet es meist mit $\Lambda(\eta)$. Es
ist bei bekannten Dichtefunktionen nur von dem aktuellen Wert $y = \eta$ der empfangenen Größe y abhängig.

Die nach dem Kriterium kleinster Fehlerwahrscheinlichkeit gegebene Entscheidungs-
regel Gl.(3.44), die auf der größten A-posteriori-Wahrscheinlichkeit beruht, nennt
man auch Entscheidung nach dem *Maximum-A-Posteriori-Prinzip* (MAP). Der gestörte
Nachrichtenkanal ändert demnach die Wahrscheinlichkeit der Nachrichten von der
A-priori- in die A-posteriori-Wahrscheinlichkeit: *vor* der Übertragung ist die Nach-
richt mit der größten A-priori-Wahrscheinlichkeit, *nach* der Übertragung ist bei
Kenntnis des aktuellen Wertes $y = \eta$ die Nachricht mit der größten A-posteriori-
Wahrscheinlichkeit die wahrscheinlichste.

Wie bereits (ohne Beweis) gesagt, ist eine Entscheidung mit Hilfe einer Schwelle
γ nach Gl.(3.45), d.h. nach dem Kriterium der größten A-posteriori-Wahrscheinlichkeit, optimal im Sinne kleinster Fehlerwahrscheinlichkeit nach Gl.(3.41) bzw.
(3.42). Die Entscheidung ist an die Kenntnis der A-priori-Wahrscheinlichkeiten
$P(m_1)$ und $P(m_2)$ gebunden. Diese sind jedoch in vielen Fällen nicht bekannt.

Es läßt sich zeigen (vgl. z.B. [19]), daß die Fehlerwahrscheinlichkeit in Gl.
(3.41/3.42) bei jeweils optimaler Entscheidung dann am größten ist, wenn die A-
priori-Wahrscheinlichkeiten gleich groß sind. Im Zweifelsfalle macht man daher
stets diese Annahme, um sicherzugehen, daß die tatsächliche Fehlerwahrscheinlichkeit kleiner oder höchstens gleich diesem Wert ist. Mit der Annahme der *Gleichwahrscheinlichkeit*

$$P(m_1) = P(m_2) = \frac{1}{2} \tag{3.46}$$

folgt aus Gl.(3.45), daß die optimale Schwelle, jetzt γ_G genannt, an der Stelle
G in Bild 3.9 liegen muß, wo die beiden Dichtefunktionen gleich groß sind. Hierfür liest man aber sofort ab:

$$\gamma_G = \frac{s_1 + s_2}{2} \quad . \tag{3.47}$$

Damit folgt dann für die Fehlerwahrscheinlichkeit nach Gl.(3.42):

$$P(F)_{min/max} = Q\left(\frac{s_1 - s_2}{2\sigma_z}\right) \quad . \tag{3.48}$$

Man überzeugt sich leicht, daß diese Fehlerwahrscheinlichkeit unabhängig von der
Statistik der Quelle ist. Sie ist zwar nur für den Fall der Gl.(3.46) optimal,
gilt jedoch für beliebige A-priori-Wahrscheinlichkeiten, kann.also nie überschritten werden. Empfänger mit einer Schwelle nach Gl.(3.47) nennt man *Minimax-Empfän-*
ger: Ihre Fehlerwahrscheinlichkeit ist *minimal* bei unbekannter Quellenstatistik,
da jede andere Dimensionierung zu größeren Werten führen kann, jedoch *maximal* bei
gegebener Statistik, da dann durch optimale Dimensionierung die Fehlerwahrscheinlichkeit stets kleiner oder gleich dem Wert nach Gl.(3.48) gemacht werden kann.
Vgl. hierzu das Beispiel 3.7d.

Die Fehlerwahrscheinlichkeit nach Gl.(3.48) stellt also eine geeignete Abschätzung
nach oben dar. Sie ist um so kleiner, je größer das Argument der Q-Funktion, d.h.
je größer der "Abstand" $s_1 - s_2$ der zu unterscheidenden Signale im Verhältnis zur
Standardabweichung σ_z des Rauschens ist. Die Bedeutung des "Abstandes" $s_1 - s_2$
der beiden Signalwerte s_1 und s_2 in Bild 3.9 wird dadurch deutlich, daß in diesem Bild überhaupt kein Nullpunkt für die Variable y eingetragen ist. Die betrachteten Ergebnisse sind offensichtlich unabhängig von der absoluten Lage der
Signalwerte. Sie gelten also z.B. sowohl für $s_2 = 0$ als auch für $s_2 = -s_1$ sowie
für beliebige andere Werte. Die Wahl der Signalwerte hängt demnach von anderen
Kriterien ab (vgl. Beispiel 3.7a).

Die hier für zwei Nachrichten m_1 und m_2 bzw. für die beiden dazugehörigen Signale
$s_1(t)$ und $s_2(t)$ angestellten Betrachtungen lassen sich sinngemäß auf mehrere, allgemein auf n Signale erweitern, worauf hier jedoch verzichtet werden muß.

Beispiel 3.7

a) Gegeben sei ein Matched-Filter nach Bild B 3.6 in Beispiel 3.6 zum Empfang
zweier gleichwahrscheinlicher rechteckförmiger Signale der Dauer $T = 1$ µsec, die
sich nur in ihrer Amplitude (s_1 bzw. s_2) unterscheiden.

Wegen begrenzter Sendeleistung sei die während der Dauer T am Empfängereingang auftretende Signalleistung auf 10^{-5} V^2 begrenzt. Der Empfang sei durch weißes Rauschen der Leistungsdichte $N_w = 10^{-12}$ V^2/Hz gestört. Wie sind die beiden Amplituden s_1 und s_2 optimal zu wählen und mit welcher Fehlerwahrscheinlichkeit können die Signale voneinander unterschieden werden?

Wegen der begrenzten Sendeleistung kann jedes Signal höchstens die Amplitude $|s|$ = $\sqrt{10^{-5}\ V^2}$ = $3,16 \cdot 10^{-3}$ V haben. Der "Abstand" $s_1 - s_2$ der beiden Signale in Gl. (3.48) ist unter dieser Bedingung offenbar für $s_2 = -s_1$ am größten, d.h. für ein solches "bipolares" Signal am günstigsten: $s_1 - s_2 = 2s_1 = 2 \cdot 3,16 \cdot 10^{-3}$ V. Für die Standardabweichung σ_z in Gl.(3.48) folgt aus Bild 3.8

$$\sigma_z^{\ 2} = N_w c^2\ \|s\|^2 = \frac{N_w}{T} \quad ; \quad \sigma_z = \sqrt{\frac{N_w}{T}} = 10^{-3}\ V \quad ,$$

wobei die Konstante $c = 1/(s_1 T)$ nach Bild B 3.6 gewählt wurde. Damit ergibt sich aus Gl.(3.48) und mit Tab.2.5a:

$$P(F) = Q(3,16) = \frac{1}{2} - \frac{1}{2}\ \Phi(3,16) \approx 0,8 \cdot 10^{-3} \quad .$$

Die Fehlerwahrscheinlichkeit beträgt demnach rund 1°/oo, d.h. unter 1000 Entscheidungen wird im Mittel eine falsch sein.

b) Ein analoges Signal habe einen Amplitudenbereich $0 \leq s(t) \leq s_{max}$, wobei alle Amplitudenwerte gleichwahrscheinlich seien. Es sei durch weißes Rauschen der Leistungsdichte N_w gestört und durchlaufe einen idealen Tiefpaß der Bandbreite $F = 2B$. Die Antwort des Tiefpasses soll quantisiert werden. Wieviel Quantisierungsstufen q kann ein Empfänger unterscheiden, wenn die Fehlerwahrscheinlichkeit P(F) einen vorgegebenen Wert nicht überschreiten soll?

Die Fehlerwahrscheinlichkeit hängt nach Gl.(3.48) vom Abstand $\Delta s = s_1 - s_2$ zweier Signale ab, wobei Δs hier den Abstand zweier Quantisierungsstufen bedeuten möge. Da eine Überschreitung eines Quantisierungsbereiches nach zwei Seiten möglich ist, muß der doppelte Wert der Gl.(3.48) genommen werden (vgl. auch Beispiel 3.5c). Mit der Varianz $\sigma_z^{\ 2} = 1_z(0) = N_w F$ am Ausgang des Tiefpasses nach Bild 2.6 (Abschnitt 2.2.12) folgt daher aus Gl.(3.48)

$$P(F) = 2Q\left(\frac{\Delta s}{2\sqrt{N_w F}}\right) . \tag{$*$}$$

(Hierbei sei noch einmal auf die Fußnote zu Gl.(3.41) hingewiesen.)

Nach Auffinden des Wertes Δs mit Hilfe einer Tabelle lautet das Ergebnis

$$q = \frac{s_{max}}{\Delta s} \quad . \tag{**}$$

Als Zahlenbeispiel seien folgende Daten angenommen:

$$s_{max} = 10 \text{ V} \quad ; \quad N_W = 10^{-9} \text{ V}^2/\text{Hz} \quad ,$$

$$F = 2B = 10 \text{ MHz} = 10^7 \text{ Hz} \quad ; \quad P(F) = 10^{-2} \quad .$$

Dann folgt aus Gl.(*)

$$Q\left(\frac{\Delta s}{0,2 \text{ V}}\right) = 0,5 \cdot 10^{-2}$$

und mit einer Tabelle der Q-Funktion (z.B. Tab.2.5a):

$$\Delta s = 2,576 \cdot 0,2 \text{ V} = 0,515 \text{ V} \quad .$$

Die Zahl der bei gegebener Fehlerwahrscheinlichkeit unterscheidbaren Quantisierungsstufen ergibt sich daraus nach Gl.(**) zu

$$q = \frac{10 \text{ V}}{0,515 \text{ V}} \approx 20 \quad .$$

Das oben vorausgesetzte analoge Signal besitzt vor der Quantisierung einen Rauschabstand nach Gl.(3.34). Wählt man für die Signalleistung P_s die maximale Momentan-
leistung $|s_{max}|^2$ und für die Rauschleistung P_n den Wert nach Bild 2.6, so folgt
mit den angegebenen Daten

$$\nu = \frac{P_s}{P_n} = \frac{|s_{max}|^2}{N_W F} = \frac{10^2 \text{ V}^2}{10^{-2} \text{ V}^2} = 10^4 \,\hat{=}\, 40 \text{ dB} \quad . \tag{***}$$

Das Beispiel zeigt den Zusammenhang zwischen einem analogen Signal mit gegebenem
Rauschabstand und dem durch Quantisierung entstehenden digitalen Signal mit gegebener Fehlerwahrscheinlichkeit. Die Zahl der unterscheidbaren Quantisierungsstufen hängt dabei von der zugelassenen Fehlerwahrscheinlichkeit ab.

Wie schon bei Gl.(3.34) erwähnt, ist auch der Rauschabstand keine einheitliche
Größe, sondern hängt von der Definition der Signalleistung P_s ab. Im soeben berechneten Beispiel wurde ein *unipolares* (d.h. im einseitigen Bereich $0 \le s \le s_{max}$
liegendes) Signal betrachtet und als Signalleistung dessen maximale Momentanlei-
stung $P_s = |s_{max}|^2$. Wäre das Signal *bipolar* ($-s_{max}/2 \le s \le + s_{max}/2$), so ergäbe
sich für die maximale Momentanleistung lediglich der Wert $|s_{max}|^2/4$.

Anstelle der maximalen Momentanleistung eines analogen Signals mit dem Amplitudenbereich s_{max} wird oft auch die mittlere Leistung verwendet. Diese entspricht dem
in Tab.2.3 mit "Quadratmittel" bezeichneten statistischen Mittelwert des Signals:

$$P_s = \overline{s^2} = \int_{-\infty}^{\infty} s^2 \, f_s(s) ds \ .$$

Für *gleichwahrscheinliche* Signalwerte im Bereich s_{max} beträgt die Wahrscheinlich-
keitsdichte $f_s(s) = 1/s_{max}$ (innerhalb s_{max}), sonst Null. Für ein *unipolares* Signal ist von 0 bis s_{max} zu integrieren, und es folgt

$$P_s = \frac{1}{s_{max}} \int_{0}^{s_{max}} s^2 \, ds = \frac{|s_{max}|^2}{3} \quad \text{(unipolar)} \ .$$

Der in Gl.(***) berechnete Rauschabstand beträgt dann lediglich $v = 3{,}3 \cdot 10^3 \triangleq 35{,}2$
dB.

Für ein *bipolares* Signal ist zwischen $-s_{max}/2$ und $+s_{max}/2$ zu integrieren. Es folgt

$$P_s = \frac{1}{s_{max}} \int_{-s_{max}/2}^{s_{max}/2} s^2 \, ds = \frac{|s_{max}|^2}{12} \quad \text{(bipolar)} \ . \tag{****}$$

Der Rauschabstand nach Gl.(***) ist in diesem Fall $v = 833 \triangleq 29{,}2$ dB.

Hieraus, sowie auch aus Teil a dieses Beispiels, geht hervor, daß bipolare Signale den geringsten Leistungsaufwand für eine vorgegebene Fehlerwahrscheinlichkeit benötigen. Man wird also in der Regel Rauschabstände anhand der mittleren
Leistung gleichverteilter bipolarer Signale nach Gl.(****) ermitteln.

c) Aus den Ergebnissen des Abschnittes 3.5.3 läßt sich das Modell eines Binärkanals
nach Bild B 3.7/1 gewinnen. Die Quelle sendet nur die beiden Nachrichten m_1 und m_2
mit den A-priori-Wahrscheinlichkeiten $P(m_1)$ und $P(m_2)$. Der Empfänger hat eine nach
Gl.(3.45) optimal dimensionierte Schwelle γ und entscheidet sich nach Gl.(3.44)
für die Hypothesen $m = m_1$ bzw. $m = m_2$ (in Bild 3.7/1 mit $\hat{m}_1$ bzw. $\hat{m}_2$ bezeichnet).
Mit Hilfe der bedingten Dichten nach Bild 3.9 lassen sich dann die in Bild B 3.7/1a
angegebenen, sog. *Übergangswahrscheinlichkeiten* $P(m_i|m_k)$, $i; k = 1; 2$, berechnen,
wobei $k = i$ eine korrekte und $k \neq i$ eine falsche Entscheidung bedeutet.

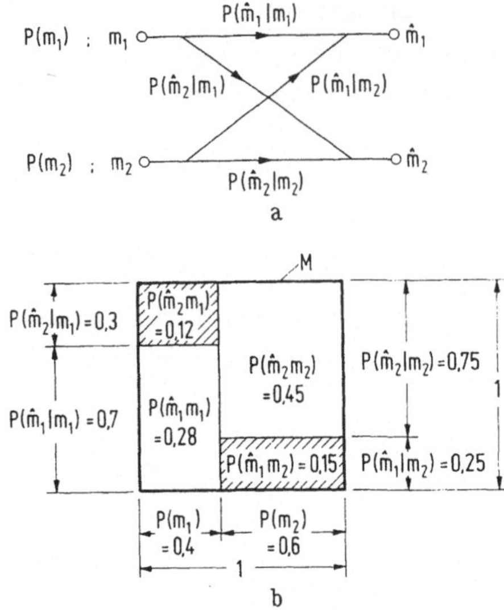

Bild B3.7/1 Modell eines Binärkanals

Bild B 3.7/1b veranschaulicht die Verhältnisse anhand der Merkmalsmenge M. Trägt man horizontal die A-priori-Wahrscheinlichkeiten auf (die sich zu Eins ergänzen müssen) und vertikal die genannten vier Übergangswahrscheinlichkeiten (die sich paarweise ebenfalls zu Eins ergänzen müssen), so entstehen in der Merkmalsmenge vier Flächen, die den vier möglichen Verbundereignissen entsprechen und deren Flächeninhalt gleich der Wahrscheinlichkeit dieser Verbundereignisse ist. Die schraffierten Flächen entsprechen der Fehlerwahrscheinlichkeit nach Gl.(3.41); ihr Komplement, d.h. die nicht schraffierten Flächen, entsprechen der Wahrscheinlichkeit für eine korrekte Entscheidung. Zur Veranschaulichung sind in Bild B 3.7/1b maßstäbliche Zahlenwerte angegeben.

d) Anhand des Binärkanals läßt sich auch die Wirkungsweise des Minimax-Empfängers nach Gl.(3.47) veranschaulichen.

Setzt man zunächst ganz allgemein in Gl.(3.42) $P(m_2) = 1 - P(m_1)$ ein, so wird mit den Abkürzungen $Q((s_1 - \gamma)/\sigma_z) = a$ und $Q((\gamma - s_2)/\sigma_z) = b$:

$$P(F) = b + (a - b)P(m_1) \quad .$$

Betrachtet man s_1, s_2 und σ_z als gegeben, so hängen die Größen a und b nur von der Wahl der Schwelle γ ab. Für eine vorgegebene Schwelle verläuft dann P(F) als Funktion von $P(m_1)$ (d.h. der Statistik der Quelle) nach einer Geraden (Kurve 1 in Bild B 3.7/2). Für andere Werte von γ ergeben sich andere Geraden, insgesamt also eine Geradenschar mit γ als Parameter. Die daraus folgende Hüllkurve (gestrichelt in Bild B 3.7/2) liefert den zu jedem $P(m_1)$ gehörenden kleinstmöglichen Wert der Fehlerwahrscheinlichkeit P(F) bei optimaler Wahl der Schwelle nach Gl.(3.45). Die

waagerechte Gerade (Kurve 2) entspricht dem Minimax-Empfänger, d.h. der Schwelle
$\gamma = \gamma_G$ nach Gl.(3.47).

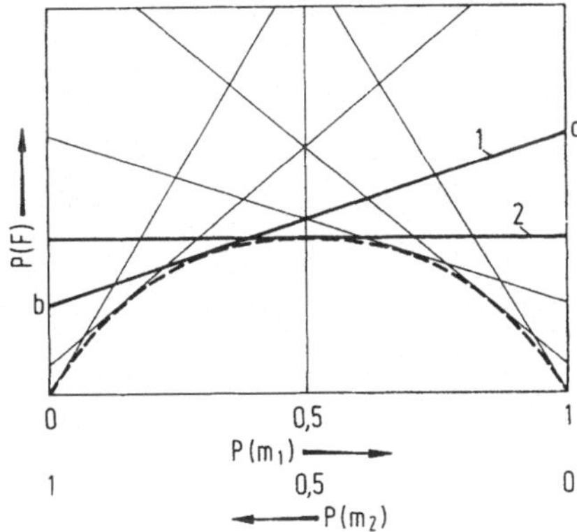

Bild B 3.7/2
Zur Wirkungsweise des Minimax-Empfängers

Aus Bild 3.7/2 erkennt man: Der Minimax-Empfänger liefert eine von der Statistik
der Quelle *unabhängige* Fehlerwahrscheinlichkeit P(F), die *minimal* ist, da jede andere Dimensionierung bei *unbekannter* Statistik zu höheren Werten führen kann. Die
Fehlerwahrscheinlichkeit des Minimax-Empfängers ist andererseits *maximal*, da bei
jeder *vorgegebenen* Statistik mit $P(m_1) \neq 0{,}5$ bei optimaler Dimensionierung entsprechend der gestrichelten Hüllkurve niedrigere Werte erreicht werden können.

Aus dem Maximum-A-Posteriori-Empfänger, der nach Gl.(3.44) entscheidet, erhält man
den Minimax-Empfänger, wenn man für $P(m_2)/P(m_1) = 1$ setzt. Der Minimax-Empfänger
entscheidet also ohne Rücksicht auf die Statistik nach der größeren "Likelihood",
weswegen er auch *Maximum-Likelihood*-Empfänger heißt. ∎

Zusammenfassung: Im letzten Abschnitt wurde, nach getrennter Betrachtung determinierter und zufälliger Signale in den vorhergehenden Abschnitten, der gleichzeitige Durchgang beider Signalarten durch lineare zeitunabhängige Systeme besprochen.
Nach Identifikation des determinierten mit dem Nutzsignal und des zufälligen mit
dem Störsignal (unter Beschränkung auf Rauschen) wurden mit der Annahme additiver
Überlagerung dieser Signale zwei für die Nachrichtenübertragung wichtige "Gütemaße"
erörtert: Der Rauschabstand und die Fehlerwahrscheinlichkeit.

Der Rauschabstand ist das Verhältnis der Signalleistung zur Rauschleistung und kann
ganz verschieden definiert werden. Setzt man als Signalleistung die Augenblicks-
leistung ein, so führt die Frage nach der Optimierung des Rauschabstandes auf das
Matched-Filter.

Von einer Fehlerwahrscheinlichkeit spricht man, wenn der Empfänger zwischen zwei
oder mehreren möglichen gestörten Signalen zu entscheiden hat. Die Frage nach der

Optimierung der Fehlerwahrscheinlichkeit führt auf die optimale Entscheidung nach
dem Maximum-A-Posteriori-Prinzip.

Durch Quantisierung analoger Signale läßt sich ein Zusammenhang zwischen Rauschabstand und Fehlerwahrscheinlichkeit herstellen (Beispiel 3.7).

Bis jetzt wurde das Rauschen als gegebene additive Störung am Systemeingang betrachtet. Dies ist eine Idealisierung, da an verschiedenen Stellen des Systems Rauschen
auftreten kann. Im folgenden letzten Abschnitt dieses Kapitels werden daher die
Rauschquellen und ihre Umrechnung an eine gewünschte Stelle eines Systems besprochen.

3.6 Rauschquellen

Bisher wurde als Übertragungsstörung ausschließlich additives Rauschen am Empfängereingang vorausgesetzt (vgl. Tab.1.1, Abschnitt 2.2.12 und 3.5.3). Das ist eine Idealisierung, da es zahlreiche Störquellen gibt, die keine Normalverteilung besitzen
und da die Störquellen im gesamten Nachrichtensystem verteilt sein können.

Im folgenden wird die Beschränkung auf additives Rauschen aufrechterhalten, jedoch
wird berücksichtigt, daß die Rauschquellen an verschiedenen Stellen auftreten können. Für die wichtigsten derartigen Störquellen an den kritischsten Punkten des
Nachrichtensystems wird gezeigt, wie man sie auf die Stelle schwächsten Signals,
nämlich den Empfängereingang, so umrechnen kann, daß die Annahme der Konzentra-
tion aller Störungen an diesem Punkt gerechtfertigt wird.

Die Leistungsdichte der Rauschquellen kann konstant (weißes Rauschen) oder fre-
quenzabhängig (nichtweißes, farbiges oder buntes Rauschen) sein. Der Name "Rauschen" stammt aus dem Bereich der hörbaren Frequenzen und gilt verallgemeinert
für den gesamten Frequenzbereich. Die Ausdrücke "weiß" und "nichtweiß" sind Ana-
logien zur Optik, d.h. zum Spektrum des sichtbaren Lichtes.

Die wichtigsten *Rauschquellen* sind:

Wärmerauschen, auch termisches oder Widerstandsrauschen genannt. Es entsteht in
jedem Leiter infolge der ungeordneten thermischen Bewegung der Ladungsträger. Zum
Wärmerauschen gehört auch das *Antennenrauschen*, d.h. die von einer Antenne aufge-
fangene Wärmestrahlung der terrestrischen Umgebung und des Kosmos.

Stromrauschen, auch Schrot- oder Verstärkerrauschen genannt. Es entsteht in jedem
stromführenden Bauelement (z.B. Verstärker) infolge der statistischen Schwankungen der je Zeiteinheit durch einen Querschnitt tretenden Ladungsträger.

Andere Rauschquellen werden hier nicht erörtert. Wärme- und Stromrauschen werden
vereinfacht und zusammengefaßt betrachtet. Bei rauschenden Vierpolen wird nicht
auf die einzelnen Rauschquellen und deren Korrelation eingegangen (vgl. z.B. [20]),
d.h. Fragen der Rauschanpassung und Rauschabstimmung werden nicht betrachtet. Das
System und seine Beschaltung wird vielmehr als gegeben vorausgesetzt und in seinen
Rauscheigenschaften beschrieben. Hierzu sei Bild 3.10a betrachtet. Es stelle innerhalb des Kanalmodells aus Tab.1.1 den vom Übertragungskanal gespeisten Empfänger
dar, der hier beispielsweise aus 3 Stufen bestehen möge.

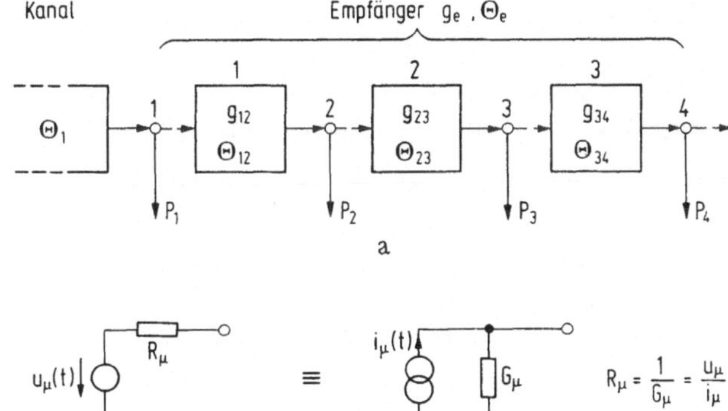

Bild 3.10 a) Modell des Empfängers,
         b) Zweipolquellen

Eine solche fest vorgegebene Kettenschaltung von Vierpolen läßt sich an jedem beliebigen Klemmenpaar $\mu = 1...4$ in ihrem linken Teil durch eine Zweipolquelle nach
Bild 3.10b ersetzen. Man kann daher an jedem Klemmenpaar eine sog. *verfügbare Leistung*

$$P_\mu = \frac{\overline{u_\mu^{\,2}}}{4R_\mu} = \frac{\overline{i_\mu^{\,2}}}{4G_\mu} \tag{3.49}$$

definieren. Man erkennt leicht, daß P_μ nichts anderes ist als die von einer Quelle
bei *Anpassung* (Lastimmittanz gleich dem konjugiert komplexen Wert der Quellenim-
mittanz; R_μ bzw. G_μ in Bild 3.10b bedeuten dann die Realteile) maximal abgebbare
Leistung.

Das Verhältnis zweier verfügbarer Leistungen an zwei beliebigen Klemmenpaaren
$\nu > \mu$ und μ nennt man den *verfügbaren Gewinn* (die verfügbare Leistungsverstärkung)
zwischen diesen Klemmenpaaren

$$g_{\mu\nu} = \frac{P_\nu}{P_\mu} \quad , \tag{3.50a}$$

und es ist offensichtlich für ein Klemmenpaar i mit $\mu < i < \nu$:

$$g_{\mu\nu} = g_{\mu i} \cdot g_{i\nu} = \frac{P_i}{P_\mu} \cdot \frac{P_\nu}{P_i} = \frac{P_\nu}{P_\mu} \; . \tag{3.50b}$$

In Bild 3.10 gilt also z.B. $g_{13} = g_{12} \cdot g_{23}$ oder $g_{14} = g_{12} \cdot g_{23} \cdot g_{34}$. Diese Definitionen gelten selbstverständlich nur für den Fall, daß die zwischen den Klemmpaaren μ und ν liegenden Stufen nur die Leistung P_μ verstärken und keinen eigenen Beitrag (z.B. durch Eigenrauschen) zur Leistung P_ν liefern. Der verfügbare Gewinn ist also stets am *rauschfreien* Vierpol definiert.

Sowohl die verfügbare Leistung nach Gl.(3.49) als auch der verfügbare Gewinn sind *Rechengrößen*. Die tatsächlich an dem betreffenden Klemmenpaar abgegebene Leistung würde nur im Falle der Anpassung mit der verfügbaren übereinstimmen; die tatsächliche Leistungsverstärkung zwischen zwei beliebigen Klemmenpaaren würde nur bei Anpassung an beiden Klemmenpaaren mit dem verfügbaren Gewinn übereinstimmen.

Die Definitionen sind jedoch so gewählt, daß sich trotz aller tatsächlich vorhandenen Fehlanpassungen die verfügbare Leistung an einem beliebigen Klemmenpaar nach Gl.(3.50a) richtig berechnen läßt. Denkt man sich etwa in Bild 3.10a das Klemmenpaar 2 angepaßt, so wird die verfügbare Leistung P_2 abgegeben, die aber selbstverständlich von einer eventuellen Fehlanpassung am Klemmenpaar 1 abhängt, bei deren Bestimmung also keineswegs Anpassung, sondern die tatsächlichen Verhältnisse am Klemmenpaar 1 vorausgesetzt werden. Diese Leistung P_2 beträgt

$$P_2 = g'_{12} \, P'_1 = g_{12} \, P_1 \quad ,$$

wobei g'_{12} die tatsächliche Leistungsverstärkung und P'_1 die tatsächlich vom Vierpol 1 aufgenommene Leistung ist. Das Produkt ist jedoch gleich dem Produkt der "verfügbaren" Größen nach Gl.(3.50a). Der Sinn dieser Definitionen ist, die Betrachtungen an einem beliebigen Klemmenpaar von der dort herrschenden tatsächlichen Belastung unabhängig zu machen, jedoch alle davorliegenden Fehlanpassungen zu berücksichtigen. Hierauf beruht die Möglichkeit, an verschiedenen Punkten des Systems auftretende Rauschquellen in einfacher Weise auf andere Punkte umzurechnen. Im vorliegenden Falle ist es sinnvoll, alle Rauschquellen an den Empfängereingang (Klemmenpaar 1 in Bild 3.10a) zu verlegen. Der Empfänger selbst ist dann als rauschfrei zu betrachten, d.h. sein Rauschbeitrag wird dem Kanal (der Quelle) zugeschlagen. Diese Betrachtungsweise wird im folgenden noch näher erörtert.

Denkt man sich zunächst ein beliebiges Klemmenpaar μ in Bild 3.10a als Zweipolquelle dargestellt, so ist diese Quelle selbst bei sonst idealen Verhältnissen *nicht* rauschfrei, da der Quellenwiderstand $R_\mu = 1/G_\mu$ ein *Wärmerauschen* aufweist, dessen verfügbare Rauschleistung nach der sog. Nyquist-Beziehung

$$P_\mu = \frac{1}{2} k\Theta_\mu F_k = k\Theta_\mu B_k \qquad\qquad (3.51)$$

beträgt. Dabei bedeuten $k = 1,38 \cdot 10^{-23}$ Wsec/K die *Boltzmann-Konstante*, Θ_μ die *absolute Temperatur* in K und $F_k = 2B_k$ die *Rauschbandbreite* (Gl.(3.30b)) des Systems, mit dem diese Leistung gemessen wird. Die verfügbare Rauschleistungs*dichte* an diesem Klemmenpaar folgt daher nach Division durch die Bandbreite zu:

$$L_\mu(f) = N_{W\mu} = \frac{P_\mu}{F_k} = \frac{1}{2} k\Theta_\mu \quad *) \quad . \qquad\qquad (3.52)$$

Ein Widerstand (oder Leitwert) hat demnach - ohne Rücksicht auf seine Größe - eine frequenzunabhängige Rauschleistungsdichte *verfügbar*, die nur von seiner sog. *Rauschtemperatur* Θ abhängt. Das entspricht einem *weißen Rauschen* nach Abschnitt 2.2.12, das dort bereits als physikalische Fiktion erklärt wurde, da sich bei unbegrenzt wachsender Bandbreite auch eine unbegrenzt wachsende mittlere Leistung ergibt (sog. Ultraviolett-Katastrophe, wie dies von den Physikern anschaulich bezeichnet wurde). Tatsächlich ist dies nicht der Fall, da die Nyquist-Beziehung Gl.(3.51) nur eine *Näherung* des sog. Planckschen Strahlungsgesetzes ist, aus dem selbst im unbegrenzten Frequenzbereich eine endliche mittlere Leistung folgt. Die Näherung gilt allerdings bis zu Frequenzen von ca. 10^{13} Hz $= 10^4$ GHz $= 10$ THz, so daß sie im Bereich technisch interessierender Frequenzen ohne Einschränkung verwendet werden kann.

Danach kann man also bei der absoluten Temperatur Θ jeden *rauschenden* Widerstand R oder Leitwert G nach Bild 3.10b als Zweipolquelle mit *rauschfreiem* Quellenwiderstand oder -leitwert und mit einer Leerlaufspannung oder einem Kurzschlußstrom auffassen, deren Quadratmittel

$$\overline{u^2} = 2k\Theta R F_k = 4k\Theta R B_k \qquad\qquad (3.53a)$$

$$\overline{i^2} = 2k\Theta G F_k = 4k\Theta G B_k \qquad\qquad (3.53b)$$

betragen, was offensichtlich aus Gl.(3.49) und (3.51) folgt.

---

*) Bei *Normaltemperatur* $\Theta_0 = 290$ K (17° C) ist $N_W = \frac{1}{2}k\Theta_0 = 2 \cdot 10^{-21}$ W/Hz. Laut Fußnote im Abschnitt 2.2.12 gilt für die nur im Bereich positiver Frequenzen definierte Leistungsdichte $N_0 = 2N_W = k\Theta$, für Normaltemperatur also $N_0 = k\Theta_0 = 4 \cdot 10^{-21}$ W/Hz.

Für einen Empfänger nach Bild 3.10a liefern also Gl.(3.51) bzw. (3.52) die unterste
Grenze der Störfreiheit an irgend einem Klemmenpaar μ. Selbst bei sonst idealen Verhältnissen könnte daher ein Nachrichtensystem kein beliebig schwaches Nutzsignal
empfangen, da bereits am Klemmenpaar μ das Wärmerauschen des Quellenwiderstandes
einen endlichen Rauschabstand ergibt.

In Wirklichkeit liefern jedoch die auf das betrachtete Klemmenpaar μ folgenden Stufen, z.B. infolge ihres *Stromrauschens*, stets auch noch einen Rauschbeitrag. Für
eine übersichtliche Berechnung ist es aber zweckmäßig, die jeweils folgenden Stufen als rauschfrei zu betrachten, ihren tatsächlichen Einfluß jedoch durch eine
fiktive Erhöhung der Rauschtemperatur am betrachteten Klemmenpaar μ zu berücksichtigen, vorzugsweise also am Klemmenpaar 1. Dieses erhält dann die sog. *effektive
Systemrauschtemperatur* Θ_{eff}, deren Zustandekommen im folgenden beschrieben wird.

Zunächst sei das Eigenrauschen einzelner Stufen des Empfängers in Bild 3.10a berücksichtigt. Der verfügbare Gewinn nach Gl.(3.50) gilt nicht nur für die Leistungen
P, sondern selbstverständlich auch für die Leistungsdichten L. Er ist dabei i.a.
eine Funktion der Frequenz und entspricht der Systemdichte $K_a(f)$ nach Bild 3.7
bei Anpassung am Ausgang.

Mit der verfügbaren Dichte $N_{W\mu} = (1/2)k\Theta_\mu$ nach Gl.(3.52) an einem beliebigen Klemmenpaar μ folgt an einem Klemmenpaar $\nu > \mu$ die verfügbare Dichte zu

$$L_\nu(f) = \tfrac{1}{2}k\Theta_\mu\, g_{\mu\nu} + L'_\nu(f) = \tfrac{1}{2}k(\Theta_\mu + \Theta_{\mu\nu})g_{\mu\nu} \quad . \tag{3.54}$$

Zu der mit $g_{\mu\nu}$ verstärkten Eingangsdichte tritt infolge des Eigenrauschens der da-
zwischenliegenden Stufen noch die Dichte $L'_\nu(f)$ hinzu. Berücksichtigt man, wie oben
angedeutet und in Gl.(3.54) bereits angeschrieben, dieses Eigenrauschen durch eine
fiktive Temperaturerhöhung des Quellenwiderstandes, so folgt aus Gl.(3.54) die
Definition der *Rauschtemperatur* $\Theta_{\mu\nu}$ der zwischen den Klemmenpaaren μ und ν gelegenen
Stufen zu

$$\Theta_{\mu\nu} = \frac{2L_\nu(f)}{kg_{\mu\nu}} - \Theta_\mu \quad . \quad {}^*) \tag{3.55}$$

${}^*)$ Der Rauschbeitrag eines Vierpols wird oft auch durch die sog. *Rauschzahl* $F_{\mu\nu} =
1 + \Theta_{\mu\nu}/\Theta_\mu$ beschrieben. Im Gegensatz zur Rauschtemperatur ist die Rauschzahl von
der Temperatur der jeweils betrachteten Quelle abhängig, weswegen sie hier nicht
verwendet wird.

Wendet man Gl.(3.55) auf jede einzelne Stufe des Empfängers in Bild 3.10a an, so
erhält man die Rauschtemperaturen der einzelnen Stufen. Betrachtet man dagegen alle
3 Stufen sukzessive nach Art der Gl.(3.54), so folgt

$$L_4(f) = \left\{ \left[\tfrac{1}{2} k \Theta_1 g_{12} + L_2'(f) \right] g_{23} + L_3'(f) \right\} g_{34} + L_4'(f) \quad . \tag{3.56}$$

Dabei bedeuten $L_2'(f)$, $L_3'(f)$ und $L_4'(f)$ die Dichtebeiträge der entsprechenden Stufen.
Die gesamte Rauschtemperatur Θ_{14} folgt aus Gl.(3.55) zu

$$\Theta_{14} = \frac{2 L_4(f)}{k g_{14}} - \Theta_1 \quad .$$

Setzt man hier Gl.(3.56) ein, so findet man nach einigen Umrechnungen

$$\Theta_{14} = \Theta_{12} + \frac{\Theta_{23}}{g_{12}} + \frac{\Theta_{34}}{g_{12} \cdot g_{23}} \quad . \tag{3.57}$$

Die Rauschtemperaturen der einzelnen Stufen addieren sich, allerdings jeweils dividiert durch den verfügbaren Gewinn aller davorliegenden Stufen. Gl.(3.57) ist auf
n Stufen erweiterbar. Hat bereits die erste Stufe einen sehr hohen Gewinn g_{12},
kann das Eigenrauschen aller nachfolgenden Stufen vernachlässigt werden, sofern nicht
irgendeine dieser Stufen einen extrem niedrigen Gewinn $\ll 1$ besitzt.

Zusammenfassend lassen sich demnach die Rauscheigenschaften eines n-stufigen Empfängers durch seine Rauschtemperatur $\Theta_e = \Theta_{1(n+1)}$ nach Gl.(3.57) beschreiben.
Berücksichtigt man das Rauschen des Kanals in Bild 3.10a durch eine Rauschtemperatur $\Theta_K = \Theta_1$, so folgt für die Beschreibung des Gesamtsystems

$$\Theta_{eff} = \Theta_K + \Theta_e \quad . \tag{3.58}$$

Diese *effektive Systemrauschtemperatur* ist dem Quellenwiderstand am Klemmenpaar 1
in Bild 3.10a zuzuordnen und das nachfolgende System ist als rauschfrei zu betrachten. Das verfügbare Nutzsignal am Empfängereingang ist dann durch ein additives
Rauschen mit der nach Gl.(3.52) verfügbaren Leistungsdichte

$$N_w = \tfrac{1}{2} k \, \Theta_{eff} = 2 \cdot 10^{-21} \frac{\Theta_{eff}}{\Theta_0} \frac{W}{Hz} \tag{3.59}$$

gestört. Diese Annahme entspricht dem bisher zugrundegelegten vereinfachten Kanalmodell (vgl. Abschnitt 3.5.3). Sie gilt nur dann, wenn Θ_{eff} in Gl.(3.58) innerhalb
des interessierenden Frequenzbereiches (Übertragungsbereich des Gesamtsystems) konstant ist. Andernfalls ist die Annahme, daß sich die Rauschstörungen durch additi-

ves weißes Rauschen am Systemeingang beschreiben lassen, nur eine mehr oder weniger gute Näherung, die von Fall zu Fall überprüft werden muß.

Beispiel 3.8

a) Die Daten des analogen Signals in Beispiel 3.7b mögen diejenigen eines Fernsehsignals sein: Bandbreite F = 2B = 10 MHz, Rauschabstand ν = 833 (bipolares Signal vorausgesetzt).

Die Antenne eines Fernsehempfängers habe (für Empfangsfrequenzen um 200 MHz) eine Rauschtemperatur $\Theta_K \approx$ 1000 K, der Fernsehempfänger eine Rauschtemperatur $\Theta_e \approx$ 1500 K. Wie groß muß die verfügbare Signalleistung an der Antenne sein?

Mit Θ_{eff} = 2500 K nach Gl.(3.58) folgt die verfügbare Rauschleistung nach Gl.(3.59) durch Multiplikation mit der Bandbreite F, d.h. die erforderliche verfügbare Signalleistung durch weitere Multiplikation mit dem gewünschten Rauschabstand:

$$P_s = 2 \cdot 10^{-21} \frac{\Theta_{eff}}{\Theta_0} \frac{W}{Hz} \cdot F \cdot \nu = 2 \cdot 10^{-21} \cdot 8,6 \frac{W}{Hz} \cdot 10^7 Hz \cdot 833$$

oder $P_s \approx 1,4 \cdot 10^{-10}$ W .

b) Eine Bodenstation für Nachrichtenempfang aus dem Weltraum mit einer Systemrauschtemperatur Θ_{eff} = 60 K empfängt an ihrer Antenne eine entsprechend Teil a dieses Beispiels definierte Signalleistung $P_s = 2 \cdot 10^{-19}$ W. Wie groß darf die Bandbreite F = 2B des Empfängers sein, wenn ein Rauschabstand ν = 50 gefordert wird?
Durch Auflösung der Gleichung aus Teil a nach F findet man

$$F = 2B = \frac{P_s}{2 \cdot 10^{-21} (\Theta_{eff}/\Theta_0)(W/Hz) \cdot \nu} \approx 10 \text{ Hz} \quad .$$

Zu Teil a und b dieses Beispiels ist noch folgende Bemerkung erforderlich: Die drahtlose Übertragung von Nachrichtensignalen erfolgt notwendigerweise mit Hilfe eines Modulationsverfahrens (vgl. etwa Tab.1.1). Die Ergebnisse dieses Beispiels sind nur dann richtig, wenn sich die betrachteten Rauschabstände bei der Demodulation nicht ändern. Hierauf kann erst im Kapitel 4 eingegangen werden. Im Kapitel 5, Beispiel 5.4c, wird auf dieses Problem zurückverwiesen. ∎

3.7 Zusammenfassung

Die in diesem Kapitel behandelten Übertragungseigenschaften von Systemen stehen in
engstem Zusammenhang mit der mathematischen Beschreibung der Signale, wie sie im Kapitel 2 erörtert wurde, wobei neben den orthogonalen Funktionen die Fourier-Transformation die Hauptrolle spielt. Vereinfacht ausgedrückt: Die wichtigsten Grundgesetze der Nachrichtenübertragung sind nichts anderes als eine technische Deutung
mathematischer Eigenschaften, insbesondere der Fourier-Transformation.

Eine der wichtigsten Klassen von Systemen sind die *linearen zeitunabhängigen* Systeme,
die dem Faltungssatz im Zeitbereich (Multiplikation im Frequenzbereich) der Laplace-
oder Fourier-Transformation gehorchen. Die System- und Netzwerktheorie verwendet im
Frequenzbereich vorzugsweise die Laplace-Transformation. In der Nachrichtenübertragung beschränkt man sich auf *stabile* Systeme und verwendet vorzugsweise die Fourier-
Transformation, die hierbei als Sonderfall der Laplace-Transformation aufgefaßt werden kann. Es werden meist typische Systeme mit stark idealisierten Eigenschaften
betrachtet und man verzichtet oft auf die Berücksichtigung der Kausalität von Signalen und Systemen, weil sich dabei viele Betrachtungen vereinfachen. Die Berech-
tigung dazu folgt aus dem Umstand, daß nichtkausale Funktionen mit Hilfe einer (oft
nicht interessierenden) Laufzeit kausal werden oder sich durch kausale Funktionen
hinreichend gut annähern lassen.

Aufgrund der Reziprozität von Zeit- und Frequenz, d.h. der Vertauschungseigenschaf-
ten der Fourier-Transformation, findet man als "Gegenstück" zu den linearen zeitunabhängigen Systemen die *idealen Modulatoren*. Sie gehorchen entsprechend dem Faltungssatz im Frequenzbereich (Multiplikation im Zeitbereich) und erfüllen ebenfalls
wichtige Grundfunktionen in der Nachrichtenübertragung.

Weitere Eigenschaften der Fourier-Transformation führen auf die Beziehung zwischen
der Dauer und der Bandbreite einer Funktion: das *Zeit-Bandbreite-Produkt*. Danach
sind Zeitdauer und Bandbreite stets umgekehrt proportional zueinander, wobei die
Proportionalitätskonstante allerdings von der Definition der Größen abhängt. Bei geeigneten Definitionen sind jedoch wesentliche Aussagen und prinzipielle Abschätzungen der Eigenschaften von Nachrichtensystemen möglich.

Besondere Eigenschaften haben streng *zeitbegrenzte* und streng *bandbegrenzte* Funktionen. Obwohl sie meist nur Näherungen wirklicher Signale sind, führen sie auf den
Zusammenhang zwischen der Fourier-Transformation und den Fourier-Reihen sowie auf
die Aussagen der *Abtasttheoreme*. Die Abtasttheoreme sind von grundlegender Bedeutung für die Nachrichtentechnik, da man mit ihrer Hilfe Aussagen über die Übertragungsfähigkeit von Nachrichtensystemen machen kann.

Mit den genannten Grundlagen können die Übertragungseigenschaften linearer zeitunabhängiger Systeme näher erörtert werden. Da die Fourier-Transformation nicht nur für
Zeit- und Frequenzfunktion, sondern auch für Autokorrelationsfunktion und Leistungsdichte gilt, können sowohl determinierte als auch zufällige Signale zugrundegelegt
werden (harmonische und erweiterte harmonische Analyse). Bei *determinierten* Signalen
führt die Erörterung typischer Verzerrungen auf wünschenswerte Eigenschaften gutartiger, d.h. verzerrungsarmer Systeme, wie sie etwa durch den Gauß-Tiefpaß gegeben
sind. Bei *zufälligen* Signalen kann man den Einfluß des Systems auf die Autokorrelationsfunktion bzw. die Leistungsdichte stationärer Zufallsprozesse berechnen und
auf diese Weise die Wirkung von Störungen, z.B. des Rauschens, erfassen. Damit lassen
sich bei gleichzeitigem Auftreten von Nutz- und Störsignalen Aussagen über die "Güte"
des Signals machen. Der Begriff der Güte kann dabei unterschiedlich definiert werden,
etwa als Rauschabstand bei analogen oder als Fehlerwahrscheinlichkeit bei digitalen
Signalen. Durch Berücksichtigung der statistischen Eigenschaften kommt man dabei zu
Kriterien für *optimale Systeme* bezüglich der jeweils definierten Güte. Diese Betrachtungsweise, die nur an einigen einfachen Beispielen erörtert wurde, leitet über
zu den Problemen der *statistischen Nachrichtentheorie*, wie sie bereits im Abschnitt
1.3 umrissen sind. Als geschlossene weiterführende Darstellung vgl. z.B. [32] und
[33].

Wie bereits mehrfach erwähnt, ist das Rauschen eine der wichtigsten Störungen bei
der Nachrichtenübertragung. Die *Rauschquellen* sind in der Regel über das ganze
Nachrichtensystem verteilt. Zur einfachen Berechnung ihrer Wirkung lassen sie sich
auf einen geeigneten Punkt des Systems umrechnen. Die Gesamtwirkung der Rauschquellen
kann dann (ggf. näherungsweise) mit Hilfe der *effektiven Systemrauschtemperatur* einer Quelle weißen Rauschens beschrieben werden.

4. Modulation

4.1 Überblick

Unter *Modulation* versteht man ganz allgemein die Umwandlung des primären Signals
(z.B. x(t) im Kanalmodell Tab.1.1) vor der Übertragung in ein anderes Signal s(t),
unter Demodulation die Umwandlung des nach der Übertragung empfangenen Signals
r(t) in ein (meist gestörtes) primäres Signal y(t). Wie bereits teilweise im Kapitel 1 erwähnt, geschieht die Modulation aus einem oder mehreren der folgenden
Gründe:

    a) Anpassung des Signals an den Kanal,
    b) Mehrfachausnutzung des Kanals (Multiplex),
    c) Verringerung der Störanfälligkeit.

Der Vorgang der Modulation besteht im wesentlichen darin, daß man eine für den jeweiligen Zweck geeignete *Trägerfunktion* wählt und eine oder mehrere Eigenschaften
dieser Funktion (z.B. Amplitude, Phase, Frequenz, Dauer, Zeitverschiebung) durch
das primäre Signal x(t) so steuert, daß die in x(t) enthaltene Nachricht durch Demodulation wiedergewonnen werden kann. Eine mögliche Einteilung der Modulationsverfahren ergibt sich demnach aus der Art der Trägerfunktion. Die wichtigsten Verfahren sind:

Modulation mit *Sinusträger*: Die Trägerfunktion ist eine harmonische Schwingung,
deren Amplitude und/oder Phase (oder Frequenz) durch das primäre Signal verändert
wird. Mehrfachausnutzung bzw. Selektion durch Frequenzmultiplex.

Modulation mit *Pulsträger*: Die Trägerfunktion ist eine Folge kurzer Impulse, die
in ihrer Amplitude, Dauer oder Zeitverschiebung verändert werden *). Mehrfachausnutzung bzw. Selektion durch Zeitmultiplex.

---

*) Die Pulscodemodulation (PCM) wird i.a. nicht zu diesen Verfahren gezählt. Wegen
ihrer Bedeutung wird sie in Abschnitt 5.5 gesondert behandelt.

Modulation mit *Orthogonalträger*: Die Trägerfunktionen sind Exemplare eines Systems
orthogonaler Funktionen, bei dem ein geeigneter Parameter verändert wird. Mehrfachausnutzung bzw. Selektion durch "Funktionenmultiplex".

In diesem Buch können als gebräuchlichste nur die Verfahren mit *Sinusträger* behandelt werden. Zu deren Beschreibung wird das Kanalmodell nach Bild 4.1 verwendet. Damit der Zusammenhang mit dem Kanalmodell in Tab.1.1 gewahrt bleibt, ist die Strecke
zwischen den primären Signalen x(t) und y(t) in Bild 4.1a noch einmal dargestellt.
Sie wird für die folgenden Berechnungen zunächst durch die *hypothetische Strecke*
b ersetzt: Aus dem primären Signal x(t) entsteht durch eine noch zu definierende

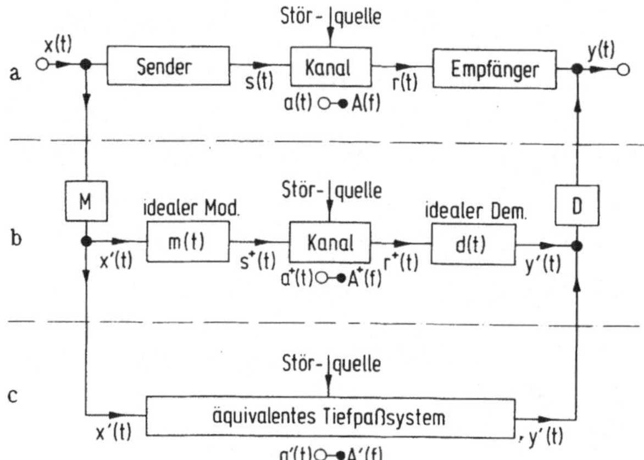

Bild 4.1 Kanalmodell für Modulation
mit Sinusträger

Operation M ein Signal x'(t). Dieses wird einem idealen Modulator zugeführt und
liefert ein Sendesignal $s^+(t)$. Am Ausgang eines Kanals mit der Impulsantwort $a^+(t)$
ergibt sich ein Empfangssignal $r^+(t)$, das nach Durchlaufen eines idealen Demodu-
lators ein primäres Empfangssignal y'(t) liefert. Durch eine noch zu definierende
Operation D entsteht daraus das primäre Signal y(t).

Die Signale in Bild 4.1b sind i.a. *komplexe Rechengrößen* für die reellen Signale
in Bild 4.1a. Sie werden, ebenso wie Teil c des Bildes 4.1, in den folgenden Abschnitten erörtert.

Wie bei jeder Modulation, treten auch hier folgende *Probleme* auf:

    α) Verzerrungen bei Modulation und Demodulation,

    β) Verzerrungen im Kanal, Frequenzbandbedarf,

    γ) Störungen, insbesondere Rauschen.

Da diese Fragen nicht alle behandelt werden können, gelten künftig folgende *Idealisierungen*: α) ideale Modulation und Demodulation, β) keine Verzerrungen im Kanal, sofern die erforderliche Bandbreite und ein geeigneter Phasenverlauf vorhanden sind *), γ) Störungen sind nur als additives Rauschen am Empfängereingang vorhanden.

Zunächst ist jedoch - ohne Rücksicht auf Probleme der Modulation - eine allgemeine Beschreibung determinierter und zufälliger Bandpaßsignale erforderlich.

4.2 Bandpaßsignale

Bisher wurden hauptsächlich Tiefpaßsignale behandelt, d.h. solche, deren Spektrum oder Leistungsdichte in der Umgebung der Frequenz Null liegt. Bei den zu bespechenden Modulationsverfahren mit Sinusträger treten jedoch Bandpaßsignale auf. Bei solchen Bandpaßsignalen liegt das Spektrum in einem Bereich höherer Frequenzlage, wie dies z.B. in Bild 4.2 für s(t) dargestellt ist. (Dieses Bild ist schematisch aufzufassen, da das Spektrum S(f) i.a. weder reell noch gerade noch kontinuierlich zu sein braucht.) Ein reelles Bandpaßsignal s(t) hat ein zweiseitiges (d.h. positive und negative Frequenzen enthaltendes) Spektrum S(f). Prinzipiell unterscheidet es sich nicht von anderen Signalen, und alle Berechnungen ließen sich direkt mit dem reellen Signal ausführen. Dies wäre jedoch umständlich. So wie in der komplexen

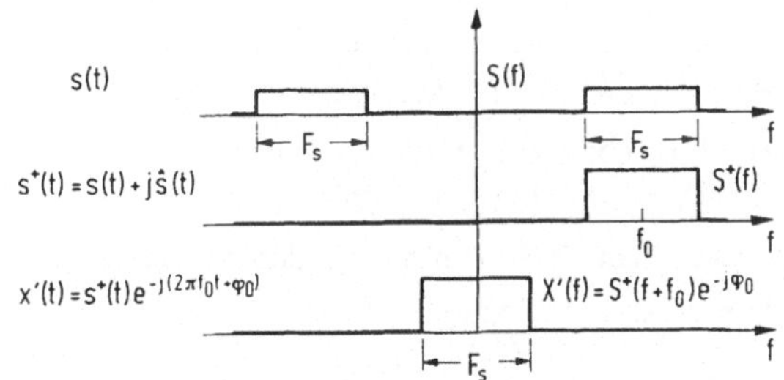

Bild 4.2
Reelles und analytisches Bandpaßsignal s(t) und s⁺(t) äquivalentes Tiefpaßsignal x'(t) (komplexe Hüllkurve)

Wechselstromrechnung ist es auch hier wesentlich einfacher, mit komplexen Signalen zu rechnen (vgl. z.B. [21]). Hierfür addiert man zum reellen Signal s(t) einen geeigneten Imaginärteil ŝ(t) und kommt damit zu einem *analytischen Signal* s⁺(t) = s(t) + jŝ(t), dessen Imaginärteil die sog. *Hilbert-Transformierte* des Realteils ist.

---

*) Es wird lediglich im Abschnitt 4.3. auf die Möglichkeit der Berechnung linearer Verzerrungen hingewiesen. Hierauf bezieht sich auch Teil c des Bildes 4.1.

Das analytische Signal wurde bereits in Tab.2.8a sowie in Beispiel 3.1b und c behandelt. Es entsteht durch Begrenzung des Spektrums eines reellen Signals auf positive Frequenzen und dessen Verdoppelung, wodurch sich unmittelbar der Imaginärteil als Hilbert-Transformierte des Realteils ergibt. Die Entstehung der Hilbert-
Transformierten $\hat{s}(t)$ eines reellen Signals s(t) kann man sich nach Bild 4.3a vorstellen: Das reelle Signal s(t) wird durch ein lineares System mit der Systemfunk-

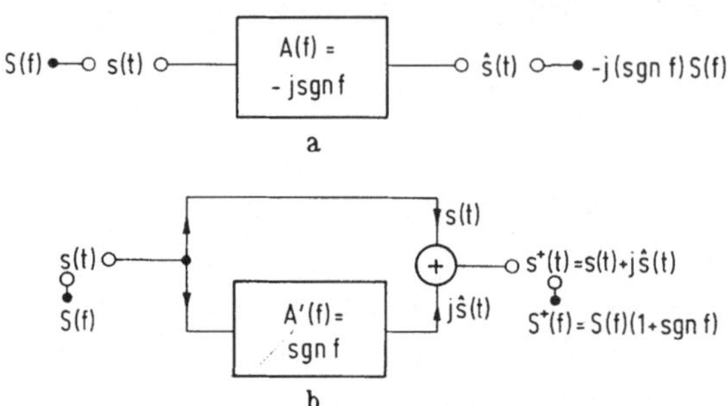

Bild 4.3 Erzeugung
a) der Hilbert-Transformierten $\hat{s}(t)$
b) des analytischen Signals $s^{+}(t)$

tion A(f) = -j·sgn f in das reelle Signal $\hat{s}(t)$ umgeformt, indem positive Frequenzen mit -j (Phasendrehung um -90°) und negative Frequenzen mit +j (Phasendrehung
um $+90^{o}$) multipliziert werden. Die Entstehung des vollständigen analytischen Signals
$s^{+}(t)$ folgt dann aus Bild 4.3b.

Dieses analytische Signal $s^{+}(t)$ hat demnach nur noch ein Spektrum $S^{+}(f)$ bei positiven Frequenzen (Bild 4.2). Mit Hilfe eines idealen Modulators läßt sich dieses
Spektrum aber beliebig verschieben (vgl. Beispiel 3.1a und Verschiebung im Frequenzbereich nach Tab.2.8). Wählt man zur Verschiebung eine Frequeznz f_{0} nach Bild
4.2 *), multipliziert man also das analytische Signal $s^{+}(t)$ mit einer Modulatorzeitfunktion exp $(-j(2\pi f_{0}t + \varphi_{0}))$ (φ_{0} ist ein beliebiger Nullphasenwinkel), so ergibt sich ein i.a. komplexes Tiefpaßsignal x'(t) O—• X'(f), das für eine eindeuti-
ge Beschreibung des Bandpaßsignals geeignet ist. Man findet nämlich das zu beschrei-
bende reelle Bandpaßsignal s(t) aus x'(t) über die Beziehung

$$s(t) = \mathrm{Re}\left[s^{+}(t)\right] = \mathrm{Re}\left[x'(t)e^{j(2\pi f_{0}t + \varphi_{0})}\right]$$

wieder. Man nennt x'(t) das *äquivalente Tiefpaßsignal* oder die *komplexe Hüllkurve*
bezüglich der Frequenz f_{0} und des Nullphasenwinkels φ_{0}.

Bisher wurde nur vorausgesetzt, daß s(t) reell ist und daß x'(t) aus einem analytischen Signal $s^{+}(t)$ entsteht (Bild 4.2), dessen Spektrum $S^{+}(f)$ zwar für negative
Frequenzen verschwinden muß, zu positiven Frequenzen hin aber nicht begrenzt zu

------

*) Diese Frequenz muß nicht notwendigerweise in der "Mitte" des Spektrums $S^{+}(f)$
liegen.

sein braucht. Bei den zu besprechenden Modulationsverfahren muß jedoch zusätzlich vorausgesetzt werden, daß die Signalspektren *auf* $F_s < 2f_0$ *bandbegrenzt* sind. Das reelle Bandpaßsignal darf also nur Frequenzen im Bereich $0 < |f| < 2f_0$ enthalten bzw. die Frequenz f_0 muß entsprechend gewählt werden. Andernfalls können sich Schwierigkeiten bei der Wiedergewinnung der Nutzsignale nach der Demodulation ergeben (vgl. etwa Beispiel 4.5e). Die Bedingung möge daher im folgenden stets erfüllt sein.

Die Zusammenhänge zwischen den beiden Signalen sind zwar elementar, jedoch unübersichtlich. Aus diesem Grunde sind sie in Tab.4.1 zusammenfassend dargestellt. Beide Signale sind i.a. *komplex*, lassen sich also wie jede komplexe Zahl durch Betrag und Winkel oder Real- und Imaginärteil ausdrücken, wobei i.a. alle Bestimmungsstücke *zeitabhängig* sind (Gl.(4.1)). Die Signale unterscheiden sich dadurch, daß sie um den zeitabhängigen Winkel $\alpha = 2\pi f_0 t + \varphi_0$ gegeneinander verdreht sind (Gl.(4.2)). Sie lassen sich für jeden festen Zeitpunkt als Zeiger in der komplexen Ebene darstellen. Aus Tab.2.8 folgen die in Gl.(4.2) ebenfalls angegebenen Fourier-Transformierten.

Die Beziehungen zwischen den beiden Signalen sind identisch mit denen, die zwischen den Bestimmungsstücken zweier komplexer Zahlen bestehen, wobei hier allerdings die Zeitabhängigkeit hinzukommt. (Diese ist in Tab.4.1 bei den Umrechnungen der Einfachheit wegen nicht angegeben.) Die Beträge $|s^+(t)|$ und $|x'(t)|$ sind nach Gl.(4.3) gleich und werden mit h(t) bezeichnet. Die Winkel $\psi(t)$ und $\varphi(t)$ unterscheiden sich um den Winkel $\alpha = 2\pi f_0 t + \varphi_0$, die Momentanfrequenzen *) $f_\psi(t)$ und $f_\varphi(t)$ um den konstanten Wert f_0 (Gl.(4.4)). Die Real- und Imaginärteile $s(t)$, $\hat{s}(t)$, $u(t)$ und $v(t)$ der beiden Signale lassen sich mit Hilfe der angegebenen Transformationsmatrizen ineinander umrechnen. Sie sind als Funktion der Komponenten des jeweils anderen Signals in Gl.(4.5) bis (4.8) explizit angegeben. Man nennt den Realteil $u(t)$ des Tiefpaßsignals die *Kophasalkomponente* und den Imaginärteil $v(t)$ die *Quadraturkomponente* zum reellen Bandpaßsignal $s(t)$ (vgl. Beispiel 4.7).

Mit Hilfe dieser Beziehungen ist es unter den genannten Voraussetzungen möglich, Bandpaß- und Tiefpaßsignal in allen ihren Bestimmungsstücken ineinander umzurechnen. Hilfsmittel ist dabei die Wahl einer Frequenz f_0 und deren Nullphase φ_0. Durch Fourier-Transformation der Gl.(4.5) bis (4.8) lassen sich bei Bedarf auch die Spektren der betreffenden Komponenten leicht angeben.

---

*) Die Momentanfrequenz ist die mit $1/(2\pi)$ multiplizierte zeitliche Ableitung des Winkels (vgl. Beispiel 3.1a).

Tabelle 4.1 Analytisches Bandpaß- und äquivalentes Tiefpaßsignal

<table>
<tr><td colspan="2" align="center">Bezeichnungen</td></tr>
<tr><td colspan="2">

Analytisches Bandpaßsignal:

$$s^+(t) = h(t)e^{j\psi(t)} = h(t)\left[\cos\psi(t) + j\sin\psi(t)\right] = s(t) + j\hat{s}(t) \qquad (4.1a)$$

Äquivalentes Tiefpaßsignal:

$$x'(t) = h(t)e^{j\varphi(t)} = h(t)\left[\cos\varphi(t) + j\sin\varphi(t)\right] = u(t) + jv(t) \qquad (4.1b)$$

</td></tr>
<tr><td colspan="2" align="center">Zusammenhang</td></tr>
<tr><td>

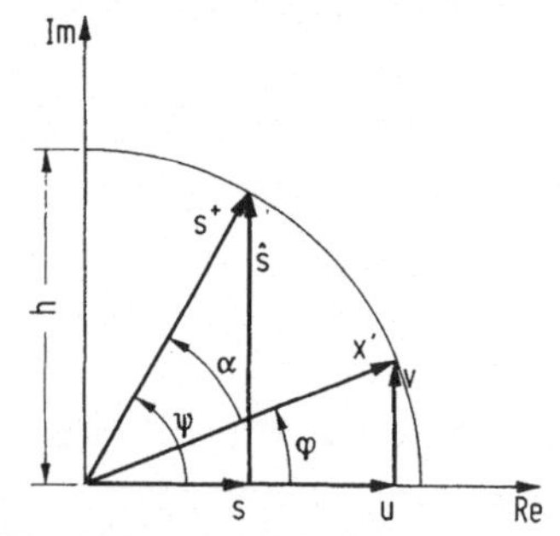

</td><td>

$$\alpha = 2\pi f_0 t + \varphi_0$$

$$s^+(t) = x'(t)e^{j\alpha} \quad\circ\!\!-\!\!\bullet\quad X'(f - f_0)e^{j\varphi_0} = S^+(f)$$

$$x'(t) = s^+(t)e^{-j\alpha} \quad\circ\!\!-\!\!\bullet\quad S^+(f + f_0)e^{-j\varphi_0} = X'(f)$$

$$(4.2)$$

</td></tr>
<tr><td colspan="2" align="center">Umrechnungen</td></tr>
<tr><td colspan="2">

Beträge, Winkel, Momentanfrequenzen:

$$|s^+| = |x'| = h = \sqrt{s^2 + \hat{s}^2} = \sqrt{u^2 + v^2} \qquad (4.3)$$

$$\psi = \alpha + \varphi \quad ; \qquad f_\psi = \frac{1}{2\pi}\dot{\psi} = \frac{1}{2\pi}(\dot{\alpha} + \dot{\varphi}) = f_0 + f_\varphi \qquad \binom{4.4}{a;b}$$

Real- und Imaginärteile:

$$\begin{pmatrix} s \\ \hat{s} \end{pmatrix} = \begin{pmatrix} \cos\alpha & -\sin\alpha \\ \sin\alpha & \cos\alpha \end{pmatrix} \begin{pmatrix} u \\ v \end{pmatrix} ; \qquad \begin{pmatrix} u \\ v \end{pmatrix} = \begin{pmatrix} \cos\alpha & \sin\alpha \\ \sin\alpha & \cos\alpha \end{pmatrix} \begin{pmatrix} s \\ \hat{s} \end{pmatrix}$$

d.h. mit Gl.(4.1) und (4.4):

$$s = h\cos(\alpha + \varphi) = u\cos\alpha - v\sin\alpha \qquad (4.5)$$

$$\hat{s} = h\sin(\alpha + \varphi) = u\sin\alpha + v\cos\alpha \qquad (4.6)$$

$$u = h\cos(\psi - \alpha) = s\cos\alpha + \hat{s}\sin\alpha \qquad (4.7)$$

$$v = h\sin(\psi - \alpha) = -s\sin\alpha + \hat{s}\cos\alpha \qquad (4.8)$$

u ist Kophasalkomponente $\Big\}$

v ist Quadraturkomponente $\Big\}$ zum reellen Bandpaßsignal s

</td></tr>
</table>

Auf das Kanalmodell Bild 4.1b angewendet ergibt sich für den Zusammenhang zwischen
Bandpaß- und Tiefpaßsignal folgendes: x'(t) ist stets das (i.a. komplexe) äquivalente Tiefpaßsignal nach Gl.(4.1b). Mit einer Modulatorzeitfunktion $m(t) =$
$\exp (j(2\pi f_0 t + \varphi_0))$ entsteht aus x'(t) das analytische Bandpaßsignal $s^+(t)$ nach Gl.
(4.2), dessen Realteil das reelle Bandpaßsignal s(t) nach Gl.(4.5) ergibt. Das Tiefpaßsignal x'(t) ist also, wie bereits im Abschnitt 4.1 gesagt, eine Rechengröße
als Hilfsmittel zur Beschreibung von Bandpaßsignalen. Sieht man von Störungen ab,
so ist bei verzerrungsfreiem Kanal das reelle Empfangssignal r(t) = s(t) bzw. das
analytische Empfangssignal $r^+(t) = s^+(t)$. Dieses wird durch einen idealen Demodulator mit der Zeitfunktion $d(t) = \exp (-j(2\pi f_0 t + \varphi_0))$ in das äquivalente Tiefpaßsignal y'(t) = x'(t) zurückverwandelt.

Beispiel 4.1

Die etwas verwirrend erscheinenden Beziehungen zwischen Bandpaß- und Tiefpaßsignal
lassen sich anhand des allgemein bekannten Beispiels der komplexen Wechselstromrechnung klarmachen. Gegeben sei das reelle Bandpaßsignal

$$s(t) = h \cos (2\pi f_0 t + \varphi_0 + \varphi)$$

$$= \frac{h}{2} e^{j(2\pi f_0 t + \varphi_0 + \varphi)} + \frac{h}{2} e^{-j(2\pi f_0 t + \varphi_0 + \varphi)} \quad . \tag{*}$$

Es läßt sich als Summe zweier gegenläufiger Drehzeiger in der komplexen Ebene auffassen. Sein Spektrum S(f) enthält demnach positive und negative Frequenzen, nämlich $\pm f_0$, und ist betragsmäßig in Bild B 4.1/1 dargestellt (vgl. auch Tab.2.8,
Korrespondenz Nr.2).

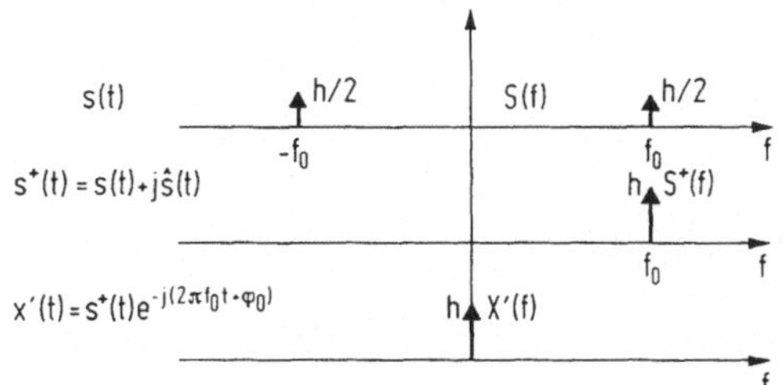

Bild B 4.1/1
Veranschaulichung zu
Bild 4.1 anhand der komplexen
Wechselstromrechnung

Die Hilbert-Transformierte des reellen Signals s(t) folgt mit Hilfe von Tab.2.8a
oder Bild 4.3a nach einigen Berechnungen zu:

$$\hat{s}(t) = h \sin (2\pi f_0 t + \varphi_0 + \varphi) \quad .$$

Vgl. hierzu auch Beispiel 3.1b, wo gezeigt wurde, daß die Sinusfunktion die Hilbert-Transformierte der Cosinusfunktion ist. Das analytische Bandpaßsignal ergibt
sich demnach zu

$$s^+(t) = s(t) + j\hat{s}(t) = h\left[\cos(\ ) + j\,\sin(\ )\right] = h \cdot e^{j(2\pi f_0 t + \varphi_0 + \varphi)} \ .$$

Es läßt sich also mit Hilfe eines einzigen Drehzeigers darstellen. Sein Spektrum
$S^+(f)$ enthält nur positive Frequenzen, nämlich $+f_0$ (Bild B 4.1/1). Dies ist aber
nichts anderes als die bekannte komplexe Schreibweise einer harmonischen Schwingung.

Verschiebt man es mit Hilfe eines idealen Modulators mit der Modulatorzeitfunktion exp $(-j(2\pi f_0 t + \varphi_0))$, so ergibt sich durch Multiplikation der Zeitfunktionen
das äquivalente Tiefpaßsignal

$$x' = h\,e^{j\varphi} = h\left[\cos\varphi + j\,\sin\varphi\right] = u + jv \ , \tag{**}$$

dessen Spektrum $X'(f)$ (bis auf die Phase) in Bild B 4.1/1 angegeben ist. In der
Terminologie der komplexen Wechselstromrechnung ist dies die *komplexe Amplitude*
oder der "Zeiger" der Schwingung aus Gl.(*). Die komplexe Amplitude beschreibt die
Schwingung vollständig, da sie die interessierenden Bestimmungsstücke Amplitude
h und Phasenlage φ enthält. Bei Bedarf läßt sich die Schwingung durch Multiplikation mit einem Drehzeiger der Länge 1 und Realteilbildung wiedergewinnen (vgl.
Tab.4.1)

$$s(t) = \mathrm{Re}\left[x'\,e^{j(2\pi f_0 t + \varphi_0)}\right] = u\,\cos(2\pi f_0 t + \varphi_0) - v\,\sin(2\pi f_0 t + \varphi_0), \tag{***}$$

wobei u die Kophasal- und v die Quadraturkomponente ist (vgl. Bild B 4.1/2).

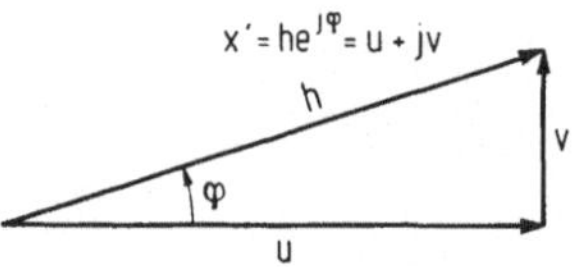

Bild B 4.1/2 Zeigerdarstellung
            in der komplexen Wechselstromrechnung

Ein Vergleich der Gl.(*) und (***) mit Gl.(4.5) sowie der Gl.(**) mit Gl.(4.1b)
zeigt die Analogie der komplexen Wechselstromrechnung zur Darstellung allgemeiner
Bandpaßsignale. Der einzige - wenn auch wesentliche - Unterschied liegt darin, daß
die in der komplexen Wechselstromrechnung konstanten Bestimmungsstücke zu Funktionen der Zeit werden: Betrag h und Winkel φ oder Realteil u und Imaginärteil v
der komplexen Amplitude (des Zeigers) einer harmonischen Schwingung gehen in entsprechende Zeitfunktionen über, wodurch die komplexe Hüllkurve (das äquivalente
Tiefpaßsignal) eines allgemeinen Bandpaßsignals entsteht. ∎

4.3 Bandpaßsysteme

Die Berechnung der Antwort eines linearen Systems auf eine gegebene Erregung unterscheidet sich für Bandpaßsignale prinzipiell nicht von derjenigen für Tiefpaßsignale. Da man aber Bandpaßsignale, wie im Abschnitt 4.2 ausgeführt, zweckmäßigerweise mit Hilfe eines äquivalenten Tiefpaßsignals beschreibt, ist es sinnvoll, auch für ein Bandpaßsystem ein äquivalentes Tiefpaßsystem zu definieren. Der Gedankengang entspricht dabei völlig den bisherigen Überlegungen:

Es seien $a(t)$ $\circ\!\!-\!\!\bullet$ $A(f)$ Impulsantwort und Systemfunktion eines Bandpaßsystems. Ein reelles Bandpaßsignal $s(t)$ als Erregung würde zu der üblichen Berechnung der Systemantwort führen. Rechnet man jedoch mit dem analytischen Signal $s^+(t)$ als Erregung, so nutzt dieses nur den für positive Frequenzen vorhandenen Teil der Systemfunktion aus. Man definiert daher zweckmäßigerweise ein "analytisches" Bandpaßsystem

$$\frac{1}{2}\, a^+(t) = \frac{1}{2}\left[a(t) + j\hat{a}(t) \right] \quad \circ\!\!-\!\!\bullet \quad \frac{1}{2}\, A^+(f) \quad , \tag{4.9}$$

dessen Entstehung (bis auf den Faktor 1/2) völlig derjenigen eines analytischen Signals entspricht. Aus diesem "analytischen" Bandpaßsystem läßt sich nun ein *äquivalentes Tiefpaßsystem* bezüglich einer Frequenz f_0 und eines Nullphasenwinkels φ_0 definieren, dessen Impulsantwort $a'(t)$ i.a. *komplex* ist:

$$a'(t) = \frac{1}{2}\, a^+(t)\, e^{-j(2\pi f_0 t + \varphi_0)} \quad \circ\!\!-\!\!\bullet \quad \frac{1}{2}\, A^+(f + f_0)\, e^{-j\varphi_0} = A'(f) \quad . \tag{4.10}$$

Damit läßt sich die Antwort von Bandpaßsystemen auf Bandpaßsignale auch mit Hilfe der Antwort äquivalenter Tiefpaßsysteme auf äquivalente Tiefpaßsignale berechnen. Betrachtet man etwa Bild 4.1 ohne Rücksicht auf die Störquellen, so lassen sich die in einem linearen Bandpaßkanal $a(t)\circ\!\!-\!\!\bullet A(f)$ entstehenden Übertragungsverzerrungen zwischen den reellen Bandpaßsignalen $s(t)$ und $r(t)$ direkt mit Hilfe des äquivalenten Tiefpasses $a'(t)\circ\!\!-\!\!\bullet A'(f)$ als Verzerrungen zwischen den äquivalenten Tiefpaßsignalen berechnen (vgl. Gl.(3.3)):

$$
\begin{aligned}
y'(t) &= a'(t) * x'(t)\\[-2pt]
&\ \updownarrow \qquad\ \updownarrow \qquad\ \updownarrow \\[-2pt]
Y'(f) &= A'(f) \cdot X'(f) \quad .
\end{aligned}
\tag{4.11a}
$$

Für alle drei Tiefpaßgrößen x', a' und y' und den Zusammenhang mit den entsprechenden Bandpaßgrößen gelten die in Tab.4.1 angegebenen Beziehungen, wobei folgende Voraussetzungen zu beachten sind: Alle drei Größen müssen bezüglich der *gleichen* Frequenz f_0 definiert werden. Der in Tab.4.1 und Gl.(4.10) angegebene Nullphasenwinkel φ_0 ist beliebig und braucht bei x' und a' keineswegs gleich zu sein. Für die drei Tiefpaßgrößen x', a' und y' lassen sich allerdings nur *zwei* Nullphasenwinkel willkürlich vorgeben. Bezeichnet man die Nullphasenwinkel vorübergehend mit φ_x, φ_a und φ_y, so muß gelten:

$$\varphi_y = \varphi_a + \varphi_x \quad . \tag{4.11b}$$

Liegen zwei dieser Größen fest, so ist die dritte ebenfalls bestimmt.

Auf der Tatsache, daß der äquivalente Tiefpaßkanal in Bild 4.1, und damit auch der Bandpaßkanal, einen beliebigen Nullphasenwinkel haben darf, beruht die Aussage im Abschnitt 3.5.1, daß bei der Übertragung von Bandpaßsignalen konstante Gruppenlaufzeit im Bandpaßsystem ausreicht. Zwar bleibt ein Bandpaßsignal dabei i.a. *nicht* frei von Phasenverzerrungen, jedoch läßt sich der Nullphasenwinkel nach Gl.(4.11b) bezüglich der äquivalenten Tiefpaßsignale (durch Wahl geeigneter Winkel für die Modulatorzeitfunktionen) ausgleichen. Da diese Tiefpaßsignale alle für die Nachrichtenübertragung wesentlichen Eigenschaften der Bandpaßsignale enthalten, insbesondere alle Bestimmungsstücke der Modulation (vgl. die folgenden Abschnitte), bleibt die Übertragung in diesem Sinne frei von Phasenverzerrungen.

4.4 Zufällige Signale

Die im Abschnitt 4.2 gegebene Beschreibung beliebiger Bandpaßsignale mit Hilfe ihres äquivalenten Tiefpaßsignals (ihrer komplexen Hüllkurve) ist nicht auf determinierte Signale beschränkt. Sie läßt sich, wie auch in den bisherigen Betrachtungen, im Rahmen der erweiterten harmonischen Analyse auf Zufallssignale ausdehnen.

Was für die Zeitfunktionen und deren Frequenzfunktionen gesagt wurde, gilt sinngemäß auch für Autokorrelationsfunktionen und die dazugehörigen Energie- oder Leistungsdichten. Diese Zusammenhänge werden im folgenden erörtert, wozu allerdings wieder ein gewisser Formalismus erforderlich ist.

Da sowohl das analytische Bandpaßsignal als auch das äquivalente Tiefpaßsignal komplex sind, müssen zunächst ganz allgemein Autokorrelationsfunktion und Leistungsdichte für einen komplexen Zufallsprozeß erklärt werden. Dieser sei allgemein durch $g(t) = p(t) + jq(t)$ gegeben, worin Realteil $p(t)$ und Imaginärteil $q(t)$ *reelle* und *schwach stationäre* Zufallsprozesse *mit Mittelwert Null* seien.

Die Autokorrelationsfunktion (AKF) des Prozesses $g(t)$ läßt sich nach Tab.2.4 und in der Schreibweise nach Gl.(2.19a) (mit dem Querstrich für die Erwartungs- bzw. Mittelwertbildung) folgendermaßen angeben:

$$l_{\underline{g}}(\tau) = \overline{g(t)g^*(t - \tau)} = \overline{[p(t) + jq(t)][p(t - \tau) - jq(t - \tau)]} \quad . \tag{4.12}$$

Nach Ausmultiplizieren dieses Ausdrucks wendet man Gl.(2.19b) an, d.h. man berücksichtigt, daß die Bildung des Erwartungswertes eine lineare Operation ist. Dann findet man unmittelbar:

$$l_{\underline{g}}(\tau) = l_{\underline{p}}(\tau) + l_{\underline{q}}(\tau) + j\left[l_{qp}(\tau) - l_{pq}(\tau)\right]$$

$$L_{\underline{g}}(f) = L_{\underline{p}}(f) + L_{\underline{q}}(f) + j\left[L_{qp}(f) - L_{pq}(f)\right] \quad .$$

(4.13a)

Die AKF eines komplexen Prozesses ist daher i.a. komplex und enthält außer den AKF der Komponenten auch deren KKF (Kreuzkorrelationsfunktionen). Mit den Eigenschaften dieser Grössen nach Tab.2.4 folgt: Der Realteil von $l_{\underline{g}}(\tau)$ ist stets eine gerade, der Imaginärteil stets eine ungerade Funktion. Die Leistungsdichte $L_{\underline{g}}(f)$ ist daher nach Tab.2.8 stets *reell*, d.h. die Kreuzleistungsdichten $L_{qp}(f) = L_{pq}^{*}(f)$ müssen imaginär sein. Weiterhin läßt sich durch Realteilbildung für $l_{\underline{g}}(\tau)$ der folgende Zusammenhang angeben:

$$l_{\underline{p}}(\tau) + l_{\underline{q}}(\tau) = \frac{1}{2}\left[l_{\underline{g}}(\tau) + l_{\underline{g}}^{*}(\tau)\right]$$

$$L_{\underline{p}}(f) + L_{\underline{q}}(f) = \frac{1}{2}\left[L_{\underline{g}}(f) + L_{\underline{g}}(-f)\right] \quad .$$

(4.13b)

Die Summe der Leistungsdichten der Komponenten ist gleich dem geraden Anteil der Leistungsdichte des komplexen Prozesses.

Gl.(4.13a) ist Ausgangspunkt für die Berechnung der statistischen Zusammenhänge zwischen Bandpaß- und Tiefpaßsignal. Betrachtet man beide als Zufallsprozesse (unter Beibehaltung der bisherigen Bezeichnungen), so läßt sich Gl.(4.13) sowohl auf das analytische Bandpaßsignal $s^{+}(t) = s(t) + j\,\hat{s}(t)$ als auch auf das äquivalente Tiefpaßsignal $x'(t) = u(t) + j\,v(t)$ anwenden. Über Gl.(4.2) ergeben sich dann alle gewünschten Zusammenhänge.

Zunächst sei das analytische *Bandpaßsignal* betrachtet, wofür in Gl.(4.13a) $g = s^{+}$, $p = s$ und $q = \hat{s}$ zu setzen ist. Gegeben sei lediglich die AKF bzw. die Leistungsdichte (vgl.Tab.2.4) des *reellen* Signals:

$$l_{\underline{s}}(\tau) \circ\!\!-\!\!\bullet\, L_{\underline{s}}(f) \quad .$$

(4.14)

Damit lassen sich jedoch die übrigen Größen mit den Beziehungen aus Abschnitt 3.5.2 berechnen, da die Hilbert-Transformierte $\hat{s}$ mit Hilfe des linearen Systems nach Bild 4.3.a gebildet wird. Es ergeben sich die für analytische Signale gültigen Beziehungen (vgl. Beispiel 4.2)

$$l_{\hat{\underline{s}}}(\tau) = l_{\underline{s}}(\tau) \qquad l_{\hat{\underline{s}}\underline{s}}(\tau) = - l_{\underline{s}\hat{\underline{s}}}(\tau) = \hat{l}_{\underline{s}}(\tau)$$

und $\qquad\qquad$ (4.15)

$$L_{\hat{\underline{s}}}(f) = L_{\underline{s}}(f) \qquad L_{\hat{\underline{s}}\underline{s}}(f) = - L_{\underline{s}\hat{\underline{s}}}(f) = -j(\mathrm{sgn}\,f)L_{\underline{s}}(f) \quad ,$$

wobei $\hat{l}_{\underline{s}}$ nicht mit $l_{\hat{\underline{s}}}$ verwechselt werden darf. Damit liefert Gl.(4.13a):

$$l_{\underline{s}^+}(\tau) = 2 \left[l_{\underline{s}}(\tau) + j\,\hat{l}_{\underline{s}}(\tau) \right]$$

$$L_{\underline{s}^+}(f) = 2L_{\underline{s}}(f)(1 + \mathrm{sgn}\,f) = \begin{cases} 4L_{\underline{s}}(f) & \text{für } f > 0 \\ 0 & \text{für } f \le 0 \end{cases} \quad . \qquad (4.16)$$

Die AKF des analytischen Signals $s^+(t)$ ist also selbst *analytisch*. Die Leistungsdichte ist reell, existiert nur für positive Frequenzen und hat dort den vierfachen Wert der Leistungsdichte $L_{\underline{s}}(f)$ des reellen Signals $s(t)$.

Beispiel 4.2

Das lineare System in Bild 4.3a (der "Hilbert-Transformator") hat laut Beispiel 3.1c die Systemfunktion

$$A(f) = -j \cdot \mathrm{sgn}\,f \quad .$$

Daraus folgt für die Systemdichte nach Gl.(3.26)

$$K_{\underline{a}}(f) = |A(f)|^2 = 1 \quad ,$$

d.h. für die Hilbert-Transformierte gilt nach Gl.(3.25):

$$L_{\hat{\underline{s}}}(f) = L_{\underline{s}}(f) \quad , \qquad \text{d.h.} \quad l_{\hat{\underline{s}}}(\tau) = l_{\underline{s}}(\tau) \quad .$$

Die Kreuzleistungsdichte folgt unmittelbar aus Gl.(3.27) zu:

$$L_{\hat{\underline{s}}\underline{s}}(f) = -j(\mathrm{sgn}\,f)L_{\underline{s}}(f) \quad , \qquad \text{d.h.} \quad l_{\hat{\underline{s}}\underline{s}}(\tau) = \hat{l}_{\underline{s}}(\tau) \quad .$$

Damit sind die Beziehungen der Gl.(4.15) erklärt, wobei KKF und Kreuzleistungsdichte für vertauschte Variable aus Tab.2.4 folgen:

$$L_{s\hat{s}}(f) = L_{\hat{s}s}^{*}(f) = -L_{\hat{s}s}(f) \quad , \quad d.h. \quad l_{s\hat{s}}(\tau) = -l_{\hat{s}s}(\tau) \quad .$$

AKF und Leistungsdichten zweier "Hilbert-Variabler" sind also identisch, KKF und Kreuzleistungsdichten entgegengesetzt gleich. ∎

Das äquivalente *Tiefpaßsignal* folgt aus Gl.(3.2), die für beliebige Signale, also auch für Zufallssignale gilt:

$$x'(t) = s^{+}(t) \cdot e^{-j(2\pi f_0 t + \varphi_0)} \quad . \tag{4.17}$$

Wendet man hierauf Gl.(4.12) an, so ergibt sich (Beispiel 4.3a):

$$l_{\underline{x}'}(\tau) = l_{\underline{s}^{+}}(\tau) \cdot e^{-j2\pi f_0 \tau}$$

$$\updownarrow$$

$$L_{\underline{x}'}(f) = L_{\underline{s}^{+}}(f + f_0) = \begin{cases} 4\, L_{\underline{s}}(f + f_0) & \text{für } f > -f_0 \\ 0 & \text{für } f \leq -f_0 \end{cases} \quad . \tag{4.18}$$

Die AKF des äquivalenten Tiefpaßsignals ist also gleich der mit $\exp(-j2\pi f_0\tau)$ multiplizierten AKF des analytischen Bandpaßsignals, d.h. unabhängig von der Nullphase φ_0 in Gl.(4.17). Die Leistungsdichte ist ebenfalls reell und gleich der um f_0 nach links verschobenen Dichte des analytischen Signals, genau wie dies (bis auf die Nullphase φ_0) auch bei den Spektren nach Bild 4.2 und Gl.(4.2) der Fall ist.

Mit Gl.(4.18) ist jedoch (außer über die stets gültige Gl.(4.13b)) noch nichts über die Komponenten des Tiefpaßsignals $x'(t) = u(t) + jv(t)$ ausgesagt, dessen AKF sich ebenfalls nach Gl.(4.13a) mit $g = x$, $p = u$ und $q = v$ darstellen läßt. Für diese Kompomenten bestehen ebenfalls Zusammenhänge, die sich aus der vorausgesetzten *Stationarität* ergeben (Beispiel 4.3b):

$$l_{\underline{u}}(\tau) = l_{\underline{v}}(\tau) \qquad\qquad l_{vu}(\tau) = -l_{uv}(\tau)$$

$$\updownarrow \qquad \updownarrow \quad \text{und} \qquad \updownarrow \qquad \updownarrow$$

$$L_{\underline{u}}(f) = L_{\underline{v}}(f) \qquad\qquad L_{vu}(f) = -L_{uv}(f) \quad . \tag{4.19}$$

Daraus folgt mit Gl.(4.13a):

$$l_{\underline{x}'}(\tau) = 2\left[l_{\underline{u}}(\tau) + jl_{vu}(\tau) \right]$$

$$\updownarrow$$

$$L_{\underline{x}'}(f) = 2\left[L_{\underline{u}}(f) + jL_{vu}(f) \right] \quad . \tag{4.20}$$

Faßt man Gl.(4.16) und Gl.(4.20) über die Beziehung Gl.(4.18) zusammen, so folgt schließlich für die Komponenten des Bandpaßsignals (in Analogie zu Gl.(4.5) und Gl. (4.6)):

$$l_{\underline{s}}(\tau) = l_{\underline{u}}(\tau) \cos (2\pi f_0 \tau) - l_{vu}(\tau) \sin (2\pi f_0 \tau) \quad ,$$

$$\hat{l}_{\underline{s}}(\tau) = l_{vu}(\tau) \cos (2\pi f_0 \tau) + l_{\underline{u}}(\tau) \sin (2\pi f_0 \tau) \quad .$$

$$(4.21)$$

Entsprechend ergibt sich für die Komponenten des Tiefpaßsignals (in Analogie zu Gl.(4.7) und Gl.(4.8)):

$$l_{\underline{u}}(\tau) = l_{\underline{v}}(\tau) = l_{\underline{s}}(\tau) \cos (2\pi f_0 \tau) + \hat{l}_{\underline{s}}(\tau) \sin (2\pi f_0 \tau) \quad ,$$

$$l_{vu}(\tau) = -l_{uv}(\tau) = \hat{l}_{\underline{s}}(\tau) \cos (2\pi f_0 \tau) - l_{\underline{s}}(\tau) \sin (2\pi f_0 \tau) \quad .$$

$$(4.22)$$

Aus diesen Beziehungen ergeben sich bei Bedarf mit Hilfe der Fourier-Transformation die dazugehörigen Leistungsdichten der Komponenten.

Die beiden Prozesse $u(t)$ und $v(t)$, d.h. die Kophasal- und die Quadraturkomponente des äquivalenten Tiefpaßsignals, sind nach Gl.(4.19) i.a. *kreuzkorreliert*, d.h. die Kreuzkorrelationsfunktion $l_{vu}(\tau)$ verschwindet i.a. nicht. Sie ist hier jedoch eine *ungerade Funktion*, wie aus Tab.2.4 mit der Eigenschaft Gl.(4.19) folgt, so daß sie mindestens für $\tau = 0$ verschwindet: $l_{vu}(0) = 0$. Damit sind die Prozesse $u(t)$ und $v(t)$ *für $\tau = 0$ stets unkorreliert*, und es folgt aus Gl.(4.20)

$$l_{\underline{u}}(0) = \frac{1}{2} l_{\underline{x}'}(0) \quad .$$

Drückt man $l_{\underline{x}'}(0)$ nach Tab.2.8 (Nullwerte) mit Hilfe der Leistungsdichte $L_{\underline{x}'}(f)$ aus, so wird mit $l_{\underline{u}} = l_{\underline{v}}$ nach Gl.(4.19)

$$l_{\underline{u}}(0) = l_{\underline{v}}(0) = \frac{1}{2} \int_{-\infty}^{\infty} L_{\underline{x}'}(f) df \quad .$$

$$(4.23a)$$

Der Nullwert einer AKF ist nach Tab.2.4 gleich der mittleren Leistung des Prozesses. Die mittlere Leistung der Prozesse $u(t)$ und $v(t)$ läßt sich damit stets nach Gl.(4.23a) in einfacher Weise aus der Leistungsdichte $L_{\underline{x}'}(f)$ berechnen.

In einem oft gegebenen *Sonderfall* entfällt die Kreuzkorrelation zwischen den Prozessen $u(t)$ und $v(t)$ völlig. Ist nämlich die (reelle) Dichte $L_{s+}(f)$ des analytischen Bandpaßsignals nach Gl.(4.16) *symmetrisch* zur gewählten Frequenz f_0, dann ist die

(ebenfalls reelle) Dichte $L_{\underline{x}'}(f)$ des äquivalenten Tiefpaßsignals nach Gl.(4.18)
eine *gerade Funktion*, was man sich an Bild 4.2 leicht klarmachen kann. Nach Tab.
2.8 ist dann auch die AKF $l_{\underline{x}'}(\tau)$ in Gl.(4.18) eine reelle und gerade Funktion, d.h.
es ist in Gl.(4.20)

$$l_{vu}(\tau) \equiv 0 , \qquad L_{vu}(f) \equiv 0 . \qquad\qquad (4.23b)$$

Die Prozesse $u(t)$ und $v(t)$ sind damit nicht nur für $\tau = 0$, sondern *für alle τ unkorreliert*.

<u>Beispiel 4.3</u>

a) Wendet man Gl.(4.12) auf $x'(t)$ nach Gl.(4.17) an, so führt dies auf Gl.(4.18):

$$
\begin{aligned}
l_{\underline{x}'}(\tau) &= \overline{x'(t)x'^*(t - \tau)} \\[2mm]
&= \overline{s^+(t)e^{-j(2\pi f_0 t + \varphi_0)} \cdot s^{+*}(t - \tau)e^{+j[2\pi f_0(t - \tau) + \varphi_0]}} \\[2mm]
&= \overline{s^+(t)s^{+*}(t - \tau)}\,e^{-j2\pi f_0 \tau} = l_{\underline{s}^+}(\tau)e^{-j2\pi f_0 \tau} .
\end{aligned}
\qquad (*)
$$

Sowohl die Zeit t als auch der Nullphasenwinkel φ_0 fallen heraus. Die AKF des äquivalenten Tiefpaßsignals zu einem schwach stationären analytischen Bandpaßsignal ist
ebenfalls nur eine Funktion der Zeitdifferenz τ.

b) Mit dem Ergebnis $(*)$ folgt noch nicht, daß das äquivalente Tiefpaßsignal ebenfalls schwach stationär ist. Hierzu muß noch sein Mittelwert (Erwartungswert, vgl.
Tab.2.4) konstant sein, hier also voraussetzungsgemäß verschwinden. Bildet man den
Mittelwert in Gl.(4.17) und berücksichtigt, daß die Exponentialfunktion determiniert ist, so folgt:

$$\overline{x'(t)} = \overline{s^+(t)}\,e^{-j(2\pi f_0 t + \varphi_0)} = 0 .$$

Da der Mittelwert des Bandpaßsignals voraussetzungsgemäß Null ist, verschwindet
auch der Mittelwert des äquivalenten Tiefpaßsignals. Damit ist das äquivalente
Tiefpaßsignal zu einem schwach stationären Bandpaßsignal ebenfalls schwach stationär.

Berechnet man schließlich entsprechend Gl.$(*)$ die AKF und KKF der Komponenten u
und v (Kophasal- und Quadraturkomponente) des äquivalenten Tiefpaßsignals $x'(t)$
einzeln, indem man Gl.(4.7) und Gl.(4.8) verwendet, so findet man mit Hilfe der
Gl.(4.15) die in Gl.(4.19) genannten Zusammenhänge. Der Leser möge diesen Nachweis
selbst führen. ∎

4.5 Weißes Rauschen

Unter den am Schluß des Abschnittes 4.1 genannten Voraussetzungen wird die Übertragung nur durch mittelwertfreies *Rauschen* gestört. In diesem Abschnitt werden
nur die Störungen in Abwesenheit eines Nutzsignals betrachtet. Die in den Abschnitten 4.2 und 4.4 benutzten Bezeichnungen werden der Einfachheit und Übersichtlichkeit wegen beibehalten.

Die Störquelle im Kanalmodell Bild 4.1 liefere weißes Rauschen $n(t) = w(t)$ nach
Abschnitt 2.2.12 mit konstanter Leistungsdichte N_w nach Gl.(2.38) *). Das *reelle
Bandpaßsignal* $s(t)$ in Bild 4.2 entsteht dann durch *Begrenzung* dieses weißen Rauschens auf die Übertragungsbandbreite F_s des Kanals. Diese Begrenzung möge für die
folgenden Betrachtungen "ideal" sein, wie dies bereits in Bild 4.2 angedeutet und
in Bild 4.4 dargestellt ist. Der Kanal sei also - in Analogie zum idealen Tiefpaß - ein idealer Bandpaß. (Andernfalls kann anstelle von F_s in den folgenden Betrachtungen die äquivalente Rauschbandbreite F_k nach Gl.(3.30b) verwendet werden.)

Mit diesen Voraussetzungen gilt für die gegebene Dichte des reellen Bandpaßsignals
in Gl.(4.14):

$$
\underline{L}_{\underline{s}}(f) = \begin{cases} N_w & \text{innerhalb } F_s \\ \\ 0 & \text{sonst} \end{cases} , \qquad\qquad (4.24)
$$

wobei mit Gl.(4.24) die in Bild 4.4 dargestellte Dichte $\underline{L}_{\underline{s}}(f)$ gemeint ist. Die Leistungsdichte $\underline{L}_{\underline{s}+}(f)$ des *analytischen Bandpaßsignals* ist damit nach Gl.(4.16)

$$
\underline{L}_{\underline{s}+}(f) = \begin{cases} 4\,N_w & \text{innerhalb } F_s \\ \\ 0 & \text{sonst} \end{cases} , \qquad\qquad (4.25)
$$

wie Bild 4.4 zeigt. Die Dichte $\underline{L}_{\underline{x}}(f)$ des *äquivalenten Tiefpaßsignals* folgt dann
nach Gl.(4.18) durch Verschiebung von $\underline{L}_{\underline{s}+}(f)$ um f_0 nach links (Bild 4.4). Dabei
werden zwei verschiedene Frequenzen f_{01} und f_{02} betrachtet.

Die Leistungsdichte $\underline{L}_{\underline{s}+}(f)$ des analytischen Bandpaßsignals ist *unsymmetrisch* bezüglich der Frequenz $\overline{f}_{01}$, weswegen die dazugehörige Leistungsdichte $\underline{L}_{\underline{x}}(f)$ keine
gerade Funktion ist. Sie setzt sich nach Gl.(4.20) zusammen. Ihre Anteile lassen

---

*) Diese Leistungsdichte kann z.B. mit Hilfe der effektiven Systemrauschtemperatur
nach Abschnitt 3.6 berechnet werden.

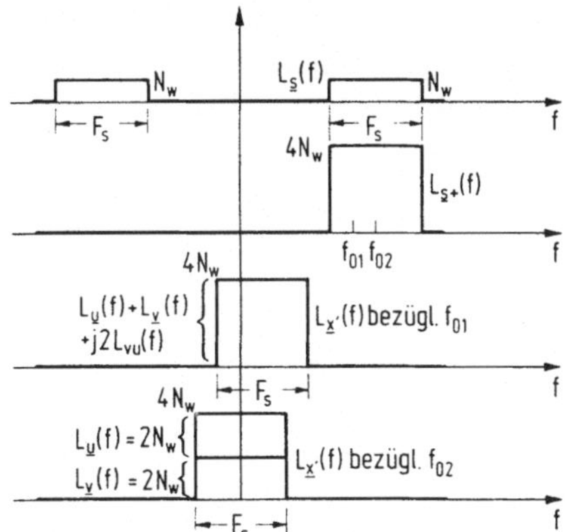

Bild 4.4 Störungen durch
         Bandpaß-Rauschen

sich mit den Beziehungen der Gl.(4.19) aus Gl.(4.13b) oder über Gl.(4.22) berechnen. Dies ist unnötig, wenn man sich nur für die mittleren Leistungen, im vorliegenden Falle also die Varianzen $1(0) = \sigma^2$ interessiert. Diese ergeben sich unmittelbar aus Gl.(4.23a) zu:

$$\underline{1}_u(0) = \underline{1}_v(0) = \sigma_u^2 = \sigma_v^2 = 2N_w F_s \quad . \tag{4.26a}$$

Kophasal- und Quadraturkomponente u(t) und v(t) eines aus Bandpaß-Rauschen ent-
standenen äquivalenten Tiefpaßsignals stellen also eine *zweidimensionale Verbundvariable mit Gauß-Verteilung* dar. Ihre Verbunddichte läßt sich nach Tab.2.6 angeben, und zwar trifft der dort aufgeführte Sonderfall verschwindender Mittelwerte und gleicher Varianzen nach Gl.(4.26a) zu. Für $\tau = 0$ sind sie nach Abschnitt
4.4 zudem *unkorreliert*, als gaußverteilte Variable damit auch *statistisch unabhängig*. Dies folgt auch unmittelbar aus Tab.2.8: Für verschwindenden Kovarianzkoeffizienten $\rho = 0$ ergibt sich die Verbunddichte als Produkt der Einzeldichten, was ja
nach Tab.2.2 die Bedingung für statistische Unabhängigkeit ist:

$$f_{uv}(u,v) = f_u(u) \cdot f_v(v) = \frac{1}{\sqrt{2\pi}\sigma_u} e^{-\frac{u^2}{2\sigma_u^2}} \cdot \frac{1}{\sqrt{2\pi}\sigma_v} e^{-\frac{v^2}{2\sigma_v^2}} \quad . \tag{4.26b}$$

Diese Dichtefunktion kann man sich nach den Ausführungen im Abschnitt 2.2.11 als
glockenförmiges "Gebirge" über der u,v-Ebene vorstellen, dessen Höhenlinien wegen
der statistischen Unabhängigkeit Kreise sind. Wegen dieser Rotationssymmetrie läßt
sich das Koordinatensystem beliebig drehen, d.h. u(t) und v(t) können beliebig ihre
Rollen tauschen. Wie bereits in Beispiel 4.3b erörtert, liegt dies an der Unabhängigkeit der statistischen Eigenschaften des äquivalenten Tiefpaßsignals vom Nullphasenwinkel φ_0.

Die Leistungsdichte $L_{s+}(f)$ des analytischen Bandpaßsignals in Bild 4.4 liegt *symme-trisch* bezüglich der Frequenz f_{02}. Dies entspricht dem am Schluß des Abschnittes
4.4 erörterten *Sonderfall*. Die Prozesse u(t) und v(t) sind *für alle* τ *unkorreliert*,
infolge der Gauß-Verteilung auch *statistisch unabhängig*. Die Leistungsdichte $L_{x'}(f)$
des äquivalenten Tiefpaßsignals setzt sich wegen Gl.(4.23b) nur aus den beiden gleichen Anteilen für Kophasal- und Quadraturkomponente zusammen. Zusätzlich zu Gl.
(4.26a und b) gilt daher:

$$L_{\underline{u}}(f) = L_{\underline{v}}(f) = \begin{cases} 2N_W & \text{innerhalb } F_S \\ \\ 0 & \text{sonst} \end{cases} \qquad\qquad (4.26c)$$

Auf das Kanalmodell Bild 4.1 angewendet bedeuten die bisher gemachten Annahmen
(einschließlich idealer Modulation und verzerrungsfreien Kanals): y'(t) ist das
zu dem gestörten Empfangssignal r(t) äquivalente Tiefpaßsignal. Es entspricht
(ggf. bis auf eine Laufzeit) in seinem Nutzanteil dem äquivalenten Tiefpaßsignal
x'(t) und besitzt einen Störanteil nach Bild 4.4, d.h. seine Kophasal- und Quadraturkomponente sind durch statistisch unabhängige, gaußverteilte Variable der angegebenen Leistungsdichte gestört. Wegen der vorausgesetzten idealen Modulation
und Demodulation zwischen x'(t) und y'(t) kann man die Störungen auch dem Signal
x'(t) zuschlagen und weiterhin mit den bisherigen Bezeichungen arbeiten, d.h. x'
durch x'+ Störung ersetzen (vgl. Abschnitt 4.6). Wie sich diese Störungen auf das
primäre Empfangssignal y(t) auswirken, kann - je nach Modulationsverfahren und je
nach Art der Demodulationsoperation D - nur von Fall zu Fall angegeben werden.

Zusammenfassung: In den bisherigen Abschnitten des Kapitels 4 wurde nach einem
Überblick über einige Arten der Modulation, nach Beschränkung der Ausführungen auf
Modulation mit Sinusträger und nach Angabe eines geeigneten Kanalmodells zunächst
die mathematische Beschreibung von Bandpaßsignalen erörtert. Durch Ergänzen des
reellen Bandpaßsignals mit einem Imaginärteil, der gleich der Hilbert-Transformierten des Realteils ist, ergibt sich das analytische Bandpaßsignal, dessen Spektrum auf positive Frequenzen beschränkt ist. Durch Frequenzverschiebung dieses
Signals gelangt man zum äquivalenten Tiefpaßsignal als geeignetem Hilfsmittel zur
mathematischen Beschreibung von Bandpaßsignalen (und auch Bandpaßsystemen). Das Verfahren ist eine Erweiterung der bekannten Methoden der komplexen Wechselstromrechnung. Es eignet sich sowohl für Zeit- und Frequenzfunktion determinierter als auch
für Korrelationsfunktion und Leistungsdichte zufälliger Signale. Damit ist die Beschreibung von Bandpaßsignalen prinzipiell auf die aus Kapitel 3 bekannte Beschreibung von Tiefpaßsignalen zurückgeführt, wobei die hier betrachteten Tiefpaßsignale
allerdings i.a. komplex sind. Mit diesen Grundlagen können nun in den folgenden Abschnitten die Modulationsverfahren mit Sinusträger behandelt werden.

4.6 Modulation mit Sinusträger

4.6.1 Allgemeine Eigenschaften

Im Abschnitt 4.2 wurde ein bandbegrenztes, sonst aber beliebiges reelles Bandpaßsignal s(t), nach Ergänzung zum analytischen Bandpaßsignal $s^+(t)$, mit Hilfe eines
äquivalenten Tiefpaßsignals x'(t) beschrieben. Der Zusammenhang ergab sich über
eine wählbare Frequenz f_0 mit dem Nullphasenwinkel φ_0 (Gl.(4.2)), die zunächst
die Funktion einer Hilfsgröße hatte. Bei Kenntnis dieser Hilfsgröße ist das Bandpaßsignal vollständig durch das äquivalente Tiefpaßsignal x'(t) beschrieben (Bild
4.5a). Dessen Komponenten sind Betrag h(t) und Winkel φ(t) bzw. Realteil (Kophasalkomponente) u(t) und Imaginärteil (Quadraturkomponente) v(t).

Ein reelles Bandpaßsignal s(t) nach Gl.(4.5) (Realteil der Gl.(4.1a)) stellt aber
offensichtlich einen *modulierten Sinusträger* der Frequenz f_0 dar. Betrachtet man
ihn in der Form

$$s(t) = h(t) \cdot \cos\left[2\pi f_0 t + \varphi_0 + \varphi(t)\right] \quad,$$

so sind sowohl seine Amplitude h(t) als auch sein Winkelanteil φ(t) Funktionen der
Zeit und können Nachrichten enthalten. Enthält nur h(t) die Nachricht, spricht man
von *Amplitudenmodulation* (AM), enthält nur φ(t) die Nachricht, spricht man von
Winkelmodulation (WM). Je nachdem, ob man φ(t) direkt oder ob man die Abweichung
f_φ(t) der Momentanfrequenz vom Wert f_0 nach Gl.(4.4b) betrachtet, unterscheidet
man dabei zwischen *Phasenmodulation* (PM) oder *Frequenzmodulation* (FM). Amplituden-
und Winkelmodulation können auch gemischt auftreten, wie das z.B. zwangsläufig
bei der *Einseitenbandmodulation* (EM) der Fall ist. Prinzipiell lassen sich aber
auch zwei getrennte Signale über h(t) und φ(t) gleichzeitig übertragen.

Betrachtet man dagegen das reelle Bandpaßsignal in der Form

$$s(t) = u(t) \cdot \cos(2\pi f_0 t + \varphi_0) - v(t) \cdot \sin(2\pi f_0 t + \varphi_0) \quad,$$

so können die Kophasalkomponente u(t), die Quadraturkomponente v(t) oder beide die
Nachricht enthalten. Auch hier kann man über u(t) und v(t) zwei getrennte Signale
übertragen, wie es bei der *Quadraturmodulation* geschieht, die im folgenden jedoch
nicht ausführlich erörtert, sondern lediglich in Beispiel 4.7a kurz erwähnt wird.

Beim Empfang modulierter Signale müssen aus dem reellen Bandpaßsignal s(t) die
"Nachrichtensignale" h(t), φ(t) oder f_φ(t) bzw. u(t), v(t) wiedergewonnen werden.
Diesen Vorgang nennt man *Demodulation*. Tab.4.2 gibt einen Überblick über die Bedin-
gungen der Demodulation [21].

Die Amplitude $h(t)$ ist nach Gl.(4.5) die Hüllkurve des Bandpaßsignals $s(t)$, die sich ohne Angaben über die Trägerschwingung, d.h. ohne Kenntnis der Trägerfrequenz f_0 und der Nullphase φ_0 durch *Hüllkurvendemodulation* gewinnen läßt. Die Momentanfrequenz $f_\varphi(t)$ der Modulation läßt sich nach Gl.(4.4b) durch Messung der Momentanfrequenz $f_\psi(t)$ des Bandpaßsignals bei Kenntnis der Trägerfrequenz f_0 mit *Frequenzdemodulation* ermitteln. Die Phase $\varphi(t)$ der Modulation kann nach Gl.(4.4a) durch Messung der Phase $\psi(t)$ des Bandpaßsignals mit *Phasendemodulation* ermittelt werden, sofern sowohl die Trägerfrequenz f_0 als auch die Nullphase φ_0 bekannt sind. Kophasal- und Quadraturkomponente $u(t)$ und $v(t)$ lassen sich nach Gl.(4.7) und Gl.(4.8) ebenfalls nur gewinnen, wenn sowohl die Trägerfrequenz f_0 als auch die Nullphase φ_0 bekannt sind. Diese Art der Demodulation sei hier *Komponentendemodulation* genannt.

Tabelle 4.2 Bedingungen der Demodulation

Gesuchte Größe	Benötigte Trägerdaten	Art der Demodulation	
$h(t)$	--	Hüllkurvendemodulation	inkohärent
$f_\varphi(t)$	f_0	Frequenzdemodulation	(asynchron)
$\varphi(t)$	f_0 ; φ_0	Phasendemodulation	kohärent
$u(t)$	f_0 ; φ_0	Komponentendemodulation	(synchron)
$v(t)$	f_0 ; φ_0		

Die Verfahren in Tab.4.2 lassen sich offensichtlich in zwei Klassen einteilen. Benötigt man die Nullphase φ_0 des Trägers nicht, so spricht man von *inkohärenter* (asynchroner), andernfalls von *kohärenter* (synchroner) Demodulation. Zur inkohärenten Demodulation benötigt man am Empfangsort keine Trägerschwingung und es muß höchstens die Trägerfrequenz bekannt sein. Zur kohärenten Demodulation dagegen muß am Empfangsort eine Trägerschwingung der Frequenz f_0 und der Nullphase φ_0 zur Verfügung stehen. Beispiele für einige dieser Verfahren werden im folgenden noch besprochen.

Wie bereits gesagt, enthält das äquivalente Tiefpaßsignal $x'(t)$ nach Bild 4.5a alle in Tab.4.2 aufgeführten Daten der Modulation. Diese Tatsache rechtfertigt die Einführung dieser Hilfsgröße sowie des hypothetischen Kanalmodells Bild 4.1b.

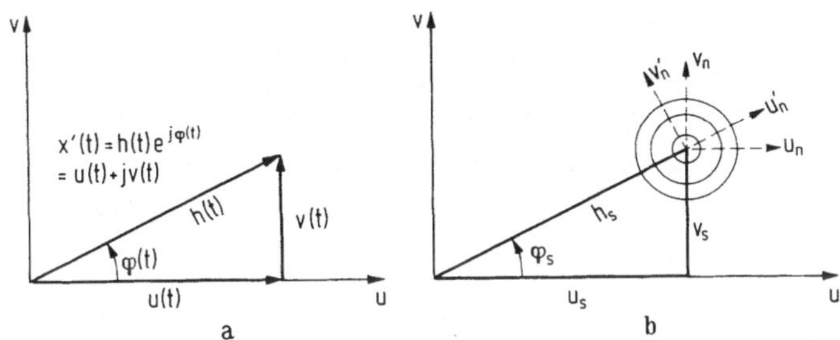

Bild 4.5
a) ungestörtes und
b) gestörtes äquivalentes
Tiefpaßsignal in
Zeigerdarstellung

Die Wirkung der Rauschstörungen auf das äquivalente Tiefpaßsignal ergibt sich aus
Bild 4.5b mit den Ausführungen des Abschnittes 4.5. Zu dem ungestörten Signal x'(t)
addieren sich die gestrichelt gezeichneten Störungen, deren Dichtefunktion nach
Gl.(4.26b) man sich jetzt nicht im Ursprung der u,v-Ebene, sondern über der Spitze
des Zeigers x'(t) senkrecht zur Zeichenebene aufgetragen denken muß. Einige Höhenlinien dieses "Gebirges" sind in Bild 4.5b angedeutet. Das äquivalente Tiefpaßsignal bzw. seine einzelnen Komponenten werden damit *Zufallsvariable*, die aus Signal-
und Rauschanteil bestehen. Für ein gegebenes x'(t) (d.h. für eine "Momentaufnahme"
zu irgend einem Zeitpunkt t) seien die Signalanteile (Nutzanteile) mit dem Index s,
die Rauschanteile (Störanteile) mit dem Index n bezeichnet. Da die Rauschkomponenten statistisch unabhängig sind, lassen sie sich nicht nur im Koordinatensystem
(u_n, v_n) sondern auch in einem z.B. um den Winkel φ_s gedrehten System (u_n', v_n')
beschreiben. Damit läßt sich ihr Einfluß auf die einzelnen Komponenten des äquivalenten Tiefpaßsignals, d.h. auf Real- und Imaginärteil oder auf Betrag und Winkel,
unmittelbar erkennen. Bevor dieser Einfluß berechnet wird, müssen jedoch noch die
zu seiner Beschreibung erforderlichen Bandbreiten und Rauschabstände definiert
werden.

Zunächst ist eine Bemerkung über die *Bandbreiten* erforderlich. Bisher wurde - z.B.
in den Bildern 4.2 und 4.4 - stets nur die Bandbreite F_s der Bandpaßsignale s(t)
bzw. $s^+(t)$ bzw. die gleichgroße Bandbreite des äquivalenten Tiefpaßsignals x'(t)
betrachtet (Bild 4.6). Man nennt sie die Übertragungs- oder *Sekundärbandbreite* F_s.

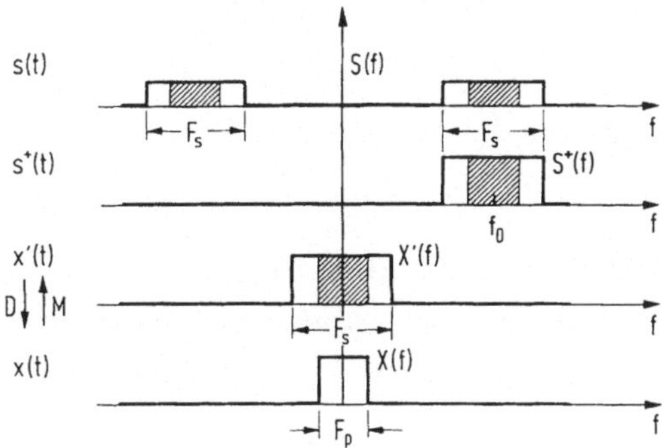

Bild 4.6 Sekundärbandbreite F_s
und Primärbandbreite F_p

Sie ist keineswegs immer identisch mit der Bandbreite des primären Signals x(t)
(bzw. y(t)) in Bild 4.1, die man im Gegensatz dazu mit Signalbandbreite oder *Primärbandbreite* F_p bezeichnet *) (Bild 4.6). Die Verschiedenheit dieser Bandbreiten
ergibt sich, je nach Modulationsverfahren, durch die Operationen M und D bei Modulation und Demodulation (Bild 4.1). Das Verhältnis der Gesamtbandbreite $2F_s$ des
reellen Bandpaßsignals zur Primärbandbreite F_p,

$$\beta = \frac{2F_s}{F_p} \, , \tag{4.27}$$

nennt man den *Bandbreitenbedarf* β des Modulationsverfahrens. F_p kann gleich, kleiner (Bild 4.6) oder auch größer sein als F_s. Alle über die jeweilige Bandbreite
hinausgehenden Frequenzen lassen sich vor oder nach der Demodulation durch Filter
unterdrücken. Für die Störwirkung *nach* der Demodulation ist daher die *kleinere*
Bandbreite maßgebend (siehe Gl.(4.32)).

Man kann nun verschiedene Signal-Rausch-Verhältnisse oder *Rauschabstände* betrachten. Die allgemeine Definition aus Gl.(3.34) als Verhältnis der Signalleistung zur
Rauschleistung soll hier, auf ein beliebiges Signal g(t) angewendet, folgendermaßen gedeutet werden:

$$\nu_g = \left(\frac{P_s}{P_n}\right)_g = \frac{k_g(0)}{l_g(0)} \, . \tag{4.28}$$

Dabei sei $k_g(\tau)$ die Autokorrelationsfunktion des Nutzanteils nach Tab.2.9. Da es
sich hier in der Regel um Leistungssignale handelt, ist für die Definition der
Korrelationsfunktionen Gl.(2.49b) maßgebend (vgl. auch Tab.2.9 unten). Für $\tau = 0$
ergibt sich dann $k_g(0)$ als die mittlere Leistung des Nutzanteils entsprechend
Gl.(2.47b). Ebenso stellt $l_g(0) = s_g^2$ die mittlere Leistung des Störanteils nach
Tab.2.4 dar, die im Falle verschwindenden Mittelwertes auch gleich der Varianz
σ_g^2 ist.

Die Definition Gl.(4.28) läßt sich nun sowohl auf das reelle Bandpaßsignal s(t)
als auch auf das primäre Signal x(t) (Bild 4.6) anwenden. Mit $l_s(0) = \sigma_s^2 = 2N_W F_s$
entsprechend Bild 4.4 und Gl.(4.24) erhält man für *sekundären* und *primären Rauschabstand*:

$$\nu_s = \frac{k_s(0)}{2N_W F_s} \quad ; \quad \nu_p = \frac{k_x(0)}{l_x(0)} \, . \tag{4.29}$$

---

*) Es wird noch einmal auf die Fußnoten im Abschnitt 2.2.12 hingewiesen: Die hier
benutzte Bandbreite $F = 2B$ ist gleich dem doppelten Wert der "einfachen" Bandbreite
B; die Leistungsdichte $N_W = N_0/2$ ist gleich dem halben Wert der "einseitigen" Dichte
N_0. Es ist stets $FN_W = BN_0$.

Zum Vergleich der Modulationsverfahren untereinander definiert man weiterhin noch
einen *Vergleichs-Rauschabstand* (auch Trägerrauschabstand genannt):

$$\nu_0 = \frac{k_s(0)}{N_w F_p} = \beta \nu_s \quad . \tag{4.30}$$

Hier wird die mittlere Leistung $k_s(0)$ des Bandpaßsignals nicht auf die tatsächliche
Rauschleistung in der Sekundärbandbreite F_s, sondern auf einen der Primärbandbrei-
te F_p entsprechenden Anteil (schraffiert in Bild 4.6) bezogen. Man nennt dann das
Verhältnis

$$\gamma = \frac{\nu_p}{\nu_0} = \frac{N_w F_p}{l_x(0)} \cdot \frac{k_x(0)}{k_s(0)} \tag{4.31}$$

den *Rauschabstandsgewinn* des betreffenden Modulationsverfahrens.

Der Zusammenhang zwischen dem primären Signal x(t) und dem äquivalenten Tiefpaßsignal x'(t) ist noch nicht bekannt, da er ja von der Art der Modulation abhängt,
d.h. von der Wirkung der Operatoren M bzw. D im Kanalmodell Bild 4.1b. Er ist für
jedes der noch zu besprechenden Verfahren verschieden. Infolgedessen können auch
die Größen $k_x(0)$ und $l_x(0)$ in Gl.(4.29) und Gl.(4.31) noch nicht angegeben werden.
Trotzdem lassen sich mit den bisher definierten Größen einige allgemeine Angaben
über den Einfluß der Störungen nach der Demodulation machen, entsprechend den in
Tab.4.2 genannten Bedingungen.

Als Bandbreite, in der die Störungen nach der Demodulation wirksam werden, ist
entsprechend den Ausführungen zu Bild 4.6 stets nur die kleinere von den beiden
Bandbreiten F_s und F_p zu berücksichtigen. Es muß also in den folgenden Gleichungen mit

$$F = \min \{F_s, F_p\} \tag{4.32}$$

gerechnet werden.

Die kohärente *Komponentendemodulation* liefert nach Tab.4.2 eine der beiden Komponenten u(t) oder v(t), z.B. die Kophasalkomponente u(t). Sie hat nach Bild 4.5b
für ein gegebenes x' den Signalanteil u_s. Von den Störungen wird ebenfalls nur die
Kophasalkomponente u_n demoduliert. Mit Gl.(4.26b) und Gl.(4.26a) und der Bandbreite nach Gl.(4.32) folgt dann für die Dichtefunktion der Zufallsvariablen u für
gegebenes u_s:

$$f_u(u|u_s) = \frac{1}{\sqrt{2\pi}\sigma_u}\, e^{-\dfrac{(u - u_s)^2}{2\sigma_u^2}} \quad ; \quad \sigma_u^2 = 2N_w F \quad . \tag{4.33}$$

Die kohärente Demodulation der Kophasalkomponente liefert also eine gaußverteilte Zufallsvariable, deren Mittelwert gleich dem Signalanteil u_s ist. Anders ausgedrückt: Signal- und Rauschanteil überlagern sich bei kohärenter Demodulation ohne gegenseitige Beeinflussung.

Zusätzlich gilt noch Gl.(4.26c) für die Leistungsdichte des Rauschanteils, sofern die dort vorausgesetzte Symmetriebedingung erfüllt ist. Dabei ist die Bandbreite nach Gl.(4.32) einzusetzen.

Für die Quadraturkomponente $v(t)$ gilt eine zu Gl.(4.33) völlig analoge Beziehung mit Mittelwert v_s und gleicher Varianz. Die praktische Ausführung der kohärenten Komponentendemodulation wird in den Beispielen 4.5e und 4.7a besprochen. Mit diesem Verfahren lassen sich also Real- und Imaginärteil des äquivalenten Tiefpaßsignals nach Bild 4.5 mit ihren Signal- und Rauschanteilen gewinnen. Nach Tab.4.1 sind damit auch die beiden anderen Komponenten, nämlich Betrag $h(t)$ und Winkel $\varphi(t)$ bekannt und berechenbar. Die Umrechnung ist jedoch i.a. schwierig. Für die praktisch wichtigen Modulationsverfahren genügen einige Näherungen, mit deren Hilfe man die Verhältnisse bei Demodulation der Komponenten $h(t)$ und $\varphi(t)$ direkt ermitteln kann. Hierzu betrachtet man das gedrehte Koordinatensystem u'_n, v'_n in Bild 4.5b, wodurch sich nach Abschnitt 4.5 an der Statistik der Rauschkomponenten nichts ändert. Damit ist der Einfluß der Störungen auf die Komponenten h und φ leichter zu erkennen.

Die inkohärente *Hüllkurvendemodulation* liefert nach Tab.4.2 den Betrag $h(t)$, die kohärente *Phasendemodulation* den Winkel $\varphi(t)$. Die Demodulatoren bewerten den aus den Signalanteilen h_s bzw. φ_s und den überlagerten Rauschkomponenten resultierenden Betrag bzw. Winkel. Man erkennt, daß nach der Demodulation prinzipiell keine Gauß-Verteilung auftreten kann. So kann z.B. ein Betrag definitionsgemäß nicht negativ werden, was bei der Gauß-Verteilung jedoch der Fall wäre. Das Ergebnis hat vielmehr eine nach S.O. Rice benannte Verteilung (vgl. z.B. [22]), die hier jedoch nicht besprochen wird. Für die meisten praktischen Anwendungen genügt die Betrachtung der beiden folgenden Extremfälle:

a) Der Signalanteil h_s sei sehr groß gegen die Rauschanteile, was gleichbedeutend ist mit einem großen sekundären Rauschabstand nach Gl.(4.29):

$$h_s \gg \sigma_u, \sigma_v \quad ; \qquad \nu_s \gg 1 \ . \tag{4.34a}$$

Dann erkennt man anschaulich aus Bild 4.5b, daß der Betrag h näherungsweise nur von der Kophasalkomponente u'_n und der Winkel φ näherungsweise nur von der Quadraturkomponente v'_n des Rauschens beeinflußt wird.

Für den Betrag gelten damit näherungsweise die gleichen Verhältnisse wie für den
Realteil nach Gl.(4.33):

$$f_h(h|h_s) \approx \frac{1}{\sqrt{2\pi}\,\sigma_u}\, e^{\displaystyle -\frac{(h-h_s)^2}{2\sigma_u^2}} \quad ; \qquad \sigma_u^2 = 2N_wF \quad . \tag{4.34b}$$

Man kann also näherungsweise nach wie vor eine Gauß-Verteilung annehmen, deren Mittelwert h_s wegen Gl.(4.34a) so groß ist, daß die geringe Wahrscheinlichkeit für
das Auftreten negativer Werte vernachlässigt werden kann. Für die Leistungsdichte
des Rauschanteils gilt das bei Gl.(4.33) Gesagte.

Den Rauschanteil φ_n des Winkels findet man aus Bild 4.5b, wenn man den Tangens
gleich dem Winkel setzt, näherungsweise zu

$$\varphi_n \approx \frac{v_n'}{h_s} \quad ; \qquad \sigma_\varphi^2 \approx \frac{1}{h_s^2} \cdot \sigma_v^2 \quad . \tag{4.35a}$$

Damit gilt für seine Dichtefunktion näherungsweise

$$f(\varphi|\varphi_s) \approx \frac{1}{\sqrt{2\pi}\,\sigma_\varphi}\, e^{\displaystyle -\frac{(\varphi-\varphi_s)^2}{2\sigma_\varphi^2}} \quad ; \qquad \sigma_\varphi^2 \approx \frac{2N_wF}{h_s^2} \quad . \tag{4.35b}$$

Der Winkel ist näherungsweise ebenfalls gaußverteilt. Seine Leistungsdichte läßt
sich über Gl.(4.35a) aus der Leistungsdichte $L_v(f)$ nach Gl.(4.26c) angeben, wenn
die dort vorausgesetzte Symmetriebedingung erfüllt ist und die Bandbreite nach Gl.
(4.32) eingesetzt wird.

b) Der zweite Extremfall ist der Fall verschwindenden Signalanteils h_s. Das äquivalente Tiefpaßsignal besteht dann nur aus Rauschen entsprechend Abschnitt 4.5
und Bild 4.4. Die Statistik der Amplitude h und des Winkels φ läßt sich aus den bekannten Eigenschaften der Komponenten u und v berechnen (Beispiel 4.4). Es ergibt
sich im Gegensatz zu Gl.(4.34b) und Gl.(4.35b):

$$f_h(h) = \frac{h}{\sigma_u^2}\, e^{\displaystyle -\frac{h^2}{2\sigma_u^2}} \quad ; \qquad h \geq 0 \tag{4.36a}$$

$$f_\varphi(\varphi) = \frac{1}{2\pi} \quad ; \qquad 0 \leq \varphi \leq 2\pi \tag{4.36b}$$

$$s_h^2 = 2\sigma_u^2 = 4\,N_wF \quad . \tag{4.36c}$$

Die Dichte f_h der Hüllkurve gehorcht der sog. *Rayleigh-Verteilung*, die typisch ist
für die inkohärente Hüllkurvendemodulation reiner Rauschsignale. Da diese Verteilung keinen verschwindenden Mittelwert hat, ist die mittlere Leistung nicht durch
die Varianz, sondern durch das Quadratmittel s_h^2 (Tab.2.3) nach Gl.(4.36c) gegeben.
Der Winkel φ besitzt eine Gleichverteilung und ist von h statistisch unabhängig.

Die praktische Ausführung der Hüllkurvendemodulation wird in Beispiel 4.5 besprochen.
Die bisher nicht besprochene inkohärente *Frequenzdemodulation* wird später im Zusammenhang mit der Phasendemodulation (Abschnitt 4.6.4) erörtert.

Beispiel 4.4

Für den Extremfall b) aus Abschnitt 4.6a, d.h. für verschwindende Signalanteile in
Bild 4.5, soll aus der nach Gl.(4.26b) bekannten Statistik des Realteils u(t) und
Imaginärteils v(t) die Statistik des Betrags h(t) und Winkels φ(t) berechnet werden.
Wie aus Tab.4.1 oder Bild 4.5 hervorgeht, bedeutet dies die Umrechnung von karte-
sischen Koordinaten u,v in Polarkoordinaten h,φ.

Aufgrund "äquivalenter Ereignisse" nach Abschnitt 2.2.7 muß für die Verbunddichten
(vgl. Tab.2.2) gelten:

$$f_{h\varphi}(h,\varphi)\,|dh\;d\varphi| = f_{uv}(u,v)\,|du\;dv| \quad . \tag{*}$$

Aus Gl.(4.26b) folgt nach Zusammenfassen der Exponenten mit $u^2 + v^2 = h^2$ (Tab.4.1)
und mit gleichen Varianzen nach Gl.(4.26a):

$$f_{uv}(u,v) = \frac{1}{2\pi\sigma_u^2}\, e^{-\frac{u^2 + v^2}{2\sigma_u^2}} = \frac{1}{2\pi\sigma_u^2}\, e^{-\frac{h^2}{2\sigma_u^2}} \quad . \tag{**}$$

Nun muß noch der Zusammenhang zwischen den Flächenelementen du dv und dh dφ hergestellt werden. Mit den aus Bild 4.5 ablesbaren Beziehungen

$$u = h \cos \varphi \quad ; \quad v = h \sin \varphi$$

ergibt sich über die Funktionaldeterminante [23,S.364]

$$du\;dv = \begin{vmatrix} \dfrac{\partial u}{\partial h} & \dfrac{\partial u}{\partial \varphi} \\[2ex] \dfrac{\partial v}{\partial h} & \dfrac{\partial v}{\partial \varphi} \end{vmatrix} \cdot dh\;d\varphi = (h \cos^2 \varphi + h \sin^2 \varphi)\; dh\;d\varphi$$

oder du dv = h dh dφ .

Dies ist nichts anderes als der bekannte Zusammenhang zwischen dem Flächenelement
in kartesischen und polaren Koordinaten. Setzt man das Ergebnis in Gl.(*) ein, so
folgt mit Gl.(**)

$$f_{h\varphi}(h,\varphi) = h\, f_{uv}(u,v) = \frac{h}{2\pi\sigma_u^2}\, e^{-\frac{h^2}{2\sigma_u^2}} \;.$$

Aus der Verbunddichte $f_{h\varphi}$ findet man nach Tab.2.2 die Einzeldichten f_h und f_φ durch
"Herausintegrieren" der jeweils anderen Variablen

$$f_h(h) = \int_0^{2\pi} f_{h\varphi}(h,\varphi)\,d\varphi = \frac{h}{\sigma_u^2}\, e^{-\frac{h^2}{2\sigma_u^2}} \;;\quad (h \geq 0) \;, \qquad (***)$$

$$f_\varphi(\varphi) = \int_0^\infty f_{h\varphi}(h,\varphi)\,dh = \frac{1}{2\pi} \;;\quad (0 \leq \varphi < 2\pi) \;.$$

Die Größe $f_h(h)$ ist die in Gl.(4.36a) angegebene Rayleigh-Verteilung. Die Variablen
h und φ sind ebenfalls statistisch unabhängig. Die Dichtefunktion f_h ist in Bild B
4.4 qualitativ dargestellt. Sie verschwindet für $h \leq 0$. Ihre Daten lassen sich aus
Gl.(***) mit den Definitionen aus Tab.2.3 berechnen: Das Maximum liegt bei $h = \sigma_u$
und hat den Wert $\frac{1}{\sigma_u}\, e^{-0,5} \approx 0,61/\sigma_u$. Der Mittelwert beträgt $m_h = \pi/2\sigma_u \approx 1,25\sigma_u$,
das Quadratmittel $s_h^2 = 2\sigma_u^2$ und die Varianz $\sigma_h^2 = (2 - \frac{\pi}{2})\sigma_u^2 \approx 0,43\sigma_u^2$.

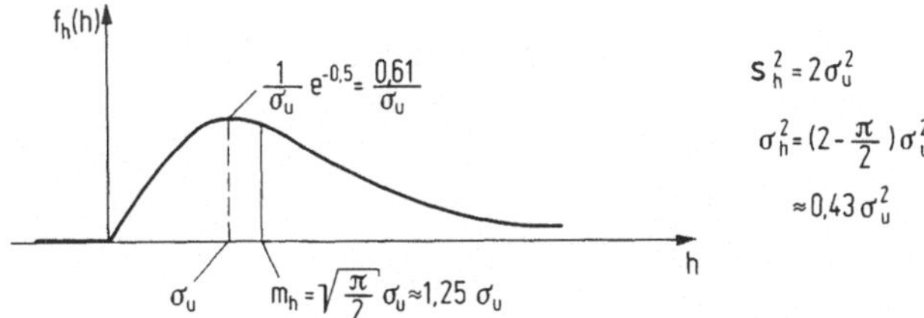

Bild B 4.4 Rayleigh-Verteilung ∎

Zusammenfassung: Im Abschnitt 4.6.1 wurden die allgemeinen und gemeinsamen Eigenschaften der Modulationsverfahren mit Sinusträger besprochen. Ein reelles Bandpaßsignal in seiner aus Abschnitt 4.2 bekannten allgemeinen Form läßt sich als harmonische Schwingung deuten, die i.a. sowohl eine zeitabhängige Amplitude als auch
eine zeitabhängige Phase hat, d.h. sowohl amplituden- als auch phasenmoduliert (fre-
quenzmoduliert) ist. Die Bestimmungsstücke dieser Modulationsarten finden sich im
äquivalenten Tiefpaßsignal wieder, für das die in Tab.4.2 genannten Bedingungen der
Demodulation gelten.

Die Komponenten des äquivalenten Tiefpaßsignals bestehen voraussetzungsgemäß jeweils
aus einem Signal- und einem Rauschanteil. Dabei wurde einer einfachen Terminologie
zuliebe zwischen Sendesignal x'(t) und Empfangssignal y'(t) im Kanalmodell Bild
4.1b nicht unterschieden, da unter der Annahme eines verzerrungsfreien Kanals die
beiden Signale sich nur um einen additiven Rauschanteil unterscheiden, der ebenso-
gut dem Sendesignal x'(t) zugeschlagen werden kann.

Mit der Voraussetzung weißen Rauschens im Bandpaßbereich lassen sich allgemeine
Aussagen über die Störungen bei den kohärenten und inkohärenten Demodulationsverfahren nach Tab.4.2 machen. Dabei ist die ggf. unterschiedliche Bandbreite des sekundären und primären Signals zu beachten, woraus sich verschiedene Definitionen
für den Rauschabstand sowie die Begriffe des Bandbreitenbedarfs und des Rauschabstandsgewinns ergeben.

Nach Erörterung dieser gemeinsamen Eigenschaften können nun in den folgenden Abschnitten die wichtigsten Modulationsverfahren mit Sinusträger besprochen werden.

4.6.2 Amplitudenmodulation (AM)

Das reelle *primäre Signal* x(t) im Kanalmodell Bild 4.1 habe ein auf die primäre
Bandbreite F_p begrenztes Spektrum nach Bild 4.7 und den zeitlichen Mittelwert Null.
Die Wirkung des Modulationsoperators M bestehe lediglich im Hinzufügen eines geeig-
neten konstanten Wertes h_0. Dann entsteht das *äquivalente Tiefpaßsignal:*

$$x'(t) = h_0 + x(t) = h(t) = u(t) \quad ; \qquad \varphi(t) = 0 \quad ; \qquad v(t) = 0 \quad . \qquad (4.37)$$

Es hat nach Bild 4.8a (von den gestrichelt gezeichneten Störungen abgesehen) lediglich eine Kophasalkomponente u(t), die nach Gl.(4.37) gleich dem Betrag h(t)

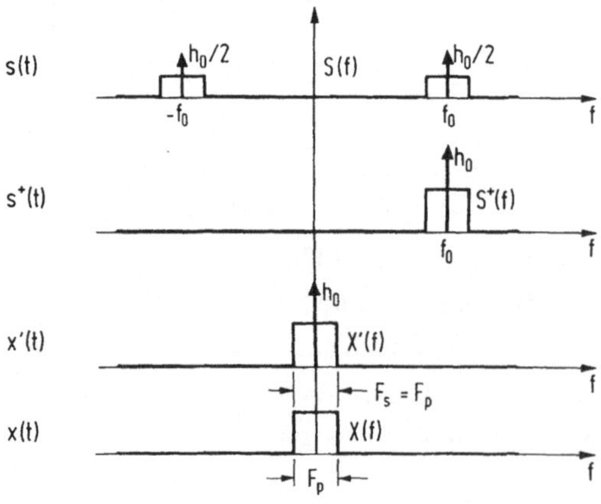

Bild 4.7
Amplitudenmodulation
(AM, Zweiseitenbandmodulation
mit Träger)

des Tiefpaßsignals x'(t) ist. Da dieser nach Gl.(4.3) stets nichtnegativ ist, muß
für die Amplitude x_{max} des primären Signals gelten:

$$x_{max} \leq h_0 \quad \text{oder} \quad \mu = \frac{x_{max}}{h_0} \leq 1 \quad . \tag{4.38}$$

Man nennt μ den *Modulationsgrad* der Amplitudenmodulation. Das Spektrum des äquivalenten Tiefpaßsignals unterscheidet sich in seiner Breite nicht von dem Spektrum
des primären Signals. Damit ist der *Bandbreitenbedarf* nach Gl.(4.27):

$$\beta_{AM} = \frac{2F_s}{F_p} = 2 \quad . \tag{4.39}$$

Aus Gl.(4.37) folgt das *reelle Bandpaßsignal* nach Gl.(4.5):

$$s(t) = \left[h_0 + x(t) \right] \cos \left(2\pi f_0 t + \varphi_0 \right) \quad . \tag{4.40}$$

Es ist in Bild 4.8b anschaulich dargestellt. Bei fehlender Modulation, d.h. x(t) = 0,
liegt eine Trägerschwingung der konstanten Frequenz f_0 und Amplitude h_0 vor. Diese
Amplitude wird durch das primäre Signal x(t) beeinflusst, so daß die *Hüllkurve* der

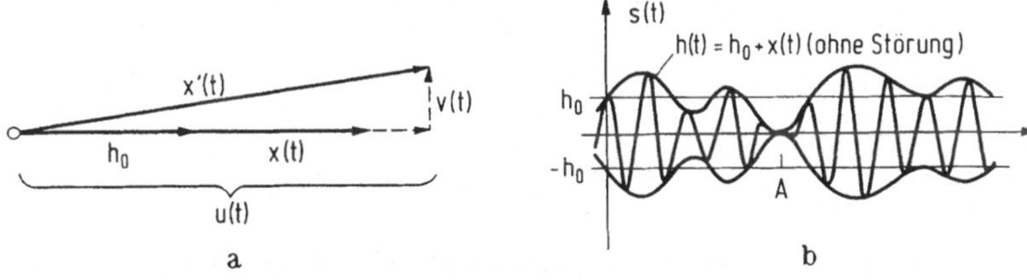

Bild 4.8 a) äquivalentes Tiefpaßsignal
          b) reelles Bandpaßsignal bei Amplitudenmodulation

Trägerschwingung den zeitlichen Verlauf des primären Signals annimmt. Dies ist nur
für Modulationsgrade $\mu \leq 1$ nach Gl.(4.38) eindeutig möglich, wie auch Bild 4.8 anschaulich zeigt: Am Punkt A erreicht die Modulation einen Extremwert, dessen Überschreiten den Zusammenhang zwischen primärem Signal und Hüllkurve zerstören würde.

Das Spektrum der Bandpaßsignale (Bild 4.7) besteht aus dem Träger f_0 und den beiden *Seitenbändern* der Breite $F_p/2 = B_p$, wobei man von einem oberen und einem unteren Seitenband spricht. Unter dem Namen Amplitudenmodulation (AM) versteht man,
falls sonst nichts weiter gesagt ist, diese *Zweiseitenbandmodulation mit Träger*.

Vor der Demodulation treten zum äquivalenten Tiefpaßsignal Bild 4.8a noch die gestrichelt gezeichneten Störungen hinzu (vgl. auch Bild 4.5), deren Varianz durch
Gl.(4.33) gegeben ist. Die vorhandene Kophasalkomponente wird gestört, und es tritt
eine Quadraturkomponente auf.

Nach Tab.4.2 läßt sich die gesuchte Hüllkurve h(t) *inkohärent* demodulieren, und
dies ist auch das übliche Demodulationsverfahren bei AM. Die Wirkung des Demodu-
lationsoperators D in Bild 4.1 besteht hierbei in der Gewinnung eben dieser Hüllkurve, was unmittelbar aus dem reellen Bandpaßsignal s(t) nach Beispiel 4.5d erfolgen kann *(lineare Hüllkurvendemodulation)*. Zur Berechnung des Rauschabstandsgewinns nach Gl.(4.31) sei zunächst großer Signalanteil (und damit auch großer
sekundärer Rauschabstand) angenommen. Dann treffen die Voraussetzungen des im Abschnitt 4.6.1 besprochenen Extremfalles a zu, wobei der Signalanteil h_s in Gl.
(4.34a) entsprechend Bild 4.8a den Momentanwert $h_s = h_0 + x(t)$ hat. Die in Gl.
(4.31) benötigten Größen findet man folgendermaßen: Die mittlere Leistung des primären Signals ist $k_{\underline{x}}(0)$; die des reellen Bandpaßsignals s(t) nach Gl.(4.40) findet
man zu

$$k_{\underline{s}}(0) = \frac{1}{2}\left[h_0^2 + k_{\underline{x}}(0)\right] \quad ; \qquad k_{\underline{x}}(0) \leq h_0^2 \quad . \tag{4.41}$$

Vgl. hierzu Beispiel 4.5a. Die Störleistung $l_{\underline{x}}(0)$ des primären Signals folgt aus
Gl.(4.34b) mit $F = F_s = F_p$ zu $l_{\underline{x}}(0) = \sigma_u^2 = 2N_w \overline{F}_p$. Damit ergibt sich für den *Rauschabstandsgewinn*

$$\gamma_{AM} = \frac{k_{\underline{x}}(0)}{h_0^2 + k_{\underline{x}}(0)} \leq \frac{1}{2} \quad . \tag{4.42a}$$

Dieses Ergebnis besagt, daß mit AM *kein* Gewinn an Rauschabstand möglich ist. Im
günstigsten Fall wird mit Gl.(4.41) $\gamma_{AM} = 1/2$, bei *sinusförmiger Modulation* ergibt
sich (Beispiel 4.5b)

$$\gamma_{AM} = \frac{1}{3} \quad . \tag{4.42b}$$

Trifft die Voraussetzung großen Signalanteils nicht zu, kann nach Abschnitt 4.6.1
nicht mit einer Gauß-Verteilung gerechnet werden. Als Extremfall bei verschwindender Nutzamplitude muß mit der Rayleigh-Verteilung Gl.(4.36a) gerechnet werden, d.h.
mit doppelter Störleistung $s_h^2 = 2\sigma_u^2$ und daher mit einer Verschlechterung der obigen
Ergebnisse um den Faktor 2. Wie Bild 4.8 anschaulich macht, muß man streng genommen immer schon dann mit dieser Verschlechterung rechnen, wenn $h_s = h_0 + x(t)$ momen-
tan gerade sehr klein ist, also z.B. im Punkt A. Dies ist insbesondere bei der Übertragung digitaler Signale wichtig: Die Hüllkurve hat dann z.B. einen rechteckför-

migen Verlauf, was einem Ein- und Ausschalten des Trägers gleichkommt. In den "Pausen" haben die Störungen eine Rayleigh-Verteilung.

Die Grenze zwischen den Fällen, in denen näherungsweise die Gauß- bzw. die Rayleigh-Verteilung gilt, läßt sich nicht scharf ziehen. Im Zwischenbereich ist die im Abschnitt 4.6.1 erwähnte Rice-Verteilung gültig.

AM-Signale lassen sich selbstverständlich auch *kohärent* demodulieren. Dann bleibt die Störung nach der Demodulation ohne Rücksicht auf die Größe des Signalanteils stets gaußverteilt nach Gl.(4.33), da nur die Kophasalkomponente $u(t)$ in Bild 4.8a demoduliert wird (Tab.4.2). Da $u(t)$ das primäre Signal vollständig enthält, benötigt man auch den Träger h_0 nicht. Der Rauschabstandsgewinn nach Gl.(4.42a) wird Eins. Man spricht dann von Zweiseitenbandmodulation mit *unterdrücktem Träger*. Der Bandbreitenbedarf nach Gl.(4.39) bleibt jedoch erhalten. Da die kohärente Demodulation aufwendig ist, wird dieses Verfahren nur in Sonderfällen verwendet. Die Wirkungsweise der kohärenten Demodulation wird in den Beispielen 4.5e und 4.7a beschrieben.

Beispiel 4.5

a) Es soll die mittlere Leistung (Nullwert der Autokorrelationsfunktion) $k_s(0)$ des reellen Bandpaßsignals aus Gl.(4.40) berechnet werden.

Mit den zu Gl.(4.28) gegebenen Hinweisen folgt aus Gl.(2.49b) mit $x = y = s$ (reell) und $\tau = 0$:

$$k_s(0) = \lim_{T\to\infty} \frac{1}{T} \int_{-T/2}^{T/2} \left[h_0 + x(t) \right]^2 \cos^2 (2\pi f_0 t + \varphi_0) \, dt \quad . \qquad (*)$$

Der Integrand hat umgerechnet die Form

$$\left[h_0^2 + 2h_0 x(t) + x^2(t) \right] \cdot \left[\frac{1}{2} + \frac{1}{2} \cos 2(2\pi f_0 t + \varphi_0) \right] \quad ,$$

wobei der Klammerausdruck quadriert und $\cos^2 \alpha = (1/2)(1 + \cos 2\alpha)$ benutzt wurde.

Wie man sich überlegen kann, verschwinden bei der Grenzwertbildung alle Glieder, die den Faktor $\cos 2(2\pi f_0 t + \varphi_0)$ enthalten. Dies liegt an der im Abschnitt 4.2 vorausgesetzten Bandbegrenzung $F_p < 2f_0$ des Signals (vgl. auch Teil e dieses Beispiels). Die höchste in $x(t)$ auftretende Frequenz ist $F_p/2 < f_0$ (vgl. Bild 4.7), die höchste in $x^2(t)$ auftretende Frequenz demnach $F_p < 2f_0$, die mit dem fraglichen Term der Frequenz $2f_0$ nur Produkte der Form

$$\cos \alpha \cos \beta = \frac{1}{2} \cos (\alpha + \beta) + \frac{1}{2} \cos (\alpha - \beta) \quad ; \qquad \alpha \neq \beta \qquad (**)$$

liefern kann. Diese Ausdrücke bleiben bei der Integration stets endlich, verschwinden also nach Division durch T beim Übergang $T \to \infty$.

Damit folgt aus Gl.(*)

$$k_{\underline{s}}(0) = \frac{1}{2} \lim_{T \to \infty} \frac{1}{T} \int_{-T/2}^{T/2} \left[h_0^2 + 2h_0 x(t) + x^2(t) \right] dt \ .$$

Der erste Summand des Integranden ergibt $h_0^2/2$, der zweite führt auf den zeitlichen Mittelwert von $x(t)$, der voraussetzungsgemäß verschwindet, der dritte ist nichts anderes als die halbe mittlere Leistung des primären Signals. Daraus folgt Gl.(4.41):

$$k_{\underline{s}}(0) = \frac{1}{2} \left[h_0^2 + k_{\underline{x}}(0) \right] \ .$$

Der zweite Teil der Gl.(4.41) ergibt sich unmittelbar aus Gl.(4.38).

b) Das primäre Signal $x(t)$ sei eine harmonische Schwingung der Frequenz $f_p \leq F_p/2$ und ergebe den Modulationsgrad μ nach Gl.(4.38):

$$x(t) = \mu h_0 \cdot \cos 2\pi f_p t \ . \tag{***}$$

Dann ergibt sich das reelle Bandpaßsignal Gl.(4.40) (mit $\varphi_0 = 0$) zu:

$$s(t) = h_0(1 + \mu \cos 2\pi f_p t) \cdot \cos 2\pi f_0 t$$

$$= h_0 \cdot \cos 2\pi f_0 t + \mu h_0 \cdot \cos 2\pi f_0 t \cdot \cos 2\pi f_p t \ .$$

Wendet man hierauf Gl.(**) an, so folgt:

$$
\begin{aligned}
s(t) = \ & h_0 \cdot \cos 2\pi f_0 t && \text{Träger} \\[1em]
& + \mu \frac{h_0}{2} \cdot \cos 2\pi (f_0 + f_p) t && \text{obere Seitenfrequenz} \\[1em]
& + \mu \frac{h_0}{2} \cdot \cos 2\pi (f_0 - f_p) t && \text{untere Seitenfrequenz} \ .
\end{aligned}
$$

Es entstehen also eine Trägerschwingung der Amplitude h_0 sowie zwei Schwingungen der Amplitude $\mu h_0/2$ mit der Summenfrequenz $f_0 + f_p$ bzw. der Differenzfrequenz $f_0 - f_p$. Das äquivalente Tiefpaßsignal bezüglich der Trägerfrequenz f_0 lautet:

$$x'(t) = h_0(1 + \mu \cos 2\pi f_p t) = h_0 + \mu \frac{h_0}{2} e^{j2\pi f_p t} + \mu \frac{h_0}{2} e^{-j2\pi f_p t} \ .$$

Es läßt sich in Analogie zu Bild 4.8a für den störungsfreien Fall nach Bild B 4.5 darstellen.

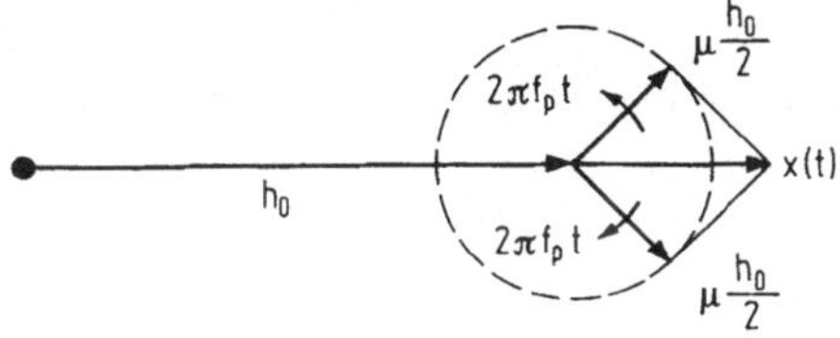

Bild B 4.5/1
Äquivalentes Tiefpaßsignal
bei sinusförmiger Amplitudenmodulation

Das primäre Signal entsteht aus der Summe zweier Drehzeiger konstanter Amplitude $\mu h_0/2$, die mit der Winkelgeschwindigkeit $2\pi f_p$ entgegengesetzt rotieren. Die Hüllkurve in Bild 4.8b schwankt sinusförmig mit der Frequenz f_p. Bild B 4.5/1 ist für einen Modulationsgrad $\mu = 0,5$ gezeichnet. Man sieht leicht, daß für $\mu = 1$ die Hüllkurve zwischen 0 und $2h_0$ schwankt (100%-Modulation).

In diesem einfachen Fall bestehen die Spektren in Bild 4.7 nur aus dem Träger und zwei *Seitenfrequenzen*. Denkt man sich zahlreiche solcher Seitenfrequenzen im Bereich $0 \leq f_p \leq F_p/2$, so kann man sich das Zustandekommen der *Seitenbänder* in Bild 4.7 anschaulich erklären.

Mit dem primären Signal $x(t)$ nach Gl.(***) folgt schließlich für dessen mittlere Leistung (analog zu Gl.(*)):

$$k_{\underline{x}}(0) = \lim_{T \to \infty} \frac{1}{T} \int_{-T/2}^{T/2} \mu^2 h_0^2 \cdot \cos^2 2\pi f_p t \; dt = \frac{\mu^2}{2} h_0^2 \; .$$

Der Rauschabstandsgewinn wird damit nach Gl.(4.42a):

$$\gamma_{AM} = \frac{\mu^2}{2 + \mu^2} \; .$$

Für Modulationsgrad $\mu = 1$ ergibt sich Gl.(4.42b).

c) Rundfunksender im Bereich der Lang-, Mittel- und Kurzwellen arbeiten mit Amplitudenmodulation (Vgl. Abschnitt 1.2). Die Trägerfrequenzen verschiedener Stationen sollen einen Abstand von 9 kHz voneinander haben. Welche Bandbreite F_p dürfen die primären Signale besitzen, wenn aus diesem "Frequenzmultiplex" eine gewünschte Station störungsfrei empfangen werden soll?

Man denke sich in Bild 4.7 zwei benachbarte Bandpaßsignale, deren Trägerfrequenzen f_0 um 9 kHz gegeneinander verschoben sind. Dann darf die Bandbreite F_p höchstens 9 kHz betragen, da sich sonst die Seitenbänder überlappen und nicht mehr voneinander zu trennen sind.

Die einfache Bandbreite B_p und gleichzeitig höchste Frequenz des primären Signals $x(t)$ muß also $B_p = F_p/2 \le 4,5$ kHz sein, woraus u.a. die schlechte Qualität des AM-Rundfunks folgt.

d) Die lineare Hüllkurvendemodulation eines reellen AM-Bandpaßsignals ist mit den sehr einfachen Mitteln nach Bild B 4.5/2 möglich.

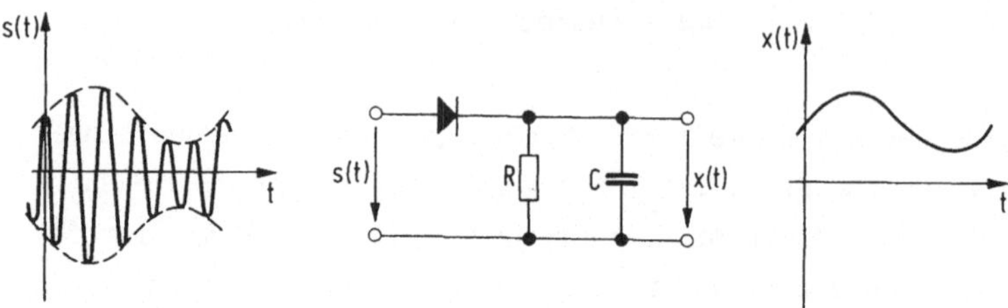

Bild B 4.5/2 Hüllkurvendemodulation

Eine Diode sorgt dafür, daß der Kondensator C stets auf die jeweilige Trägeramplitude aufgeladen wird. Bei geeignet gewählter Zeitkonstante RC findet eine Entladung so statt, daß die Kondensatorspannung der Hüllkurve folgen kann.

e) Wie am Schluß des Abschnittes 4.6.2 erwähnt, läßt sich ein AM-Signal auch kohärent demodulieren. Gegeben sei ein reelles Bandpaßsignal $s(t)$ mit einem Spektrum $S(f)$ nach Bild 4.7, das in Bild 4.5/3 wiederholt ist. Zur kohärenten Demodulation wird $s(t)$ einem idealen Modulator mit der Modulatorzeitfunktion $m(t) = \cos 2\pi f_0 t$ zugeführt (vgl. Beispiel 4.7a), deren Spektrum $M(f)$ nach Tab.2.8, Korrespondenz Nr. 5, ebenfalls in Bild B 4.5/3 eingezeichnet ist. Das Spektrum $M_s(f)$ am Ausgang des

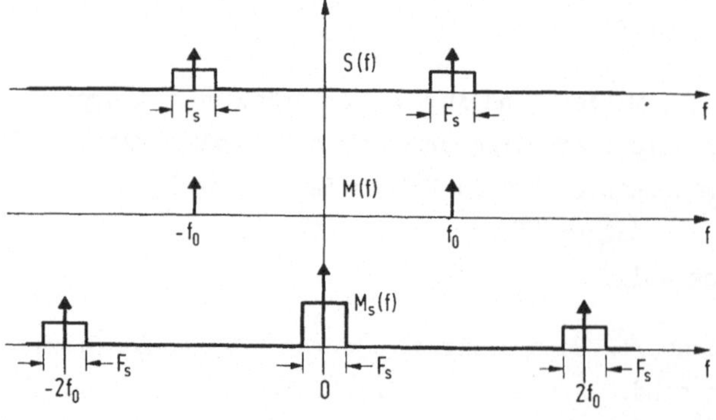

Bild B 4.5/3 Kohärente Demodulation eines Bandpaßsignals

Modulators erhält man nach Abschnitt 3.2 durch Faltung der beiden anderen Spektren,
was im vorliegenden Fall sehr einfach ist. Aus $M_s(f)$ läßt sich das Spektrum $X(f)$
des primären Signals (vgl. Bild 4.7) mit Hilfe eines Tiefpasses von den Anteilen in
der Umgebung der Frequenzen $\pm 2f_0$ trennen, das primäre Signal $x(t)$ also wiedergewinnen. Dies geht allerdings nur dann, wenn sich die Anteile des Spektrum $M_s(f)$
nicht überlappen. Die höchste Frequenz $F_s/2$ des primären Signals muß also kleiner
sein als die niedrigste Frequenz $2f_0 - F_s/2$ des Anteils in der Umgebung der Frequenz
$2f_0$. Aus

$$F_s/2 < 2f_0 - F_s/2$$

folgt die im Abschnitt 4.2 eingeführte Bandbegrenzung:

$$F_s < 2f_0 \quad . \quad \blacksquare$$

4.6.3 Einseitenbandmodulation (EM)

Bei der im Abschnitt 4.6.2 besprochenen Amplitudenmodulation wurden der Träger und
beide Seitenbänder übertragen. Der Träger war dabei lediglich für eine einfache inkohärente Hüllkurvendemodulation erforderlich: Für die Nachrichtenübertragung ist
er unwesentlich, da er bei kohärenter Demodulation wegfallen kann.

Auch auf die Übertragung beider Seitenbänder kann verzichtet werden. Dieses läßt
sich anschaulich für den Fall der einfachen sinusförmigen Modulation nach Beispiel
4.5b erklären: Ließe man in Bild B 4.5/1 eine der beiden Seitenfrequenzen (einen
der beiden "Drehzeiger") weg, so enthielte die Kophasalkomponente (bis auf die Amplitude) immer noch die unverzerrte sinusförmige Schwankung, die sich - zumindest
kohärent - demodulieren ließe.

Bei der Einseitenbandmodulation (EM) wird diese Tatsache ausgenützt. Das primäre
Signal $x(t)$ sei bis auf die Amplitude identisch mit dem aus Abschnitt 4.6.2, Bild
4.7, d.h. es habe ein auf die Bandbreite F_p begrenztes Spektrum nach Bild 4.9 und
den zeitlichen Mittelwert Null.

Die Wirkung des Modulationsoperators M im Kanalmodell Bild 4.1 bestehe darin, aus
dem primären Signal $x(t)$ das *analytische* äquivalente Tiefpaßsignal

$$x'(t) = x(t) + j\hat{x}(t) \tag{4.43}$$

zu bilden, z.B. mit einer Anordnung nach Bild 4.3b. Dieses hat dann nur noch ein
für positive Frequenzen existierendes Spektrum $X'(f)$ nach Bild 4.9, da der Imaginärteil $\hat{x}(t)$ die Hilbert-Transformierte des Realteils ist. Es hat nach Bild 4.10
(von den gestrichelt gezeichneten Störungen abgesehen) die beiden Komponenten nach

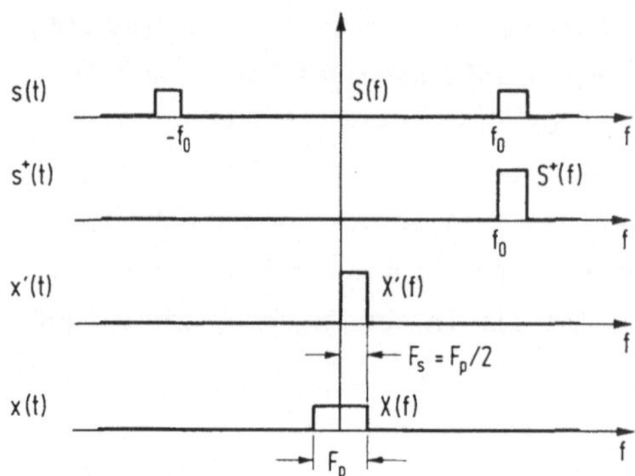

Bild 4.9 Einseitenbandmodulation (EM)

Gl.(4.43), besitzt also sowohl eine Kophasalkomponente u(t) als auch eine Quadraturkomponente v(t), ist also sowohl amplituden- als auch winkelmoduliert. Ein
Träger h_0 (vgl. Bild 4.8) ist nicht vorhanden, so daß auch kein Modulationsgrad

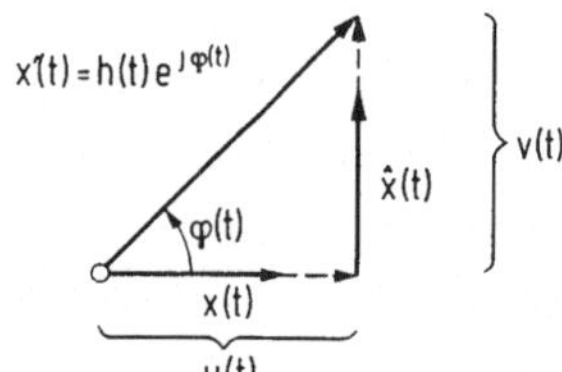

Bild 4.10
Äquivalentes Tiefpaßsignal
bei Einseitenbandmodulation

nach Gl.(4.38) definiert werden kann. Das Spektrum X'(f) des äquivalenten Tiefpaßsignals ist mit $F_s = F_p/2$ nur halb so breit wie das des primären Signals, der *Bandbreitenbedarf* nach Gl.(4.27) beträgt also

$$\beta_{EM} = \frac{2F_s}{F_p} = 1 \quad . \tag{4.44}$$

Aus Gl.(4.43) folgt das *reelle Bandpaßsignal* nach Gl.(4.5):

$$s(t) = x(t) \cdot \cos(2\pi f_0 t + \varphi_0) - \hat{x}(t) \cdot \sin(2\pi f_0 t + \varphi_0) \quad . \tag{4.45}$$

Eine anschauliche Darstellung entsprechend Bild 4.8b ist hier nicht möglich. Man erkennt auch, daß die mathematische Beschreibung nur mit Hilfe der Hilbert-Transformierten $\hat{x}(t)$ des primären Signals möglich ist. In der Praxis kann ein solches Signal auf zwei Arten entstehen. Entweder filtert man aus einem normalen amplituden-
modulierten reellen Bandpaßsignal das gewünschte Seitenband heraus, indem man das
andere Seitenband und den Träger unterdrückt (Filtermethode). Oder man baut das
Signal tatsächlich nach Gl.(4.45) auf (synthetische Methode, vgl. Beispiel 4.6).

Dabei ist noch folgendes zu beachten: Das Einseitenbandsignal in Bild 4.9 entspricht dem oberen Seitenband einer Amplitudenmodulation nach Bild 4.7. Man spricht hierbei von der *Regellage* des Signals, da höhere Frequenz im primären Signal auch höhere Frequenz im Bandpaßsignal bedeutet. Selbstverständlich kann das Einseitenbandsignal auch aus dem unteren Seitenband bestehen. Hierzu muß man lediglich in allen Gleichungen $\hat{x}(t)$ durch $-\hat{x}(t)$ ersetzen (Umpolung). Man bezeichnet dies als die sog. *Kehrlage* des Signals, da höhere Frequenz im primären Signal tiefere Frequenz im Bandpaßsignal bedeutet.

Beispiel 4.6

Die synthetische Erzeugung eines Einseitenbandsignals ist mit einer Anordnung nach Bild B 4.6 möglich. Das primäre Signal x(t) durchläuft einen idealen Modulator (Multiplikation der Zeitfunktionen) und liefert damit bereits den ersten Summanden

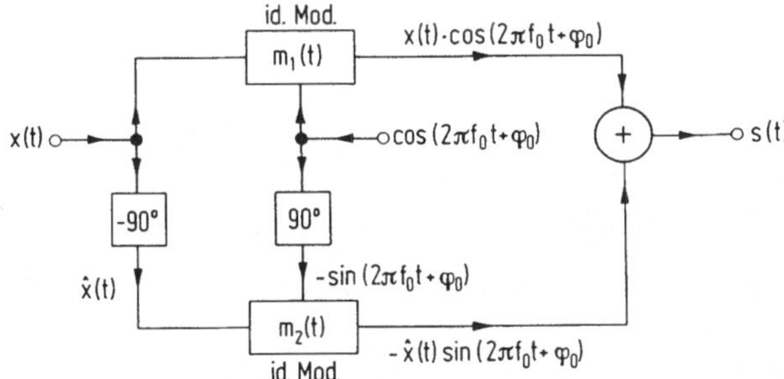

Bild B 4.6
Synthetische Erzeugung
eines Einseitenbandsignals

der Gl.(4.45). Durch Phasendrehung des primären Signals um -90° entsteht seine Hilbert-Transformierte $\hat{x}(t)$ (vgl. Bild 4.3a). Diese durchläuft einen idealen Modulator, dessen Modulatorzeitfunktion $m_2(t)$ um $+90^{\circ}$ gegenüber der Modulatorzeitfunktion $m_1(t)$ gedreht ist. Hierdurch entsteht der zweite Summand der Gl.(4.45). Die Addition beider Summanden ergibt das reelle Bandpaßsignal s(t).

Hier wird deutlich, daß die Hilbert-Transformierte $\hat{x}(t)$ des Signals x(t) durch reine Phasendrehung entsteht. Allerdings beträgt diese für alle positiven Frequenzen konstant -90°, für alle negativen $+90^{\circ}$, ist also keineswegs frequenzproportional, wie es für ein verzerrungsfreies System nach Bild 3.5 erforderlich wäre. $\hat{x}(t)$ ist also eine stark phasenverzerrte Version des Signals x(t). Wo eine Phasenverzerrung keine Rolle spielt (z.B. bei Tonfrequenzsignalen), kann auch $\hat{x}(t)$ als Nachrichtensignal dienen (vgl. Beispiel 4.7). ∎

Vor der Demodulation treten zum äquivalenten Tiefpaßsignal Bild 4.10 die gestrichelt gezeichneten Störungen hinzu (vgl. auch Bild 4.5), deren Varianz durch Gl.(4.33) gegeben ist. Da hier $F_s < F_p$ ist, muß nach Gl.(4.32) die Bandbreite $F = F_s$ verwendet werden.

Eine verzerrungsfreie Demodulation ist hier offensichtlich nur *kohärent* möglich,
da die Hüllkurve h(t) aus Bild 4.10 unbrauchbar ist (vgl. weiter unten). Die zur
Berechnung des Rauschabstandsgewinns nach Gl.(4.31) benötigten Größen ergeben sich
wie folgt: Die mittlere Leistung des primären Signals sei $k_{\underline{x}}(0)$. Diejenige ihrer
Hilbert-Transformierten $\hat{x}(t)$ ist ebensogroß

$$k_{\underline{\hat{x}}}(0) = k_{\underline{x}}(0) \quad , \tag{4.46}$$

da $\hat{x}(t)$ lediglich eine phasenverschobene Version von x(t) darstellt, was sich auf
die mittlere Leistung nicht auswirkt. Dies kann man sich auch anhand des Theorems
von Parseval aus Tab.2.9 klarmachen: Für die Berechnung der Energie (und damit auch
der mittleren Leistung) eines Signals ist nur der Betrag des Spektrums maßgebend,
und dieser ist nach Bild 4.3a für beide Signale gleich. Damit folgt für die mittlere Leistung des reellen Bandpaßsignals aus Gl.(4.45):

$$k_{\underline{s}}(0) = \frac{1}{2}\left[k_{\underline{x}}(0) + k_{\underline{\hat{x}}}(0) \right] = k_{\underline{x}}(0) \quad . \tag{4.47}$$

Dieses Resultat ergibt sich aus den gleichen Überlegungen, wie sie in Beispiel 4.5a
angestellt wurden. Verwendet man schließlich noch die mittlere Störleistung $1_{\underline{x}}(0) = \sigma_u^2 = 2N_w F_s$ aus Gl.(4.33), liefert Gl.(4.31) den *Rauschabstandsgewinn* mit $F_s = F_p/2$
zu

$$\gamma_{EM} = 1 \quad . \tag{4.48}$$

Die Einseitenbandmodulation hat demnach weder einen Gewinn noch einen Verlust an
Rauschabstand. Ihr Bandbreitenbedarf nach Gl.(4.44) ist ebenfalls Eins. Sie stellt
somit ein geeignetes *Vergleichsverfahren* dar.

Unter gewissen Umständen ist auch *inkohärente* Hüllkurvendemodulation möglich. Hierzu wird dem reellen Bandpaßsignal s(t) nach Gl.(4.45) im Empfänger vor der Demodulation ein Hilfsträger $h_0 \cdot \cos 2\pi f_0 t$ additiv hinzugesetzt. Die Inkohärenz besteht darin, daß zwar die Frequenz f_0, nicht aber die Nullphase φ_0 im Bandpaßsignal Gl.(4.45) bekannt sein muß (Tab.4.2). Wie man sich leicht überlegen kann, bedeutet das für das äquivalente Tiefpaßsignal in Bild 4.10 das Hinzufügen einer konstanten Größe h_0 und eine Drehung des ursprünglichen Tiefpaßsignals um den nicht
bekannten, daher beliebigen Winkel φ_0 (Bild 4.11).

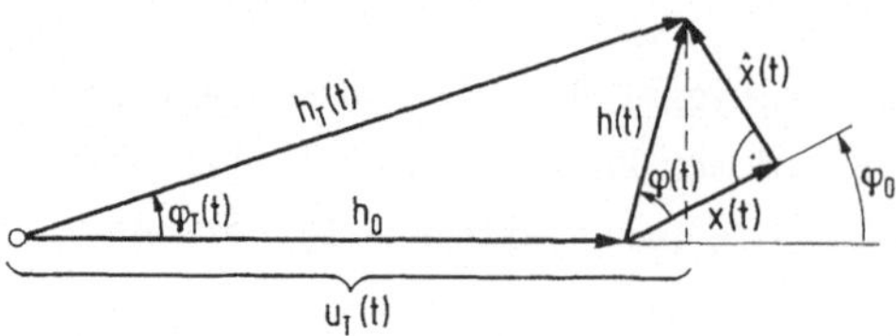

Bild 4.11
Inkohärente Demodulation eines
Einseitenbandsignals mit Trägerzusatz

In Bild 4.11 sind nur Beträge und Winkel angegeben, die Störungen sind nicht berücksichtigt. Das ursprüngliche äquivalente Tiefpaßsignal aus Bild 4.10 ist durch
$h(t)$ und $\varphi(t)$ bzw. $x(t)$ und $\hat{x}(t)$ gegeben. Das nach dem Trägerzusatz h_0 entstehen-
de äquivalente Tiefpaßsignal ist mit dem Index T durch $h_T(t)$ und $\varphi_T(t)$ gegeben. Die
Inkohärenz drückt sich in dem unbekannten Winkel φ_0 aus.

Ein Hüllkurvendemodulator bewertet nun die "neue" Größe $h_T(t)$. Diese läßt sich aufgrund rein geometrischer Beziehungen für schiefwinklige Dreiecke aus $h(t)$ und h_0
sowie $\varphi(t)$ und φ_0 exakt berechnen und in $x(t)$ und $\hat{x}(t)$ ausdrücken, was dem interes-
sierten Leser empfohlen sei. Dabei zeigt sich, daß bei kleinem (oder verschwinden-
dem) Trägerzusatz h_0 extreme nichtlineare Verzerrungen der Nutzsignale $x(t)$ bzw.
$\hat{x}(t)$ auftreten. Für sehr großen Trägerzusatz

$$h_0 \gg h(t);\ x(t);\ \hat{x}(t) \tag{4.49}$$

ergeben sich jedoch folgende Vereinfachungen: Der Winkel $\varphi_T(t)$ bleibt so klein,
daß die gesuchte Hüllkurve $h_T(t)$ praktisch mit ihrer Projektion $u_T(t)$ auf die Richtung von h_0 identisch ist. Diese Projektion folgt aber für beliebige Winkel φ_0 aufgrund einfacher geometrischer Beziehungen zu

$$h_T(t) \approx u_T(t) = h_0 + x(t) \cdot \cos \varphi_0 - \hat{x}(t) \cdot \sin \varphi_0 \ . \tag{4.50}$$

Das Nutzsignal wird also bei genügend großem Trägerzusatz ohne nichtlineare Verzerrungen wiedergewonnen. Allerdings tritt es als Linearkombination aus dem primären
Signal $x(t)$ und seiner Hilbert-Transformierten $\hat{x}(t)$ auf, ist also nach Beispiel 4.6
phasenverzerrt.

Für die in Bild 4.11 nicht berücksichtigten Rauschanteile gilt bei genügend großem
Trägerzusatz der im Abschnitt 4.6.1 besprochene Extremfall a), wobei der Signalanteil
h_s in Gl.(4.34a) durch Gl.(4.50) gegeben ist. Die Störungen gehorchen damit der Gl.
(4.34b), wodurch Gl.(4.48) ihre Gültigkeit behält.

Die inkohärente Demodulation von Einseitenbandsignalen ist also der kohärenten *nur
dann* gleichwertig, wenn a) ein genügend großer Träger zugesetzt wird und b) Phasenverzerrungen unwesentlich sind.

Beispiel 4.7

a) Die kohärente Demodulation eines reellen Bandpaßsignals nach Gl.(4.45), d.h. vom
allgemeinen Typ der Gl.(4.5)

$$s(t) = u(t) \cdot \cos (2\pi f_0 t + \varphi_0) - v(t) \cdot \sin (2\pi f_0 t + \varphi_0) \ , \tag{*}$$

soll zunächst allgemein besprochen werden. Sie erfolgt mit Hilfe eines idealen Modulators, für dessen Modulatorzeitfunktion m(t) sowohl die Frequenz f_0 als auch die Nullphase φ_0 bekannt sein muß. Zunächst sei jedoch die Nullphase φ_0 als unbekannt worausgesetzt, die Modulatorzeitfunktion betrage also einfach m(t) = 2 cos $2\pi f_0 t$ nach Bild B 4.7/1, wobei der Faktor 2 lediglich der Normierung dient. Durch Multiplikation des Bandpaßsignals nach Gl.(*) mit der Modulatorzeitfunktion und geeig-

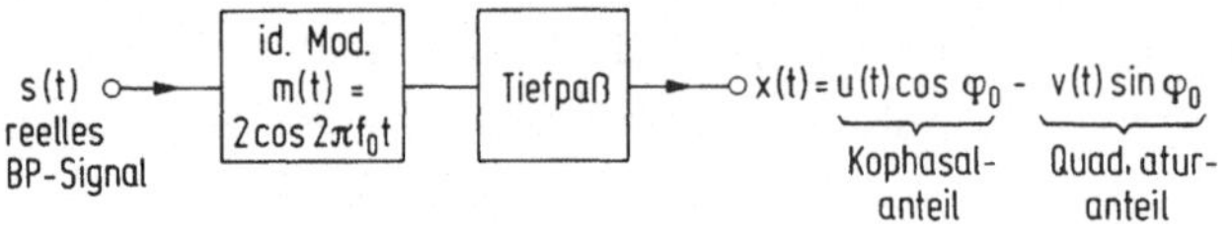

<table>
<tr><td>s(t) ○→ reelles BP-Signal</td><td>id. Mod. m(t) = 2cos 2πf₀t</td><td>Tiefpaß</td><td>→○ x(t) = u(t)cos φ₀ - v(t)sin φ₀
Kophasal-anteil   Quad.atur-anteil</td></tr>
</table>

Bild B 4.7/1
Kohärente Demodulation (mit Phasenfehler) eines reellen Bandpaßsignals s(t)

nete trigonometrische Umformungen erhält man:

$$s(t) \cdot m(t) = \left[u(t) \cdot \cos(2\pi f_0 t + \varphi_0) - v(t) \cdot \sin(2\pi f_0 t + \varphi_0) \right] \cdot 2 \cos 2\pi f_0 t$$

$$= u(t) \left[\cos(4\pi f_0 t + \varphi_0) + \cos \varphi_0 \right]$$

$$- v(t) \left[\sin(4\pi f_0 t + \varphi_0) + \sin \varphi_0 \right] .$$

Aus diesem Signal werden durch einen nachfolgenden Tiefpaß die trägerfrequenten Anteile unterdrückt. (Wie bereits in Beispiel 4.5e ausgeführt, gelingt diese Trennung nur dann, wenn die Signale nach Abschnitt 4.2 auf $F_s < 2f_0$ bandbegrenzt sind.) Es verbleibt dann das in Bild B 4.7/1 angegebene Signal x(t). Es besitzt für beliebige Nullphase φ_0 i.a. einen Kophasal- und einen Quadraturanteil. Je nachdem, welche Komponente u(t) oder v(t) als Demodulationsergebnis gewünscht wird, stellt der jeweils andere Anteil einen durch Inkohärenz verursachten Fehler dar.

Bei strenger Kohärenz dagegen läßt sich mit φ_0 = 0 die Kophasalkomponente u(t) und mit φ_0 = -90° die Quadraturkomponente v(t) fehlerfrei gewinnen.

Man mache sich klar, daß die Nullphase φ_0 nicht unbedingt die Trägerphase (wie in diesem Beispiel angenommen), sondern allgemein die Phasendifferenz zwischen Trägerschwingung und Modulatorzeitfunktion bedeutet. Dann erkennt man, daß sich aus einem Bandpaßsignal mit Hilfe zweier Modulatoren mit um 90° gegeneinander phasenverschobenen Modulatorzeitfunktionen beide Komponenten u(t) und v(t) getrennt voneinander gewinnen lassen. Man kann damit zwei verschiedene Nachrichten u(t) und v(t) gleichzeitig übertragen. Dies ist das Prinzip der *Quadraturmodulation*.

Bei der in diesem Abschnitt besprochenen Einseitenbandmodulation dagegen sind u(t) = x(t) und v(t) = $\hat{x}(t)$ über die Hilbert-Transformation verbunden, stellen also nicht zwei verschiedene Nachrichten dar. Hier entspricht die Kophasalkomponente dem primären Signal, während die Quadraturkomponente nur zur Ersparnis an Übertragungsbandbreite dient.

b) In der Fernsprech-Trägerfrequenztechnik (TF-Technik, vgl. Abschnitt 1.2) wird
die Einseitenbandmodulation verwendet. Die Seitenbänder werden mit Hilfe der Filtermethode gewonnen. Wie dicht lassen sich einzelne Ferngespräche zu einem Frequenzmultiplex zusammenfassen?

Nach Abschnitt 1.2 benötigt ein Sprachsignal eine einfache Bandbreite B_p = $F_p/2$ = 3,4
kHz. Dies entspricht aber nach Bild 4.9 gerade der Übertragungsbandbreite F_s. Man
könnte also im Frequenzmultiplex alle 3,4 kHz ein Gespräch neben dem anderen aufreihen. Wegen der zur Trennung erforderlichen Filter wählt man diesen Abstand mindestens zu 4 kHz. Große "Bündel" entstehen zudem nicht durch einfaches Aufreihen,
sondern in einem mehrstufigen Modulationsverfahren (vgl.z.B. [1]).

Zur Demodulation verwendet man in der Fernsprech TF-Technik nicht etwa die aufwen-
dige kohärente, sondern die inkohärente Hüllkurvendemodulation mit Trägerzusatz,
da das Ohr gegenüber den dabei entstehenden Phasenverzerrungen unempfindlich ist.
Für eine einfache sinusförmige Modulation kann man sich das Zustandekommen dieser
Phasenverzerrungen mit Hilfe des Beispiels 4.5, Bild 4.5/1 anschaulich vorstellen.
Denkt man sich die untere Seitenfrequenz weg, so hat man eine Einseitenbandmodulation mit Träger h_0, den man als den zugesetzten Träger auffassen kann. Bild B 4.7/2
zeigt dies für t = 0. Da die verbleibende Seitenschwingung einem cosinusförmigen

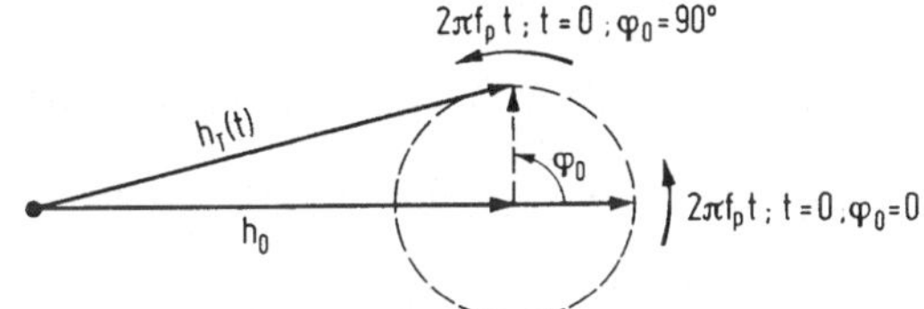

Bild B 4.7/2
Phasenverzerrungen bei
inkohärenter Demodulation
eines Einseitenbandsignals

primären Signal entstammt, hat sie gerade die für t = 0 gezeichnete Lage: Die Hüllkurve würde für $\mu \ll 1$ cosinusförmig schwanken und in Gl.(4.50) wäre mit φ_0 = 0 nur
ein Nutzsignal x(t) = $\mu h_0 \cdot \cos 2\pi f_p t$ (Gl.(***) in Beispiel 4.5) enthalten. Eben
diese Lage geht aber beim inkohärenten Trägerzusatz wegen des unbekannten Winkels
φ_0 in Bild 4.11 verloren. Beträgt dieser Winkel z.B. gerade 90°, wie in Bild B 4.7/2
gezeichnet, ist die ursprüngliche cos-Schwingung der Hüllkurve in eine sin-Schwin-
gung übergegangen, d.h. die Hüllkurve schwankt entsprechend der negativen Hilbert-
Transformierten des primären Signals. In Gl.(4.50) tritt dann mit φ_0 = 90° nur
noch ein Nutzsignal $-\hat{x}(t)$ = $-\mu h_0 \cdot \sin 2\pi f_p t$ auf, d.h. eine extrem phasenverzerrte
Version von x(t). Ist φ_0 nicht bekannt, muß man mit der in Gl.(4.50) angegebenen
Linearkombination rechnen. ■

4.6.4 Winkelmodulation (WM)

Das primäre Signal x(t) habe ein Spektrum der Breite F_p wie in Bild 4.7, sei ebenfalls mittelwertfrei und durch Normierung eine dimensionslose Größe.

Die Wirkung des Modulationsoperators M in Bild 4.1 bestehe in der Bildung des äquivalenten Tiefpaßsignals

$$x'(t) = h_0 \cdot e^{j\varphi(t)} \tag{4.51}$$

d.h. eines Signals konstanter Amplitude h_0 und veränderlichen Winkels $\varphi(t)$ nach
Bild 4.12 (wobei die gestrichelt gezeichneten Störungen zunächst außer Betracht
bleiben). Die Zeitabhängigkeit liegt also ausschließlich in der Phase $\varphi(t)$ bzw. in
der Momentanfrequenz $f_\varphi(t)$, wobei noch offen bleibt, wie diese Größen mit dem primären Signal x(t) zusammenhängen.

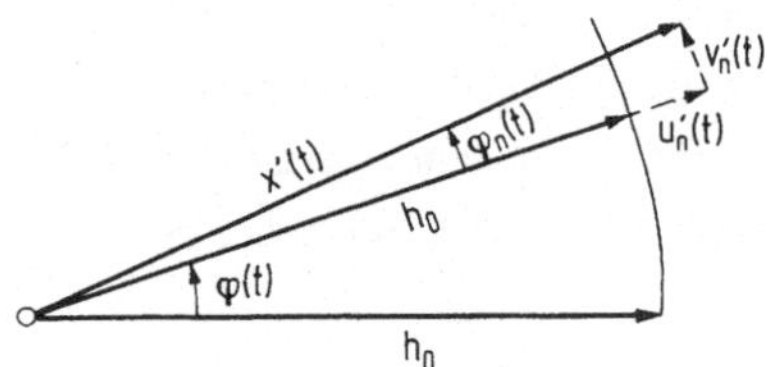

Bild 4.12 Äquivalentes Tiefpaßsignal
bei Winkelmodulation

Aus dem äquivalenten Tiefpaßsignal Gl.(4.51) folgt das reelle Bandpaßsignal nach
Tab.4.1, Gl.(4.5) zu:

$$s(t) = h_0 \cos\left[2\pi f_0 t + \varphi_0 + \varphi(t)\right] \quad . \tag{4.52}$$

Hier erkennt man besonders deutlich, daß es sich um eine Schwingung konstanter Amplitude, jedoch variabler Phase bzw. variabler Momentanfrequenz handelt (vgl. Tab.4.1).
Sie läßt sich anschaulich nach Bild 4.13 darstellen. Hier ändert sich - im Gegensatz zur Amplitudenmodulation nach Bild 4.8b - nicht die Amplitude bei konstanter
Frequenz, sondern die Frequenz bei konstanter Amplitude.

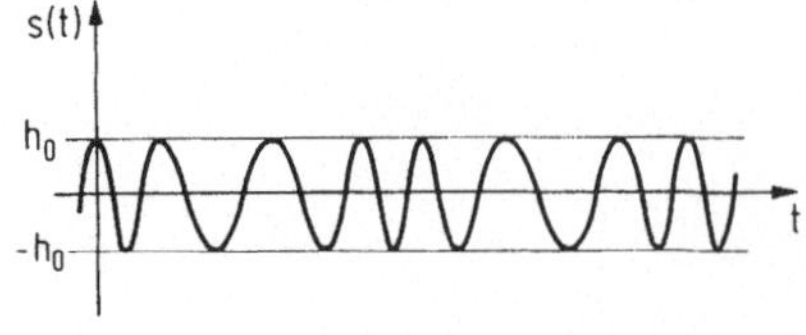

Bild 4.13 Reelles Bandpaßsignal
bei Winkelmodulation

Zwischen Phase φ und Momentanfrequenz f_φ besteht nach Gl.(4.4b) in Tab.4.1 der Zusammenhang

$$f_\varphi(t) \equiv \vartheta(t) = \frac{1}{2\pi} \dot{\varphi}(t) \quad , \tag{4.53}$$

wobei der Punkt die zeitliche Ableitung bedeutet und die Momentanfrequenz im folgenden die zweckmäßigere *neue Bezeichnung* $\vartheta(t)$ erhält.

Nun muß der Zusammenhang der Größen $\vartheta(t)$ bzw. $\varphi(t)$ mit dem primären Signal x(t) erörtert werden. Je nachdem, ob die Frequenz $\vartheta(t)$ oder die Phase $\varphi(t)$ dem primären Signal x(t) proportional ist, unterscheidet man zwischen *Frequenzmodulation* (FM) und *Phasenmodulation* (PM). Frequenz- und Phasenmodulation sind jedoch nur *Sonderfälle* der allgemeinen *Winkelmodulation* (WM) und werden später hieraus abgeleitet.

Praktische Systeme enthalten vorzugsweise Frequenzmodulatoren und -demodulatoren, da solche Schaltungen leichter zu realisieren sind als Phasenmodulatoren und -demodulatoren. Unter dieser Voraussetzung läßt sich die allgemeine Winkelmodulation (mit Einschluß der Gl.(4.53)) durch folgenden Ansatz beschreiben:

$$\vartheta(t) = \Delta\vartheta \cdot b(t) * x(t) = \frac{1}{2\pi} \dot{\varphi}(t) \quad . \tag{4.54}$$

Das primäre Signal x(t) durchläuft zunächst ein lineares System mit der Impulsantwort

$$b(t) \circ\!\!-\!\!\bullet B(f) \tag{4.55}$$

und steuert erst dann den Frequenzmodulator. Die Momentanfrequenz $\vartheta(t)$ ist damit proportional der Antwort b(t) * x(t) dieses Systems. Den Proportionalitäskoeffizienten

$$\Delta\vartheta = \left|\vartheta(t)\right|_{max} \tag{4.56}$$

nennt man *Frequenzhub* oder auch Spitzenhub, da er als die größte auftretende Momentanfrequenz definiert ist. Die hieraus folgenden Einschränkungen für die übrigen Größen in Gl.(4.54) werden später erörtert. Aus Frequenzhub $\Delta\vartheta$ und Primärbandbreite F_p definiert man noch das sog. *Hubverhältnis* η zu

$$\eta = \frac{\Delta\vartheta}{F_p/2} = \frac{2\Delta\vartheta}{F_p} \quad . \tag{4.57}$$

Gl.(4.54) beschreibt also eine Frequenzmodulation mit linearer Vorverzerrung des primären Signals x(t). Diese Vorverzerrung durch das System B(f) nennt man *Preemphasis*. Will man am Empfangsort das Signal x(t) wiedergewinnen, muß man nach der Demodulation die Vorverzerrung durch ein lineares System mit der Systemfunktion 1/B(f) wie-

der korrigieren. Diesen Vorgang nennt man *Deemphasis*. Es wird sich später zeigen,
daß man durch geeignete Wahl der Preemphasis den Rauschabstand günstig beeinflussen kann.

Mit Gl.(4.54) ist lediglich der Zusammenhang des primären Signals $x(t)$ mit dem *Exponenten* des äquivalenten Tiefpaßsignals $x'(t)$ nach Gl.(4.51) hergestellt, womit
noch nichts über dessen Eigenschaften ausgesagt ist. Es ist offensichtlich eine
nichtlineare Funktion seines Exponenten, woraus auch die Schwierigkeiten bei der
Berechnung seines Spektrum $X'(f)$ folgen. Dieses Spektrum ist, trotz bandbegrenzten primären Signals, theoretisch unendlich breit (vgl. z.B. [12], [14], [22]).
Die Angabe einer endlichen *Sekundärbandbreite* F_s ist daher stets nur unter Ver-
nachlässigung gewisser Teile des Spektrums möglich. Eine für Abschätzungen geeignete *Näherung* lautet

$$F_s = 2(\Delta\vartheta + F_p) \quad ; \qquad \Delta\vartheta > \frac{F_p}{2} \quad . \tag{4.58}$$

Dabei ist $\Delta\vartheta$ der Frequenzhub nach Gl.(4.56) und F_p die Primärbandbreite. Mit dem
Hubverhältnis η aus Gl.(4.57) erhält man eine entsprechende Näherung für den *Bandbreitenbedarf* winkelmodulierter Signale nach Gl.(4.27):

$$\beta_{WM} = \frac{2F_s}{F_p} = 2(\eta + 2) \quad ; \qquad \eta > 1 \quad . \tag{4.59}$$

Der Bandbreitenbedarf hängt also vom Hubverhältnis η bzw. vom Frequenzhub $\Delta\vartheta$ ab. Er
ist stets *größer* als bei Amplitudenmodulation nach Gl.(4.39). Wie sich noch zeigen
wird, macht sich dieser Aufwand durch besseren Rauschabstand bezahlt.

Gl.(4.58) und Gl.(4.59) gelten für $\eta > 1$, d.h. für den praktisch wichtigen Fall großen Hubverhältnisses (sog. *Breitband-WM*). Für $\eta < 1$ gilt die Näherung $\beta_{WM} = 2(\eta + 1)$,
d.h. für kleine Hubverhältnisse (sog. *Schmalband-WM*) nähert sich der Bandbreitenbedarf dem für Amplitudenmodulation nach Gl.(4.39) gültigen Wert 2. Dieser Fall ist
praktisch weniger wichtig, da sich mit Schmalband-WM kein nennenswerter Gewinn an
Rauschabstand erzielen läßt.

Für die weiteren Erörterungen ist es zweckmäßig, die Zeitfunktionen aus Gl.(4.54)
sowie die zugehörigen Korrelationsfunktionen in den Frequenzbereich zu transformieren:

$$\Theta(f) = \Delta\vartheta \cdot B(f) \cdot X(f) = jf\, \Phi(f) \tag{4.60}$$

$$K_{\underline{\vartheta}}(f) = (\Delta\vartheta)^2 |B(f)|^2 K_{\underline{x}}(f) = |f|^2 K_{\underline{\varphi}}(f) \tag{4.61}$$

$$L_{\underline{\vartheta}}(f) = (\Delta\vartheta)^2 |B(f)|^2 L_{\underline{x}}(f) = |f|^2 L_{\underline{\varphi}}(f) \quad . \tag{4.62}$$

Gl.(4.60) hat zur Voraussetzung, daß die Fourier-Transformierten $\Theta(f)\bullet\!\!-\!\!\circ\vartheta(t)$, $X(f)$ $\bullet\!\!-\!\!\circ x(t)$ und $\Phi(f)\bullet\!\!-\!\!\circ\varphi(t)$ der Größen aus Gl.(4.54) existieren und bekannt sind. Sie stellt die direkte Fourier-Transformation der Gl.(4.54) nach Tab.2.8 dar, wobei noch Gl.(4.55) berücksichtigt wurde.

Gl.(4.61) und (4.62) bedeuten den Übergang zur erweiterten harmonischen Analyse nach Bild 3.7 bzw. Gl.(3.25), wobei Gl.(4.61) für die Nutz- und Gl.(4.62) für die Störsignale gelten möge. Hier wird angenommen daß von den Größen $\vartheta(t)$, $x(t)$ und $\varphi(t)$ in Gl.(4.54) nur die Autokorrelationsfunktionen bzw. Leistungsdichten $k(\tau)\circ\!\!-\!\!\bullet K(f)$ und $l(\tau)\circ\!\!-\!\!\bullet L(f)$ bekannt sind. Bei den Nutzsignalen gelten dabei in der Regel die Definitionen für Leistungssignale nach Tab.2.9 (unten). Dies wurde bei der Einführung des Rauschabstandes Gl.(4.28) und des Rauschabstandsgewinns Gl.(4.31) bereits vorausgesetzt, weil das primäre Signal $x(t)$ in der Regel ein Leistungssignal ist. Gl.(4.61) gilt jedoch auch für Energiesignale, wobei dann der Rauschabstand anders definiert werden muß (etwa wie bei den Matched-Filtern im Abschnitt 3.5.3).

Die Gleichungen (4.54) sowie (4.60) bis (4.62) beschreiben den Mechanismus der Winkelmodulation für Nutz- und Störsignale sowohl für den Modulations- als auch für den Demodulationsvorgang. Sie sind Ausgangspunkt für die folgenden Berechnungen.

Vor der *Demodulation* treten die in Bild 4.12 gestrichelt gezeichneten Störungen hinzu. Dies ergibt sich aus Bild 4.5b, wenn man h_0 und $\varphi(t)$ mit den Signalanteilen h_s und φ_s identifiziert. Setzt man *großen sekundären Rauschabstand* v_s nach Gl.(4.29) voraus, so gilt mit Gl.(4.34a) der dort besprochene Extremfall a). Dabei interessiert nur der Rauschanteil des Winkels nach Gl.(4.35), da Schwankungen des Betrages vor der Demodulation winkelmodulierter Signale ohnehin durch einen Amplitudenbegrenzer unterdrückt werden. Mit diesen Annahmen läßt sich der Rauschabstandsgewinn nach Gl.(4.31) berechnen.

Die mittlere Leistung $k_s(0)$ des Bandpaßsignals nach Gl.(4.52) ist wegen der konstanten Amplitude der Trägerschwingung gleich dem halben Amplitudenquadrat:

$$k_{\underline{s}}(0) = \frac{h_0^2}{2} \; . \tag{4.63}$$

Sie ist offensichtlich unabhängig von Art und Größe der Winkelmodulation.

Die Rauschleistung $l_x(0)$ folgt aus dem Rauschanteil φ_n des Winkels nach Gl.(4.35a). Für dessen Leistungsdichte folgt mit $h_s = h_0$, $L_{v'} = L_v$ und mit Gl.(4.26c):

$$L_{\underline{\varphi}}(f) = \frac{L_v(f)}{h_0^2} = \frac{2N_w}{h_0^2} \; . \tag{4.64}$$

Hiermit ergibt sich aus Gl.(4.62)

$$L_{\underline{x}}(f) = \frac{|f|^2}{(\Delta\vartheta)^2 |B(f)|^2} L_{\underline{\varphi}}(f) = \frac{2N_w}{(\Delta\vartheta)^2 h_0^2} \frac{|f|^2}{|B(f)|^2} \quad . \tag{4.65}$$

Die gesuchte Rauschleistung $l_{\underline{x}}(0)$ folgt durch Integration dieser Leistungsdichte über die gültige Bandbreite (vgl. etwa Gl.(2.33) oder Tab.2.8 "Nullwerte"). Die gültige Bandbreite ist F_p, da nach Gl. (4.58) $F_p < F_s$ ist und laut Gl.(4.32) nach der Demodulation die kleinere Bandbreite einzusetzen ist. Es ergibt sich:

$$l_{\underline{x}}(0) = \int_{-F_p/2}^{F_p/2} L_{\underline{x}}(f)\, df = \frac{2N_w}{(\Delta\vartheta)^2 h_0^2} \int_{-F_p/2}^{F_p/2} \frac{|f|^2}{|B(f)|^2}\, df \quad . \tag{4.66}$$

Damit kann der *Rauschabstandsgewinn* nach Gl.(4.31) für Winkelmodulation angegeben werden. Mit Gl.(4.63), (4.66) und dem Hubverhältnis η nach Gl.(4.57) folgt:

$$\gamma_{WM} = \frac{F_p^3}{4 \int_{-F_p/2}^{F_p/2} \frac{|f|^2}{|B(f)|^2}\, df} \, \eta^2 \, k_{\underline{x}}(0) \quad . \tag{4.67}$$

Im Gegensatz zu den bisher besprochenen Modulationsverfahren (AM und EM) ist hier ein *Gewinn* an Rauschabstand möglich, sofern nur der Frequenzhub $\Delta\vartheta$ bzw. das Hubverhältnis η genügend groß gewählt werden. Dies ist eine der wichtigsten Eigenschaften der Winkelmodulation. Allerdings wird dieser Vorteil, wie bereits erwähnt, mit steigendem Bandbreitenbedarf nach Gl.(4.59) erkauft. Aus diesem Grunde kann man ihn, wie noch begründet werden wird, nicht beliebig weit ausnützen.

Der Rauschabstandsgewinn nach Gl.(4.67) hängt außerdem noch von der Preemphasis, d.h. von der Systemfunktion B(f) in Gl.(4.55) ab. Dies ist der Grund für ihre Verwendung. Man wird versuchen, B(f) so zu wählen, daß der Rauschabstand ein Maximum erreicht. Insbesondere muß bei jedem gewählten B(f) gewährleistet sein, daß der vorgegebene Frequenzhub $\Delta\vartheta$ nach Gl.(4.56) bzw. das Hubverhältnis nach Gl.(4.57) erhalten bleiben, da man sonst Signale unterschiedlichen Bandbreitenbedarfs nach Gl.(4.59) miteinander vergleicht und kein Kriterium für die alleinige Wirkung der Preemphasis erhält. Dies erfordert eine *Abschätzung* der maximalen Momentanfrequenz $|\vartheta(t)|_{max}$, die nicht immer einfach ist.

Falls die Bedingungen der Gl.(4.60) erfüllt sind, läßt sich die maximale Momentanfrequenz über das Fourier-Integral (Tab.2.8) abschätzen:

$$|\vartheta(t)| = \left| \int_{-F_p/2}^{F_p/2} \Theta(f) \cdot e^{j2\pi ft}\, df \right| \leq \int_{-F_p/2}^{F_p/2} |\Theta(f)|\, df = |\vartheta(t)|_{max} \quad .$$

Diese Ungleichung beruht auf dem Satz, daß der Betrag eines Integrals stets kleiner oder gleich dem Integral über den Betrag des Integranden ist. Setzt man in den rechten Teil der Ungleichung $\Theta(f)$ aus Gl.(4.60) ein, so folgt mit Gl.(4.56)

$$\int_{-F_p/2}^{F_p/2} |B(f)|\,|X(f)|\,df = 1 \quad . \tag{4.68}$$

Anders verhält es sich, wenn lediglich die Leistungsdichten (bzw. Autokorrelationsfunktionen) nach Gl.(4.61), also lediglich Mittelwerte bekannt sind. Aus den Mittelwerten ist kein Rückschluß auf die Maximalwerte der Zeitfunktionen möglich. In diesem Fall muß man folgende Voraussetzungen machen: Das primäre Signal $x(t)$ sei ein Zufallsprozeß, und seine Wahrscheinlichkeitsverteilung sei bekannt. Dann läßt sich die mittlere Leistung $k_x(0)$ so wählen, daß die Wahrscheinlichkeit $P(|x| > 1)$ für das Überschreiten des Wertes 1 beliebig klein ist. Man kann nun lediglich dafür sorgen, daß beim Durchgang durch das Preemphasis-System diese mittlere Leistung $k_x(0)$ ungeändert bleibt. Mit den Größen aus Gl.(4.61) ergibt sich damit die Forderung

$$k_x(0) = \int_{-F_p/2}^{F_p/2} K_x(f)\,df = \int_{-F_p/2}^{F_p/2} |B(f)|^2\,K_x(f)\,df \quad . \tag{4.69}$$

Da das primäre Signal voraussetzungsgemäß mittelwertfrei ist, stimmt die mittlere Leistung mit der Varianz überein, d.h. es ist $k_x(0) = \sigma_x^2$ (vgl. Tab.2.3 und 2.4).

Mit Gl.(4.69) ist damit lediglich gewährleistet, daß die Varianz ungeändert bleibt. Das bedeutet i.a. jedoch *nicht*, daß der Frequenzhub ebenfalls nur mit der gewählten Wahrscheinlichkeit überschritten wird. Wie im Abschnitt 3.5.2 ausgeführt wurde, ändert sich die Wahrscheinlichkeitsverteilung eines Signals durch ein lineares System und kann i.a. nicht angegeben werden. Eine *Gauß-Verteilung* dagegen bleibt erhalten. In diesem Fall garantiert Gl.(4.69) durch Konstanthalten der Varianz identische Verteilungen vor und nach der Preemphasis und damit die gleiche Überschreitungswahrscheinlichkeit.

Das Ergebnis dieser Betrachtungen ist: Gibt man für Gl.(4.67) eine Preemphasis $B(f)$ vor, oder sucht man nach derjenigen Preemphasis, die den Nenner der Gl.(4.67) zu einem Minimum macht, so hat dies stets unter Einhaltung der Gl.(4.68) oder der Gl.(4.69) zu erfolgen, je nachdem, welche Daten des Signals bekannt sind.

Damit sind die wichtigsten Eigenschaften der allgemeinen Winkelmodulation nach Gl.(4.54), d.h. der Frequenzmodulation mit Preemphasis, besprochen, wobei die Wahl der

Preemphasis noch offen bleibt. Zur Veranschaulichung dieser allgemeinen und etwas abstrakten Beziehungen werden zunächst einige einfache Fälle erörtert und an Beispielen klargemacht. Insbesondere sollen auch die bereits erwähnten *Sonderfälle* der Winkelmodulation, nämlich die reine Frequenz- und Phasenmodulation betrachtet werden. Sie sind zusammenfassend in Tab.4.3 dargestellt.

Tabelle 4.3 Frequenz- und Phasenmodulation
als Sonderfall der Winkelmodulation

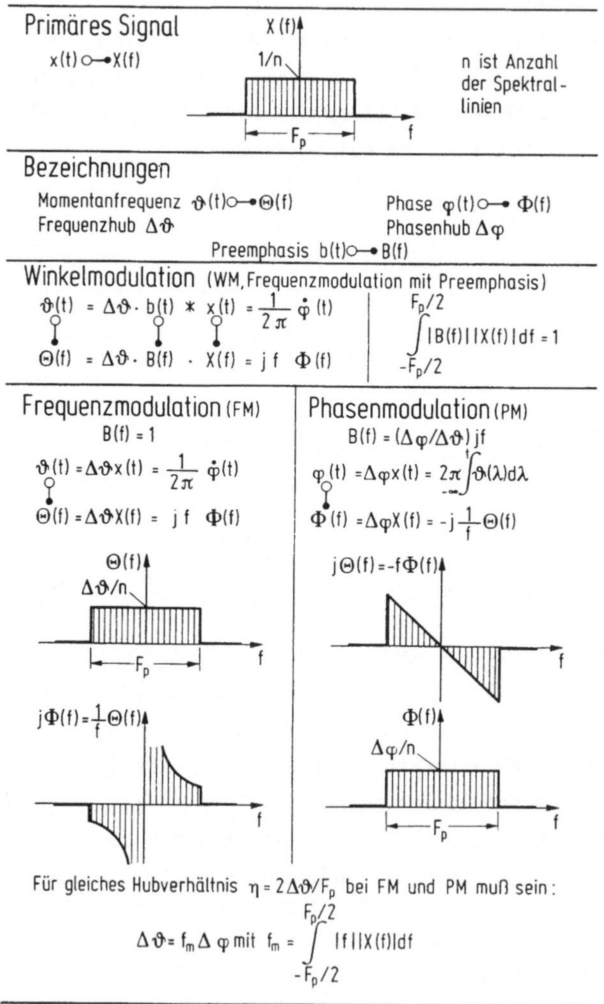

Das primäre Signal x(t) habe ein diskretes Spektrum, wie es periodische Signale z.B. nach Bild 3.4a aufweisen. Ein solches Spektrum läßt sich nach Gl.(3.9) als Summe von Impulsen im Frequenzbereich darstellen. Die Funktion X(f) in Tab.4.3

ist demnach als Hüllkurve für die Impulsgewichte aufzufassen. Sie ist voraussetzungsgemäß auf die Primärbandbreite F_p begrenzt und der Übersichtlichkeit wegen als reell, gerade und konstant angenommen. Die Größe n bedeutet die Anzahl der Spektrallinien, d.h. der im Spektrum enthaltenen Impulse.

Die Beschränkung auf (bandbegrenzte) periodische Signale ist ein für die Nachrichtenübertragung i.a. uninteressanter Sonderfall. Sie hat jedoch den Vorteil, daß es sich um Leistungssignale mit bekanntem (wenn auch diskretem) Spektrum handelt, so daß Gl.(4.60) und (4.68) anwendbar sind. Dadurch läßt sich die Wirkungsweise der Winkelmodulation besser durchschauen. Die genannten Gleichungen sind in Tab.4.3 ebenfalls angegeben. Aus ihnen lassen sich nun zwanglos die Sonderfälle FM und PM ableiten.

Bei *Frequenzmodulation* (FM) ist die Momentanfrequenz $\vartheta(t)$ dem primären Signal $x(t)$ über den *Frequenzhub* $\Delta\vartheta$ direkt proportional, d.h. die Systemfunktion der Preemphasis muß $B(f) = 1$ sein. Das Spektrum $\Theta(f)$ der Momentanfrequenz ist damit (bis auf den Betrag) identisch mit dem Spektrum $X(f)$, während das Spektrum $j \cdot \Phi(f)$ der Phase um den Faktor $1/f$ davon abweicht. Alle Teilschwingungen des Spektrums $X(f)$ erzeugen also gleichgroße Frequenzschwankungen, jedoch unterschiedliche, und zwar für abnehmende Frequenz anwachsende, Phasenschwankungen.

Bei *Phasenmodulation* (PM) ist die Phase $\varphi(t)$ dem primären Signal $x(t)$ über den *Phasenhub* $\Delta\vartheta$ proportional. Diese bisher noch nicht erwähnte Größe spielt hierbei die gleiche Rolle wie der Frequenzhub in Gl.(4.56): $\Delta\varphi = |\varphi(t)|_{max}$. Zur Herstellung dieser Proportionalität muß die Preemphasis offensichtlich zu $B(f) = (\Delta\varphi/\Delta\vartheta)jf$ gewählt werden, was einem Differenzierer entspricht. Das Spektrum $\Phi(f)$ der Phase ist nunmehr proportional dem Spektrum $X(f)$ des primären Signals, während das Spektrum $j \cdot \Theta(f)$ der Momentanfrequenz um den Faktor $-f$ davon abweicht. Alle Teilschwingungen des Spektrums $X(f)$ erzeugen also gleichgroße Phasenschwankungen, jedoch unterschiedliche, und zwar mit der Frequenz anwachsende, Frequenzschwankungen.

In diesem Vergleich zwischen Frequenz- und Phasenmodulation fehlt noch der Zusammenhang zwischen Frequenzhub $\Delta\vartheta$ und Phasenhub $\Delta\varphi$, die zunächst unabhängig voneinander beliebig wählbar sind. Es muß jedoch auch bei Phasenmodulation die Nebenbedingung Gl.(4.68) erfüllt sein. Mit $B(f) = (\Delta\varphi/\Delta\vartheta)jf$ ergibt sich

$$\frac{\Delta\varphi}{\Delta\vartheta} \cdot \int_{-F_p/2}^{F_p/2} |f| \, |X(f)| \, df = 1 \quad . \tag{4.70}$$

Definiert man ein "mittlere Frequenz"

$$f_m = \int\limits_{-F_p/2}^{F_p/2} |f| \, |X(f)| \, df \quad , \tag{4.71}$$

so führt Gl.(4.70) auf den am Schluß der Tab.4.3 angegebenen Zusammenhang:

$$\Delta\vartheta = f_m \cdot \Delta\varphi \quad . \tag{4.72}$$

Zum Abschluß der Gegenüberstellung von FM und PM müssen noch die *Rauschabstandsgewinne* verglichen werden, die für die allgemeine WM durch Gl.(4.67) gegeben sind. Setzt man für FM die Preemphasis $B(f) = 1$ ein, so folgt

$$\gamma_{FM} = 3\left(\frac{2\Delta\vartheta}{F_p}\right)^2 k_{\underline{x}}(0) = 3\eta^2 k_{\underline{x}}(0) \quad , \tag{4.73}$$

mit dem Hubverhältnis η nach Gl.(4.57). Für PM mit der Preemphasis $B(f) = (\Delta\varphi/\Delta\vartheta)jf$ nach Tab.4.3 bzw. $B(f) = jf/f_m$ aufgrund der Gl.(4.72) ergibt sich

$$\gamma_{PM} = (\Delta\varphi)^2 k_{\underline{x}}(0) = \left(\frac{F_p}{2f_m}\right)^2 \eta^2 k_{\underline{x}}(0) \quad , \tag{4.74}$$

mit f_m nach Gl.(4.71). Diese Beziehungen erlauben damit einen Vergleich der Rauschabstände bei FM und PM. Bei sonst gegebenen Daten hängt es offenbar von der mittleren Frequenz f_m nach Gl.(4.66) ab, ob FM oder PM vorzuziehen ist. Der Vergleich kann also nicht allgemein gezogen werden, da er vom Spektrum $X(f)$ des primären Signals abhängt und daher von Signal zu Signal verschieden ausfällt.

Beispiel 4.8

a) Zur Veranschaulichung der Zusammenhänge zwischen Frequenz- und Phasenmodulation nach Tab.4.3 sei das einfachste Beispiel, nämlich sinusförmige Modulation mit der Frequenz f_1 betrachtet. Mit dem primären Signal

$$x(t) = \cos 2\pi f_1 t$$
$$\circ\!\!\!-\!\!\!\bullet$$
$$X(f) = \frac{1}{2}\delta_0(f + f_1) + \frac{1}{2}\delta_0(f - f_1) \qquad\qquad 0 < f_1 \leq \frac{F_p}{2} \tag{*}$$

ergibt sich bei FM aus Tab.4.3 für die Momentanfrequenz

$$\vartheta(t) = \Delta\vartheta \cos 2\pi f_1 t$$

und für die Phase

$$\varphi(t) = 2\pi \int_{-\infty}^{t} \Delta\vartheta \cdot \cos 2\pi f_1 \lambda \cdot d\lambda = \frac{\Delta\vartheta}{f_1} \sin 2\pi f_1 t \quad .$$

Für PM dagegen folgt

$$\varphi(t) = \Delta\varphi \cos 2\pi f_1 t$$

$$\vartheta(t) = \frac{1}{2\pi} \dot{\varphi}(t) = - f_1 \Delta\varphi \sin 2\pi f_1 t \quad .$$

Bei FM schwankt die Momentanfrequenz mit konstanter Amplitude $\Delta\vartheta$, die Phase dagegen mit der von der Frequenz f_1 des primären Signals abhängigen Amplitude $\Delta\vartheta/f_1$. Bei PM ist die Amplitude $\Delta\vartheta$ der Phasenschwankung konstant, die Amplitude $f_1 \Delta\vartheta$ der Frequenzschwankung dagegen von f_1 abhängig. Daraus folgt, daß bei sinusförmiger Modulation mit der Frequenz f_1 nach Gl.(*) Frequenz- und Phasenmodulation über die Beziehung

$$\Delta\varphi = \frac{\Delta\vartheta}{f_1} \qquad\qquad\qquad (**)$$

äquivalent sind, wobei jedoch Sinus und Cosinus jeweils ihre Rollen tauschen. Den Phasenhub $\Delta\varphi$ nach Gl.(**) nennt man in diesem Fall auch *Modulationsindex*.

Für ein primäres Signal mit dem Spektrum X(f) nach Gl.(*) ergibt sich die mittlere Frequenz f_m nach Gl.(4.71) zu

$$f_m = f_1 \quad . \qquad\qquad\qquad (***)$$

Damit entspricht Gl.(**) der für den Vergleich zwischen FM und PM zugrundegelegten Bedingung Gl.(4.72).

Für die sinusförmige Modulation ist nach Gl.(*) die höchste Frequenz $f_1 = F_p/2$ zugelassen, was nach Gl.(***) auch $f_m = F_p/2$ bedeutet. Damit können nun die Rauschabstände bei FM und PM berechnet und verglichen werden. Die mittlere Leistung $k_{\underline{x}}(0)$ des primären Signals ergibt sich zu

$$k_{\underline{x}}(0) = \frac{1}{2} \quad ,$$

da es sich um eine Cosinusschwingung der konstanten Amplitude 1 handelt, deren mittlere Leistung gleich dem halben Amplitudenquadrat ist.

Für FM folgt damit aus Gl.(4.73)

$$\gamma_{FM} = 3\eta^2 k_{\underline{x}}(0) = \frac{3}{2} \eta^2 \quad ,$$

und für PM aus Gl.(4.74)

$$\gamma_{PM} = \eta^2 k_{\underline{x}}(0) = \frac{1}{2} \eta^2 \quad ,$$

mit η nach Gl.(4.57). Bei dem hier betrachteten primären Signal ist also für gleiches Hubverhältnis η (und damit auch für gleichen Bandbreitenbedarf β nach Gl.(4.59)) der Rauschabstand bei FM um den Faktor 3 besser als bei PM. Ein Gewinn an Rauschabstand ($\gamma > 1$) tritt bei FM für $\eta > \sqrt{2}/\sqrt{3} \approx 0{,}8$, bei PM dagegen erst für $\eta > \sqrt{2} \approx 1{,}4$ auf.

b) Das Linienspektrum $X(f)$ des primären Signals bestehe, wie in Tab.4.3 angedeutet, aus n Impulsen mit dem Gewicht $1/n$ in äquidistantem Frequenzabstand von F_p/n. Bei $f = 0$ befindet sich kein Impuls, da das primäre Signal voraussetzungsgemäß mittelwertfrei ist, nach Tab.2.8 "Nullwerte" demnach $X(0) = 0$ sein muß. Dieses Spektrum lautet also (n gerade):

$$X(f) = \frac{1}{n} \sum_{\substack{i = -n/2 \\ i \neq 0}}^{n/2} \delta_0(f - i\,\frac{F_p}{n}) \quad .$$

Wie man sich leicht überlegt, beträgt die mittlere Leistung dieses Signals

$$k_{\underline{x}}(0) = \frac{1}{n} \quad ,$$

da es sich um n/2 Cosinusschwingungen der Amplitude 2/n handelt, deren jede die mittlere Leistung $(1/2) \cdot (2/n)^2 = 2/n^2$ hat.

Die mittlere Frequenz f_m folgt aus Gl.(4.71) (mit geänderter unterer Integrationsgrenze) nach Vertauschen von Integration und Summation zu

$$f_m = 2 \int_0^{F_p/2} f\,|X(f)|\,df = \frac{2}{n} \sum_{i=1}^{n/2} i\,\frac{F_p}{n} = \frac{2F_p}{n^2} \sum_{i=1}^{n/2} i \quad .$$

Die Summe der darin auftretenden artithmetischen Reihe ist $n(n + 2)/8$. Damit ergibt sich

$$f_m = \frac{F_p}{4} \cdot \frac{n + 2}{n} \quad .$$

Für n = 2 erhält man die Ergebnisse aus Teil a) dieses Beispieles. Für $n \gg 2$ gilt näherungsweise

$$f_m \approx \frac{F_p}{4} \quad ,$$

und ein Vergleich der Rauschabstände nach Gl.(4.73) und (4.74) liefert

$$\gamma_{FM} = 3n^2 k_{\underline{x}}(0) = \frac{3}{n} n^2 \quad ,$$

$$\gamma_{PM} \doteq 4n^2 k_{\underline{x}}(0) = \frac{4}{n} n^2 \quad .$$

Für ein solches Spektrum ist also, im Gegensatz zu Teil a) dieses Beispiels, der Rauschabstand bei PM um den Faktor 4/3 besser als bei FM, wobei jedoch zu beachten ist, daß die Absolutwerte der Rauschabstände mit zunehmender Zahl n der Spektrallinien immer kleiner werden. ∎

Das behandelte Beispiel diente vornehmlich zur Veranschaulichung der Frequenz- und Phasenmodulation, wie sie in Tab.4.3 dargestellt sind. Vor allem sollte gezeigt werden, daß es vom Spektrum X(f) des primären Signals abhängt, welches Verfahren den besseren Rauschabstand liefert. Jedoch ist auch der jeweils bessere Rauschabstand i.a. *nicht* der beste, den man erzielen kann, denn FM und PM sind ja nur Sonderfälle der WM mit vorgegebener Preemphasis.

Ein weitergehendes Problem ist demnach die *Optimierung* der Preemphasis, d.h. die Suche nach der Systemfunktion B(f), die für ein gegebenes primäres Signal den bestmöglichen Rauschabstand liefert *). Wie bereits erwähnt, muß hierzu B(f) so gewählt werden, daß der Nenner der Gl.(4.67) ein Minimum wird, wobei, je nach primärem Signal, Gl.(4.68) oder Gl.(4.69) als *Nebenbedingung* einzuhalten ist. Diese Frage wird im folgenden erörtert, allerdings nur für den praktisch wichtigeren Fall der erweiterten harmonischen Analyse, d.h. der Gültigkeit der Gl.(4.61). Als Nebenbedingung ist also Gl.(4.69) zu verwenden.

Gegeben seien AKF bzw. Leistungsdichte $k_{\underline{x}}(\tau)$ ○—• $K_{\underline{x}}(f)$ des primären Signals x(t). Aus den Gründen, die im Text zu Gl.(4.69) genannt sind, wird für die Amplitudenwerte dieses Signals eine Gauß-Verteilung zugrundegelegt. Die mittlere Leistung $k_{\underline{x}}(0)$ sei bereits so gewählt, daß die gewünschte Überschreitungswahrscheinlichkeit $P(|x(t)| > 1)$ eingehalten wird. Die folgenden Berechnungen werden unabhängig von dem gewählten $k_{\underline{x}}(0)$, wenn man eine *normierte* Leistungsdichte

$$K_{\underline{x}}^{0}(f) = K_{\underline{x}}(f)/k_{\underline{x}}(0) \tag{4.75}$$

---

*) Die Optimierung des Gesamtrauschabstandes ist nicht bei allen primären Signalen vorzuziehen. So gelten z.B. für trägerfrequent gebündelte Fernsprechsignale andere Kriterien, nämlich möglichst gleicher Rauschabstand für jeden Fernsprechkanal (vgl. z.B. [14]).

verwendet, die offenbar so definiert ist, daß das Integral über diese Leistungsdichte stets den Wert 1 ergibt. Mit diesen Voraussetzungen liefert die Optimierung
der Gl.(4.67) mit der Nebenbedingung Gl.(4.69) für die *optimale Preemphasis* bei WM
(Berechnung in Beispiel 4.9)

$$|B(f)|^2_{opt} = \frac{|f|}{f_h^{3/2}\sqrt{K_{\underline{x}}^0(f)}} \quad , \tag{4.76a}$$

wobei f_h eine Hilfsfrequenz ist, die hier eine ähnliche Rolle spielt wie die mittlere Frequenz nach Gl.(4.71):

$$f_h = \left(\int_{-F_p/2}^{F_p/2} |f| \cdot \sqrt{K_{\underline{x}}^0(f)} \cdot df \right)^{\frac{2}{3}} . \tag{4.76b}$$

Wegen der Normierung nach Gl.(4.75) hängt diese Hilfsfrequenz nur von der Gestalt,
nicht jedoch von der Intensität der Leistungsdichte $K_{\underline{x}}(f)$ ab. Das gleiche gilt auch
für die Preemphasis nach Gl.(4.76a). In beiden Gleichungen ist dabei die positive
Wurzel der Leistungsdichte $K_{\underline{x}}^0(f)$ zu verwenden.

Setzt man Gl.(4.76a) in Gl.(4.67) ein, so erhält man nach einigen Umrechnungen den
optimalen Rauschabstandsgewinn bei WM zu

$$\gamma_{opt} = \frac{F_p^3}{4f_h^3} \eta^2 k_{\underline{x}}(0) \quad . \tag{4.77}$$

Zum Abschluß dieser Betrachtungen können nun die Rauschabstandsgewinne für folgende
Fälle miteinander verglichen werden: Gl.(4.73) gilt für reine FM (Preemphasis B(f) =
1), Gl.(4.67) für beliebige und Gl.(4.77) für optimale Preemphasis. Als *Verbesserung* gegenüber reiner FM ergibt sich daher für beliebige Preemphasis

$$\frac{\gamma_{WM}}{\gamma_{FM}} = \frac{F_p^3}{12 \int\limits_{-F_p/2}^{F_p/2} \dfrac{|f|^2}{|B(f)|^2} df} \tag{4.78}$$

und für optimale Preemphasis:

$$\frac{\gamma_{opt}}{\gamma_{FM}} = \frac{F_p^3}{12f_h^3} \quad . \tag{4.79}$$

Die optimale Preemphasis nach Gl.(4.76) wird durch einfache Netzwerke nur in Sonderfällen exakt zu realisieren sein, d.h. es wird sich in den meisten Fällen um eine *Approximation* handeln. Dann läßt sich mit Gl.(4.78) die tatsächliche Verbesserung berechnen und mit dem theoretisch erreichbaren Wert nach Gl.(4.79) vergleichen.

Beispiel 4.9

Zur Optimierung der Gl.(4.67) muß ihr Nenner ein Minimum werden, und zwar mit der Nebenbedingung Gl.(4.69). Da diese Gleichung eine Konstante beschreibt, nämlich die mittlere Leistung $k_{\underline{x}}(0)$, kann man auch das Produkt des Nenners der Gl.(4.67) mit Gl.(4.69) zu einem Minimum machen. In Kurzschreibweise bedeutet dies

$$\int \frac{|f|^2}{|B|^2}\, df \,\cdot\, \int |B|^2 K_{\underline{x}}\, df \;\rightarrow\; \text{Minimum} \;. \qquad (*)$$

Durch diesen Kunstgriff ([22, S.487]) läßt sich die Schwarzsche Ungleichung aus Tab.2.7 anwenden. Da hier alle Größen reell und nicht negativ sind, lautet sie:

$$\int \frac{|f|^2}{|B|^2}\, df \,\cdot\, \int |B|^2 K_{\underline{x}}\, df \;\geq\; \left(\int |f|\, \sqrt{K_{\underline{x}}}\, df \right)^2 \;. \qquad (**)$$

Durch die Bildung des Skalarproduktes auf der rechten Seite fällt die gesuchte Preemphasis $|B|^2$ heraus, d.h. die rechte Seite ist von der Preemphasis unabhängig und nur durch die Leistungsdichte K_x des primären Signals bestimmt. Die linke Seite ist stets größer oder bestenfalls gleich diesem Wert. Die optimale Preemphasis, d.h. das gesuchte Minimum der linken Seite liegt demnach dann vor, wenn die Gleichheit erfüllt ist. Nach Tab.2.7 müssen hierzu die Integranden einander proportional sein, d.h. es muß gelten

$$\frac{|f|}{|B|} = C\, |B|\sqrt{K_{\underline{x}}} \qquad \text{bzw.} \qquad |B|^2 = \frac{|f|}{C\sqrt{K_{\underline{x}}}} \;, \qquad (***)$$

wobei C eine willkürliche Konstante ist. Damit ist bereits der Frequenzverlauf der optimalen Preemphasis nach Gl.(4.76a) gegeben. Allerdings muß, ergänzend zu den Ausführungen in [22], diese Konstante noch so bestimmt werden, daß die Nebenbedingung Gl.(4.69) nicht verletzt wird. Es ergibt sich durch Einsetzen der Gl.(***) in Gl. (4.69):

$$\frac{1}{C} \int \frac{|f|}{\sqrt{K_{\underline{x}}}}\, K_{\underline{x}}\, df = k_{\underline{x}}(0) \qquad \text{bzw.} \qquad C = \frac{1}{k_{\underline{x}}(0)} \int |f|\, \sqrt{K_{\underline{x}}}\, df \;.$$

Mit diesem Wert für C liefert Gl.(∗∗∗):

$$|B|^2 = \frac{k_x(0)}{\int |f|\sqrt{\underline{K_x}}\,df} \cdot \frac{|f|}{\sqrt{\underline{K_x}}} = \frac{1}{\int |f|\sqrt{\underline{K_x}/k_x(0)}\,df} \cdot \frac{|f|}{\sqrt{\underline{K_x}/k_x(0)}} \cdot$$

Führt man hier noch die normierte Leistungsdichte $K^o_{\underline{x}}(f)$ nach Gl.(4.75) ein, so folgt mit der Hilfsfrequenz f_h nach Gl.(4.76b) das gesuchte Ergebnis Gl.(4.76a). ∎

<u>Beispiel 4.10</u>

Ein primäres Nachrichtensignal habe innerhalb der Primärbandbreite F_p eine normierte Leistungsdichte:

$$K^o_{\underline{x}}(f) = \frac{3{,}65}{F_p} \frac{1}{1 + (10f/F_p)^2} \cdot \qquad\qquad (*)$$

Sie verläuft für hohe Frequenzen proportional $1/f^2$. Für $f = F_p/10$ ist sie auf die Hälfte, an der Bandgrenze $f = F_p/2$ auf rund 4% ihres Nullwertes abgefallen (Bild B 4.10).

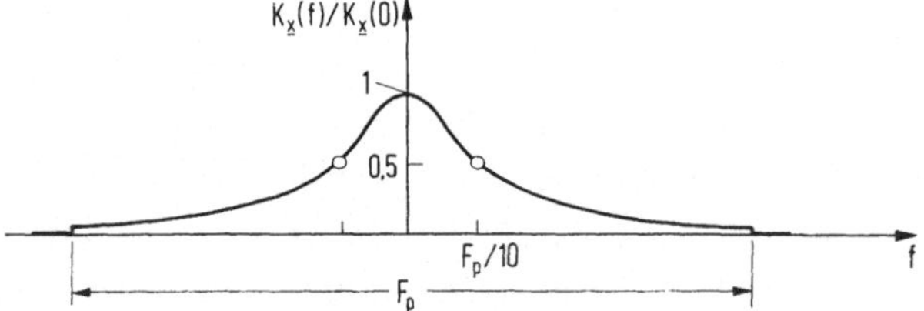

Bild B 4.10
Leistungsdichte
eines primären Signals

Gl.(∗) ist nach Gl.(4.75) bereits auf die mittlere Leistung $k_x(0)$ des primären Signals normiert. Hiervon überzeugt man sich leicht durch Integration über die Primärbandbreite F_p:

$$\int_{-F_p/2}^{F_p/2} K^o_{\underline{x}}(f)\,df = 2\,\frac{3{,}65}{F_p} \int_0^{F_p/2} \frac{df}{1 + (10f/F_p)^2} =$$

$$= \frac{7{,}3}{F_p} \cdot \frac{F_p}{10} \cdot \text{arc tan } \frac{10f}{F_p}\Bigg|_0^{\frac{F_p}{2}} = 1 \quad .$$

Die mittlere Leistung $k_x(0)$ ist also noch beliebig wählbar. Wie im Text zu Gl.(4.75) gesagt, hat sie sich nach der geforderten Überschreitungswahrscheinlichkeit zu richten. Wählt man etwa

$$k_x(0) = \frac{1}{4} \quad , \qquad\qquad (**)$$

so ist bei der Annahme, daß das primäre Signal eine mittelwertfreie Gauß-Verteilung besitzt, dieser Wert gleich der Varianz σ^2. Mit $\sigma = 1/2$ folgt dann die Überschreitungswahrscheinlichkeit aus Tab.2.5 und Tab.2.5a zu:

$$P(|x| > 1) = 2Q(\tfrac{1}{\sigma}) = 2Q(2) \approx 0{,}05 \quad .$$

Sie beträgt rund 5%, was in vielen Fällen zulässig sein dürfte.

Mit der normierten Leistungsdichte nach Gl.(*) folgt für die Hilfsfrequenz aus Gl. (4.76b)

$$f_h^{\frac{3}{2}} = 2\sqrt{\frac{3{,}65}{F_p}} \int_0^{F_p/2} \frac{f}{\sqrt{1 + (10f/F_p)^2}} \, df =$$

$$= 2\sqrt{\frac{3{,}65}{F_p}} \frac{F_p^2}{100} \sqrt{1 + (10f/F_p)^2} \Bigg|_0^{F_p/2} = 1{,}56 \cdot 10^{-1} F_p^{\frac{3}{2}}$$

bzw. $f_h^3 = 2{,}43 \cdot 10^{-2} F_p^3$. $\hfill (\text{***})$

Mit Gl.(*) und Gl.(***) läßt sich die optimale Preemphasis nach Gl.(4.76) angeben:

$$|B(f)|_{opt}^2 = \frac{3{,}35}{F_p} |f| \sqrt{1 + (10f/F_p)^2} \quad . \hfill (\text{****})$$

Damit sind die erforderlichen Größen berechnet. Mit Gl.(4.77) kann der optimale Rauschabstandsgewinn angegeben werden, falls man $k_x(0)$ (z.B. nach Gl.(**)) und das Hubverhältnis η nach Gl.(4.57) vorgibt. Unabhängig von diesen Größen ergibt sich die Verbesserung des Rauschabstandes gegenüber reiner FM nach Gl.(4.79) mit f_h nach Gl.(***) zu:

$$\frac{\gamma_{opt}}{\gamma_{FM}} = \frac{10^2}{12 \cdot 2{,}43} = 3{,}43 \quad . \quad \blacksquare$$

Beispiel 4.11

a) Das Beispiel 4.10 zeigte die Ermittlung der optimalen Preemphasis bei gegebener Leistungsdichte des primären Signals und die daraus folgende Verbesserung des Rauschabstandes gegenüber reiner FM. Allerdings ist eine Systemfunktion B(f), deren Betragsquadrat Gl.(****) aus Beispiel 4.10 gehorcht, mit einfachen Netzwerken nicht realisierbar. Eine mögliche Approximation lautet

$$|B(f)|^2 = \frac{1}{3{,}65} \left[1 + (10f/F_p)^2 \right] \quad . \hfill (*)$$

Die Konstante ist dabei so gewählt, daß mit der Leistungsdichte nach Gl.(*) aus Beispiel 4.10 die Nebenbedingung Gl.(4.69) nicht verletzt wird, wie man sich durch Einsetzen leicht überzeugen kann. Der Frequenzverlauf dieser Approximation stimmt nur
für hohe Frequenzen mit dem geforderten Verlauf nach Gl.(****) aus Beispiel 4.10
überein. Die Verbesserung des Rauschabstandes gegenüber FM muß daher mit Gl.(4.78)
berechnet werden. Setzt man $|B(f)|^2$ nach Gl.(*) ein, so ergibt sich für den Nenner
N der Gl.(4.78)

$$N = 12 \cdot 3{,}65 \cdot 2 \int_0^{F_p/2} \frac{f^2}{1 + (10f/F_p)^2}\, df =$$

$$= 87{,}6\, \frac{F_p^3}{10^3}\left(\frac{10f}{F_p} - \arctan \frac{10f}{F_p}\right)\Bigg|_0^{F_p/2} = 0{,}317\, F_p^3 \quad .$$

Damit liefert Gl.(4.78)

$$\frac{\gamma_{WM}}{\gamma_{FM}} = 3{,}15 \quad . \tag{$**$}$$

Das Ergebnis ist also nur unwesentlich schlechter als bei optimaler Preemphasis nach
Beispiel 4.10.

Die Preemphasis nach Gl.(*) läßt sich mit einem einfachen RC-Netzwerk nach Bild
B 4.11a erzeugen, das sich durch seine Zeitkonstante T oder Grenzfrequenz $f_g = 1/2\pi T$
charakterisieren läßt. Definiert man seine Systemfunktion zu $B(f) = IR/U$, so ergibt
eine einfache Rechnung

$$B(f) = 1 + j\frac{f}{f_g} \quad \text{bzw.} \quad |B(f)|^2 = 1 + \left(\frac{f}{f_g}\right)^2 \quad .$$

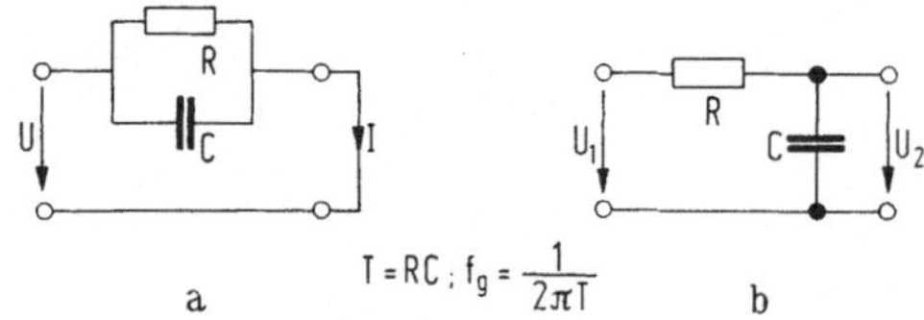

Bild B 4.11
Einfache Netzwerke für
a) Preemphasis und
b) Deemphasis

Wählt man $f_g = F_p/10$, so entspricht dies (bis auf die Konstante) dem Verlauf nach
Gl.(*). Das dazugehörige Netzwerk für die Deemphasis zeigt Bild B 4.11b. Für dessen Systemfunktion U_2/U_1 erhält man

$$\frac{U_2}{U_1} = \frac{1}{1 + j\frac{f}{f_g}} = \frac{1}{B(f)} \quad .$$

Damit ist die Forderung erfüllt, wonach die Deemphasis die von der Preemphasis bewirkte Vorverzerrung wieder aufheben muß.

b) Die im Abschnitt 1.2 genannten Rundfunksender im Ultrakurzwellen (UKW)-Bereich übertragen ein primäres Tonfrequenzsignal hoher Qualität mit Tonfrequenzen bis zu B_p = 15 kHz, d.h. F_p = $2B_p$ = 30 kHz. Die Störarmut des UKW-Empfangs beruht auf der Verwendung der Winkelmodulation (FM mit Preemphasis). Der Frequenzhub (Gl.(4.56)) beträgt $\Delta\vartheta$ = 75 kHz und damit das Hubverhältnis nach Gl.(4.57)

$$\eta = \frac{2\Delta\vartheta}{F_p} = \frac{150 \text{ kHz}}{30 \text{ kHz}} = 5 \quad .$$

Das führt auf eine Sekundärbandbreite nach Gl.(4.58) bzw. auf einen Bandbreitenbedarf nach Gl.(4.59) von

$$F_s = 2(\Delta\vartheta + F_p) = 2(75 + 30) \text{ kHz} = 210 \text{ kHz}$$

bzw.

$$\beta_{WM} = 2(\eta + 2) = 14 \quad .$$

Der Rauschabstandsgewinn für reine FM (d.h. ohne Preemphasis) ergibt sich aus Gl. (4.73) mit η = 5 zu

$$\gamma_{FM} = 3\eta^2 k_{\underline{x}}(0) = 75 \; k_{\underline{x}}(0) \quad . \tag{***}$$

Bei sinusförmiger Modulation mit $k_{\underline{x}}(0)$ = 1/2 nach Beispiel 4.8a ergibt dies einen Wert γ_{FM} = 37,5.

Zur Verbesserung des Wertes nach Gl.(***) wird eine Preemphasis nach Teil a) dieses Beispiels verwendet, wobei die Zeitkonstante T = 50 μsec bzw. die Grenzfrequenz f_g = 3,17 kHz betragen. Dies entspricht ziemlich genau dem Wert $F_p/10$, d.h. der Preemphasis nach Gl.(*). Das ergäbe laut Gl.(**) eine Verbesserung des Rauschabstandsgewinns aus Gl.(***) etwa um den Faktor 3, wenn das primäre Signal die Eigenschaften nach Beispiel 4.10 hätte. Infolge der andersartigen Statistik eines Tonfrequenzsignals wählt man die Konstante in Gl.(*) größer und erreicht Werte in der Größenordnung 10.

Benachbarte UKW-Sender müssen wegen ihres Bandbreitenbedarfs einen Abstand ihrer Trägerfrequenzen von mehr als 200 kHz haben, um sich nicht gegenseitig zu stören. Der genormte Abstand beträgt 300 kHz. Wegen der geringen Reichweite der Ultrakurzwellen kann die tatsächliche Stufung der Trägerfrequenzen innerhalb eines größeren Gebietes enger sein, also z.B. 100 kHz oder weniger betragen.

c) Die im Teil b dieses Beispiels genannten Daten gelten für den monophonen (ein-
kanaligen) UKW-Rundfunk. Bei der stereophonen (zweikanaligen) Übertragung müssen
zwei primäre Signale der Bandbreite F_p = 30 kHz gleichzeitig übertragen werden,
nämlich die Signale für den linken und rechten Lautsprecher. Diese beiden Signale
(bzw. geeignete Linearkombinationen) werden durch eine Zwischenmodulation (AM) zu
einem neuen primären Signal mit der Bandbreite F_p' = 106 kHz zusammengefaßt. Dadurch ergeben sich andere Verhältnisse, nämlich geringeres Hubverhältnis, größere
Sekundärbandbreite und insbesondere geringerer Rauschabstand als bei der monophonen
Übertragung. ■

Zum Abschluß dieses Abschnittes über die Winkelmodulation muß noch auf die *Grenzen*
des Verfahrens bezüglich des erreichbaren Gewinns an Rauschabstand hingewiesen werden. Die für den Rauschabstandsgewinn allgemein gültige Gl.(4.67) sowie auch alle
hieraus abgeleiteten speziellen Gleichungen zeigen, daß der Gewinn mit dem Quadrat
des Hubverhältnisses η nach Gl.(4.57) ansteigt. Man könnte daraus schließen, daß
sich dieser Gewinn durch Erhöhung von η beliebig steigern läßt, daß man also mit
WM beliebig schwache Signale beliebig rauscharm übertragen kann. Dies ist nicht der
Fall, wie bereits im Anschluß an Gl.(4.67) erwähnt wurde. Mit dem Hubverhältnis
wächst auch der Bandbreitenbedarf nach Gl.(4.59). Selbst wenn man diesen Bedarf in
Kauf nimmt, läßt sich η nicht beliebig erhöhen. Gl.(4.67) wurde nämlich unter der
Bedingung großen sekundären Rauschabstandes v_s nach Gl.(4.29) abgeleitet. Wie Gl.
(4.29) zeigt, vermindert sich v_s mit zunehmender Sekundärbandbreite F_s. Unterhalb
eines gewissen Wertes von v_s gilt also Gl.(4.67) nicht mehr. Diesen Wert nennt man
FM-Schwelle und er liegt in der Größenordnung 10. Für v_s < 10 sinkt der Rauschabstand
sehr schnell unter den berechneten Wert ab. Dies läßt sich anschaulich damit erklären,
daß der Demodulator zwischen Träger und Störung nicht mehr unterscheiden kann. Hieraus folgt, daß man bei WM das Hubverhältnis η nur so groß wählen kann, daß noch ein
hinreichender Abstand zur FM-Schwelle gewahrt bleibt. Die Zusammenhänge ergeben sich
aus folgender Überlegung:

Der Vergleichs-Rauschabstand v_0 nach Gl.(4.30) ist bei gegebener Rauschleistungsdichte N_w und Primärbandbreite F_p ein von allen anderen Größen unabhängiges Maß
für die Leistung $k_s(0)$ des Bandpaßsignals. Aus Gl.(4.30) folgt mit dem Bandbreitenbedarf β_{WM} nach Gl.(4.59)

$$v_0 = v_s\beta = 2v_s\,(\eta + 2) \quad , \tag{4.80}$$

wobei η das Hubverhältnis nach Gl.(4.57) ist. Will man also wegen der FM-Schwelle
einen gegebenen sekundären Rauschabstand v_s nicht unterschreiten, muß v_0 nach Gl.
(4.80) gewählt werden.

Aus Gl.(4.31) dagegen folgt mit dem Rauschabstandsgewinn $\gamma_{WM} = c\eta^2$ (der Wert der Konstanten c ist aus Gl.(4.67) zu ersehen):

$$\nu_0 = \frac{\nu_p}{c}\,\frac{1}{\eta^2} = \frac{\nu_p}{c}\,\frac{1}{(\beta/2 - 2)^2} \quad . \tag{4.81}$$

Soll wegen der "Güte" des Empfangssignals ein vorgegebener primärer Rauschabstand ν_p nicht unterschritten werden, muß ν_0 nach Gl.(4.81) gewählt werden. Die beiden Gleichungen bestimmen also die erforderliche Signalleistung $k_s(0)$ als Funktion des Hubverhältnisses η oder des Bandbreitenbedarfs β, wenn entweder ν_s oder ν_p vorgeschrieben ist. Die Abhängigkeiten sind in Bild 4.14 qualitativ als Funktion von η dargestellt. Sind sowohl ν_s als auch ν_p vorgeschrieben, so darf ν_0 unter keine der

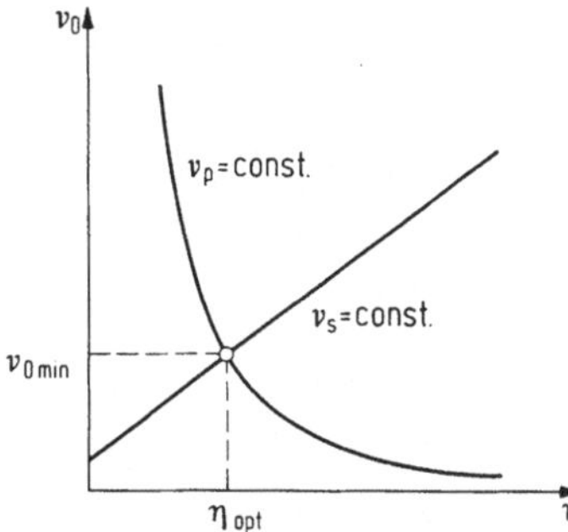

Bild 4.14 Optimales Hubverhältnis

beiden Kurven absinken. Das optimale Hubverhältnis ist dann im Schnittpunkt gegeben, da hier beide Bedingungen mit dem kleinstmöglichen Wert von ν_0, d.h. mit der kleinstmöglichen Signalleistung $k_s(0)$ erfüllt werden. Bei gegebenen Daten läßt sich auf diese Weise das Optimum leicht zahlenmäßig bestimmen.

4.6.5 Vergleich der Modulationsverfahren mit Sinusträger

Als Ergebnis der Abschnitte 4.6.2 bis 4.6.4 läßt sich ein Vergleich der besprochenen Modulationsverfahren AM, EM und WM nach Tab.4.4 anstellen. Hier sind die wichtigsten Größen aufgeführt, nämlich Bandbreitenbedarf β nach Gl.(4.39), (4.44) und (4.59) sowie Rauschabstandsgewinn γ nach Gl.(4.42a), (4.48) und (4.73). Beim Rauschabstandsgewinn wurde für die Leistung des primären Signals $k_x(0) = 1/2$ eingesetzt, um einen Vergleich zu ermöglichen. (Dieser Wert gilt z.B. für sinusförmige Modulation). Bei der Winkelmodulation wurde der Rauschabstandsgewinn für FM zugrundegelegt, da sich eine Preemphasis nicht allgemein angeben läßt. In dem Diagramm ist der primäre Rauschabstand ν_p nach Gl.(4.29) als Funktion des Vergleichsrauschabstandes ν_0 nach Gl.(4.30) aufgetragen.

Tabelle 4.4 Modulationsverfahren mit Sinusträger

Modulations-verfahren	Bandbreitenbedarf $\beta = 2F_s/F_p$	Rauschabstandsgewinn $\gamma = v_p/v_0$
AM Zweiseitenbandmod. mit Träger	2	1/3 für sinusförmige Modulation
EM Einseitenbandmod. ohne Träger	1	1
FM Frequenzmodulation ohne Preemphasis	2 $(\eta + 2)$	$3\eta^2/2$ für sinusförmige Modulation

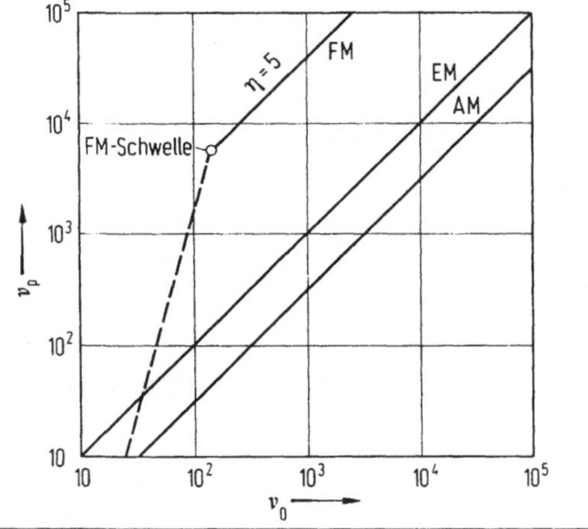

Bezeichnungen :

F_s sekundäre, F_p primäre Bandbreite (Bild 4.6)
v_p primärer (Gl.(4.29)), v_0 Vergleichs-Rauschabstand (Gl.(4.30))
$\eta = 2\Delta\vartheta/F_p$ Hubverhältnis (Gl.(4.57)), $\Delta\vartheta$ Frequenzhub (Gl.(4.56))

Die Einseitenbandmodulation (EM) erweist sich, wie schon erwähnt, mit ihren Werten
$\beta = 1$ und $\gamma = 1$ als geeignetes Vergleichsverfahren. Die Amplitudenmodulation (AM)
ist im Rauschabstand der EM um den Faktor 3 unterlegen und hat zudem den doppelten
Bandbreitenbedarf. Dafür ist sie mit einfachen Mitteln inkohärent demodulierbar
(Hüllkurvendemodulation), was bei EM nicht ohne weiteres möglich ist. Die Frequenzmodulation (FM) ist, selbst ohne Preemphasis, den beiden anderen Verfahren bei Hub-
verhältnissen $\eta > 1$ klar überlegen (in Tab.4.4 ist $\eta = 5$ angenommen). Diese Über-
legenheit muß mit großem Bandbreitenbedarf erkauft werden und gilt nur oberhalb
der FM-Schwelle. Diese liegt nach Abschnitt 4.6.4 bei $v_s \approx 10$, d.h. im dargestellten
Beispiel mit $\eta = 5$ und $\beta = 14$ bei $v_0 \approx 140$ nach Gl.(4.30). Unterhalb dieser Schwelle sinkt der Rauschabstand sehr rausch ab (in Tab.4.4 nur qualitativ dargestellt)
und wird schlechter als bei den anderen Verfahren.

4.7 Zusammenfassung

Unterscheidet man Modulationsverfahren nach Art ihrer Trägerfunktion, so wurden in diesem Kapitel - nach einem allgemeinen Überblick - nur die wichtigsten *Modulationsverfahren mit Sinusträger* behandelt.

Bei diesen Verfahren treten sog. *Bandpaßsignale* auf, d.h. Signale, deren Spektrum sich auf eine mehr oder weniger breite Umgebung einer Trägerfrequenz beschränkt. Mit Hilfe einer geeigneten mathematischen Darstellung von Bandpaßsignalen lassen sich auch die Probleme der Modulation mit erfassen.

Eine solche Möglichkeit entspricht dem Verfahren der komplexen Wechselstromrechnung: Das reelle Signal wird durch einen geeigneten Imaginärteil zum komplexen Signal ergänzt, dessen Eigenschaften sich vollständig mit Hilfe der komplexen Amplitude beschreiben lassen. Nach diesem Grundprinzip wird auch bei den Bandpaßsignalen verfahren: Das reelle Bandpaßsignal wird mit Hilfe eines geeigneten Imaginärteils zum *analytischen* Signal ergänzt, dessen Eigenschaften sich vollständig mit Hilfe des *äquivalenten Tiefpaßsignals* (komplexe Hüllkurve) erfassen lassen, einschließlich aller Größen, die für die Modulation von Bedeutung sind. Ebenso können auch Bandpaßsysteme auf äquivalente Tiefpaßsysteme zurückgeführt werden, so daß ggf. auch die Berechnung linearer Verzerrungen erleichtert wird. Die äquivalenten Tiefpaßgrößen sind i.a. reine Rechengrößen, die zwar in dem zur Berechnung verwendeten Kanalmodell explizit auftreten, in Wirklichkeit jedoch nicht vorhanden zu sein brauchen. Die tatsächlichen Modulations- und Demodulationsvorgänge spielen sich selbstverständlich stets zwischen den entsprechenden reellen Größen ab.

Mit dieser Beschreibungsmethode lassen sich nicht nur beliebige Bandpaßsignale, also z.B. auch Einseitenbandsignale, sondern auch reine *Störsignale* beschreiben. Für die hier ausschließlich betrachteten Rauschsignale können ebenfalls äquivalente Tiefpaßsignale angegeben werden, die sich zu den Nutzsignalen addieren. Je nach der tatsächlichen Wirkungsweise der Demodulation kann daraus der Einfluß der verschiedenen Nutz- und Störkomponenten relativ einfach und anschaulich erkannt werden.

Auf diese Weise lassen sich zunächst allgemeine Aussagen über die *Demodulation* machen. Der Zweck der Demodulation ist die Rückgewinnung der Nachricht. Man benennt daher die Arten der Demodulation nach der gesuchten "nachrichtentragenden" Komponente des modulierten Signals, nämlich Amplitude, Frequenz, Phase, Kophasal- oder Quadraturkomponente. Dabei unterscheidet man noch zwischen *kohärenten* und *inkohärenten* Verfahren, je nachdem, ob die Nullphase des Trägers zur Demodulation bekannt sein muß oder nicht.

Die allgemeinen Betrachtungen lassen sich direkt auf die besprochenen Modulationsverfahren anwenden, nämlich auf *Amplitudenmodulation, Einseitenbandmodulation* und
Winkelmodulation. Diese Verfahren zeigen in ihren Grundeigenschaften, nämlich *Bandbreitenbedarf* und *Störanfälligkeit*, charakteristische Unterschiede. Bei der Winkelmodulation ergibt sich die bedeutsame Möglichkeit, Bandbreite und Rauschabstand in
weiten Grenzen gegeneinander auszutauschen. Weiterhin tritt hier die *Preemphasis*
als Maßnahme zur Verbesserung des Rauschabstandes in den Vordergrund. Diese Möglichkeit ist prinzipiell auch bei den anderen Modulationsverfahren gegeben, bringt
dort jedoch weniger Gewinn und wird selten angewendet.

Von den Abarten der behandelten Verfahren wird lediglich die Quadraturmodulation
kurz erwähnt (Beispiel 4.7a). Weitere Verfahren, wie z.B. die Restseitenbandmodu-
lation, lassen sich anhand der erörterten Grundlagen leicht verstehen (vgl. z.B.
[21]). Ebenso werden die Pulsmodulationsverfahren (vgl. z.B. [14]) wegen ihrer ge-
ringeren Bedeutung nicht erörtert, mit Ausnahme der Pulscodemodulation, die im
nächsten Kapitel gesondert behandelt wird.

Hinzuweisen ist schließlich noch auf *kombinierte* Modulationsverfahren, bei denen
sich ein Nachrichtensystem abschnittsweise verschiedener Verfahren bedient. Das
modulierte Signal des einen Verfahrens ist dabei das primäre Signal eines zweiten Verfahrens. So wird etwa bei der im Abschnitt 1.2 erwähnten Trägerfrequenztechnik mit Hilfe der Einseitenbandmodulation zunächst ein Bündel von Sprachsig-
nalen erzeugt. Dieses sog. Basissignal dient anschließend als primäres Signal für
die Winkelmodulation einer Richtfunkstrecke. Kombinationen sind sowohl für Modulationsverfahren mit Sinusträger untereinander als auch mit der Pulsmodulation
möglich.

5. Information

In den bisherigen Kapiteln wurde die mathematische Beschreibung zufälliger oder determinierter Signale sowie deren Übertragung durch Systeme ohne und mit Modulation behandelt. Der Zweck einer Nachrichtenübertragung ist - gemäß dem Sinn dieses Wortes - die Übertragung von Nachrichten, d.h. von Information. Die Signale müssen demnach, wie im Abschnitt 1.1 ausgeführt, Träger einer Nachricht sein, wenn ihre Übertragung einen Sinn haben soll. In diesem letzten Kapitel soll daher ein elementares Verständnis der synonymen Begriffe *Nachricht* bzw. *Information* vermittelt werden.

Der Begriff "Nachricht" ist intuitiv verständlich. Man denke etwa an zwei Personen, die sich Briefe schreiben. Sofern beide Personen die benützte Sprache und deren Alphabet (d.h. die in dieser Sprache verwendeten "zulässigen" Zeichen) kennen und deren Aufeinanderfolge sinnvoll deuten können, ist offenbar eine Nachrichtenübertragung möglich.

Eine *notwendige* Bedingung für die Übertragung von Nachrichten ist demnach ein gemeinsames, d.h. sowohl dem Sender wie dem Empfänger bekanntes, d.h. zulässiges "Repertoire" an *Zeichen* (oder Symbolen), der sogenannte Zeichenvorrat oder die *Zeichenmenge* k.

Die Nachrichtenübertragung berücksichtigt *ausschließlich* diese notwendige Bedingung. Ihre Aufgabe ist die optimale Übertragung von Zeichen aus einer vorgegebenen Zeichenmenge k. Ob die übertragene Zeichenfolge sinnvoll ist oder nicht, bleibt völlig außer Betracht. Auch der noch zu definierende Informationsgehalt eines Zeichens oder einer Zeichenfolge berücksichtigt in keiner Weise den Sinngehalt einer Nachricht. Ein völlig sinnloser Text kann technisch den gleichen Informationsgehalt haben wie ein sinnvoller Text. Die Technik ist nicht fähig - und es ist auch keineswegs ihre Aufgabe - eine subjektive Wertung irgendwelcher Art vorzunehmen.

5.1 Auswahl und Codierung der Zeichen

Die Nachrichtenquelle habe eine *Zeichenmenge* k, d.h. ihr Repertoire oder Alphabet
bestehe aus k voneinander verschiedenen Zeichen *). Die Zahl k wird dabei zunächst
als endlich vorausgesetzt; es handelt sich also um eine *diskrete* Nachrichtenquelle.
Die Zeichen können, wie die Elemente der Merkmalsmenge eines Zufallsexperimentes
nach Abschnitt 2.2.2, beliebige abstrakte Gebilde sein. Es ist Aufgabe des Wandlers
im Kanalmodell Tab.1.1, die Zeichen in ein übertragungsfähiges Signal umzuformen.
Bei der vorausgesetzten endlichen Zeichenmenge k ist hierzu sicherlich (neben anderen Möglichkeiten) ein *digitales* (amplitudendiskretes) Signal nach Bild 2.1c geeignet. Man könnte etwa jedem der k Zeichen eine der diskreten Amplitudenstufen zuordnen. Nach störungsfreier Übertragung dieses Signals könnte der Empfänger daraus
die Zeichenfolge der Nachrichtenquelle exakt rekonstruieren, da ihm voraussetzungsgemäß die Zeichenmenge und die Zuordnungsvorschrift bekannt sind. In diesem einfachen Fall ist also die Auswahl eines Zeichens durch die ihm zugeordnete Amplitudenstufe des digitalen Signals gegeben. Das Signal muß dabei n unterscheidbare Stufen (Zustände) haben, wobei in diesem Fall n = k ist.

Die Zahl n der unterscheidbaren Stufen muß jedoch keineswegs mit der Zeichenmenge k
übereinstimmen. Nach den Gesetzen der Kombinatorik beträgt die Anzahl k der sog.
Variationen von n unterscheidbaren Elementen in Anordnungen zu je r_n Stück (mit
Wiederholungen)

$$k = n^{r_n} \, , \tag{5.1}$$

wobei offensichtlich bei ganzzahligem n die Bedingung $n \geq 2$ erfüllt sein muß, damit k > 1 sein kann. Das heißt: Will man aus k verschiedenen Zeichen eines auswählen und hat man dazu ein Signal mit n unterscheidbaren Stufen, so muß man r_n "Elemente" aneinanderreihen, deren jedes eine der n unterscheidbaren Stufen aufweist.
Man spricht in diesem Fall von einer *Codierung* der k verschiedenen Zeichen mit einem n-stufigen Code; die aneinandergereihten r_n "Elemente" nennt man ein *Codewort
der Länge* r_n (Beispiel 5.1a).

Die Länge r_n des Codewortes findet man explizit durch Logarithmieren der Gl.(5.1)
mit dem Logarithmus $\log_n$ zur Basis n:

$$r_n = \log_n k \, . \tag{5.2a}$$

---

*) Die Bezeichnung "Menge" für die Zahl k ist nicht ganz korrekt, da die Menge erst
durch die Angabe $M = \{x_1, x_2, \ldots x_k\}$ definiert ist (vgl. auch Abschnitt 5.2). Die Zahl
k ist also lediglich die Anzahl der Elemente x_i dieser Menge. Wo es im folgenden nur
hierauf ankommt, wird vereinfachend von der "Zeichenmenge k" gesprochen.

Bei vorgegebener Zeichenmenge k hängt also die Länge r_n des Codewortes von der Stufenzahl n des gewählten Codes ab (Basis n des Logarithmus in Gl.(5.2a)), was durch den Index n in r_n angedeutet ist. Der theoretisch und auch praktisch wichtigste ist der Code mit der kleinstmöglichen Stufenzahl n = 2, der sog. *Binärcode*, dessen Codewortlänge wegen seiner Bedeutung als Vergleichsgröße mit dem Index 0 bezeichnet wird. Dann folgt mit der Bezeichnung $\log_2$ = ld aus Gl.(5.2a) für n = 2 mit $r_2 \equiv r_0$:

$$r_0 = \text{ld } k \quad . \tag{5.2b}$$

Zweckmäßigerweise rechnet man den in Gl.(5.2a) auftretenden Logarithmus zur beliebigen Basis n ebenfalls in den Zweierlogarithmus $\log_2$ = ld um. Hierfür gilt die Beziehung $\log_n k$ = ld k/ld n. Damit folgt aus den Gleichungen (5.2b und a):

$$r_0 = \text{ld } k = r_n \text{ ld } n \quad . \tag{5.3}$$

Dies ist eine wichtige Beziehung für die Codierung einer vorgegebenen Zeichenmenge k in einen beliebigen n-stufigen Code und den Zusammenhang mit dem Binärcode (n = 2). Berücksichtigt man die bei Gl.(5.1) genannte Bedingung n ≥ 2, so erkennt man unmittelbar, daß bei vorgegebener Zeichenmenge k die Länge r_n des zur Auswahl erforderlichen Codewortes um so größer ist, je geringer die Stufenzahl n des Codes ist, und umgekehrt. Eine Zeichenmenge k läßt sich offenbar auf verschiedene Weise codieren, wobei Stufenzahl n des Codes und Codewortlänge r_n gegeneinander austauschbar und stets mit dem Binärcode vergleichbar sind. Dabei kann sowohl n < k, d.h. die Stufenzahl n des Codes kleiner als die Zeichenmenge k sein (Beispiel 5.1a), als auch umgekehrt n > k, d.h. die Stufenzahl des Codes größer als die Zeichenmenge sein. Die Gl.(5.1) zeigt, daß man bei einer Verdoppelung der Codewortlänge mit der Wurzel aus der Stufenzahl auskommt, bei einer Halbierung der Codewortlänge also das Quadrat der Stufenzahl benötigt (Beispiel 5.1). Eine vorgegebene Zeichenmenge k läßt sich auf diese Weise beliebig *umcodieren*. Daraus folgt die prinzipielle Möglichkeit, die Signale durch Codierung den Eigenschaften des Übertragungssystems anzupassen. Hierauf wird später noch zurückgekommen.

Beispiel 5.1

a) Zum Verständnis der elementaren Codierungsprobleme sei zunächst die Darstellung einer ganzen Zahl a in verschiedenen Zahlensystemen betrachtet. Hat ein Zahlensystem n unterscheidbare Ziffern $0 \leq \alpha_i \leq n-1$, so läßt sich jede ganze Zahl a als Polynom in n mit Koeffizienten α_i darstellen, dessen Grad p-1 von a abhängt:

$$a = \alpha_{p-1} n^{p-1} + \alpha_{p-2} n^{p-2} + \ldots + \alpha_2 n^2 + \alpha_1 n^1 + \alpha_0 n^0 \quad . \tag{$*$}$$

Die Zahl a ist dann durch Angabe der Koeffizientenfolge

$$a = \alpha_{p-1}\,\alpha_{p-2}\,\cdots\,\alpha_2\alpha_1\alpha_0 \qquad\qquad (**)$$

eindeutig gekennzeichnet, da der Stellenwert (d.h. die Potenz von n) jedes Koeffizienten bekannt ist. Wie man durch Einsetzen der kleinsten ($\alpha_i = 0$) und größten ($\alpha_i = n-1$) Werte für die Koeffizienten in Gl.(*) findet, kann man auf diese Weise alle ganzen Zahlen $0 \le a \le n^{p-1}$, d.h. insgesamt n^p Zahlen darstellen. Die Koeffizienten für ein gegebenes a findet man durch sukzessive Division:

$$\frac{a}{n^{p-1}} = \alpha_{p-1}\ \text{Rest}\ R_1 \quad ; \quad \frac{R_1}{n^{p-2}} = \alpha_{p-2}\ \text{Rest}\ R_2\ \text{usw.} \qquad (***)$$

Gl.(*) ist für n = 10 jedermann geläufig, da dies nichts anderes ist als die Darstellung einer Zahl im Dezimalsystem. Für die Koeffizienten gilt dann $0 \le \alpha_i \le 9$. Dies sind die unterscheidbaren Ziffern des Dezimalsystems. Mit p = 3 erhält man als willkürliches Beispiel:

$$a = 1 \cdot 10^2 + 0 \cdot 10^1 + 8 \cdot 10^0 = 108_{10}\ .$$

Mit p = 3 lassen sich alle Zahlen $0 \le a \le 999$, also insgesamt 10^3 Zahlen darstellen.

Weniger geläufig ist Gl.(*) für andere Zahlensysteme mit $n \neq 10$, d.h. die Angabe einer Zahl in "n-Potenzen", also etwa in Viererpotenzen, Zweierpotenzen oder auch in Potenzen von n > 10. So folgt z.B. für die Dezimalzahl a = 108 mit n = 4 ($0 \le \alpha_i \le 3$) die Darstellung

$$a = 1 \cdot 4^3 + 2 \cdot 4^2 + 3 \cdot 4^1 + 0 \cdot 4^0 = 1230_4\ ,$$

und für n = 2 ($0 \le \alpha_i \le 1$):

$$a = 1 \cdot 2^6 + 1 \cdot 2^5 + 0 \cdot 2^4 + 1 \cdot 2^3 + 1 \cdot 2^2 + 0 \cdot 2^1 + 0 \cdot 2^0 = 1101100_2$$

Für die selbe Zahl ergeben sich also, je nach dem Stellenwert der Ziffern, völlig verschiedene Ziffernfolgen.

Gl.(*) ist nun nichts anderes als eine Codierungsregel zu Gl.(5.1). Die n unterscheidbaren Ziffern α_i des Zahlensystems sind die Stufen des Codes, die Koeffizientenfolge nach Gl.(**) ist das Codewort der Länge $r_n = p$. Mit dieser Codewortlänge lassen sich insgesamt $k = n^{r_n}$ verschiedene Zeichen eindeutig auswählen.

Als Beispiel möge eine Zeichenmenge k = 16 (also etwa die Zahlen 0 bis 15) und deren Codierung in einen Code mit der Stufenzahl n = 4 ($r_n = 2$) und in den theoretisch und praktisch wichtigen "Binärcode" mit n = 2 ($r_n = r_0 = 4$) dienen. Die Verhältnisse lassen sich anschaulich mit einem sog. Codebaum nach Bild B 5.1 erklären. Man erkennt, daß zur Auswahl eines der 16 Zeichen r_n "Entscheidungen" (gestrichelte Linien) nötig sind, wobei jede Entscheidung n Möglichkeiten haben muß. Diese Entscheidungen stellen das Codewort dar. Bei n = 4 kann man mit 2 gezielten Fragen, die jeweils mit einer der 4 Möglichkeiten 0 bis 3 beantwortet werden müssen, jedes der 16 Zeichen eindeutig auswählen. Besonders wichtig ist der Binärcode mit n = 2. Jedes Codeelement ist eine "Binärentscheidung", d.h. eine Auswahl aus nur zwei Möglichkeiten (z.B. 0 oder 1, nein oder ja, falsch oder wahr, kein Strom oder Strom usw.). Man erkennt aus Bild 5.1b, daß man durch 4 gezielte Fragen, die nur mit nein oder ja beantwortet werden müssen (d.h. durch 4 Binärentscheidungen), jedes der k = 16 Zeichen 0 bis 15 auswählen kann. Die erste Entscheidung klärt, ob das Zeichen im Intervall [0,7] (erstes Element 0 im Codewert) oder im Intervall [8,15] (erstes Element 1 im Codewort) liegt. Durch drei weitere Entscheidungen nach dem gleichen Verfahren ist das Zeichen eindeutig ausgewählt.

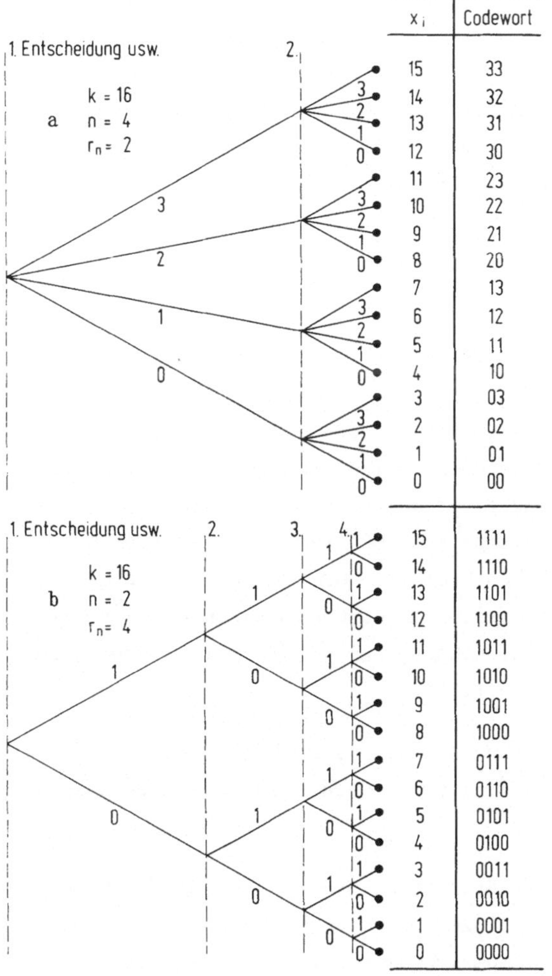

x_i	Codewort
15	33
14	32
13	31
12	30
11	23
10	22
9	21
8	20
7	13
6	12
5	11
4	10
3	03
2	02
1	01
0	00
15	1111
14	1110
13	1101
12	1100
11	1011
10	1010
9	1001
8	1000
7	0111
6	0110
5	0101
4	0100
3	0011
2	0010
1	0001
0	0000

Bild B 5.1
Auswahl aus k = 16
Zeichen mit zwei
verschiedenen Codes:
a) n = 4, r_n = 2 und
b) n = 2, r_n = 4

Der Binärcode ist in vielen Fällen für die tatsächliche Nachrichtenübertragung in
Form von binären Signalen geeignet. Darüber hinaus liefert er ein Maß für den noch
zu definierenden Informationsgehalt eines Zeichens oder einer Zeichenmenge. Zu bemerken ist noch, daß die Zuordnung der Codewörter zu den Zeichen nicht zwingend
nach Bild B 5.1 erfolgen muß. Jede andere Zuordnung, auch mit Codewörtern unterschiedlicher Länge, ist zulässig, sofern sie nur eindeutig ist (vgl. Beispiel 5.2a).

b) In Teil a dieses Beispiel wurde mit Gl.(*) nur der Fall berücksichtigt, daß die
Codewortlänge $p = r_n$ eine ganze Zahl ist. Eine allgemeinere Codierungsregel ergibt
sich, wenn man für die Codewortlänge jede rationale Zahl (p und q sind ganze Zahlen)

$$r_n = \frac{p}{q}$$

zuläßt. Aus Gl.(5.1) folgt dann durch Potenzieren mit q:

$$k^q = n^p$$

Dies kann man als eine Codierung einer neuen Zeichenmenge $k' = k^q$ in zwei verschiedene Codes mit den Stufenzahlen k bzw. n auffassen. Mit Gl.(*) folgt daher,
wenn a jetzt eine ganze Zahl aus der neuen Zeichenmenge bedeutet:

$$a = \beta_{q-1}k^{q-1} + \beta_{q-2}k^{q-2} + \ldots + \beta_2 k^2 + \beta_1 k^1 + \beta_0 k^0 =$$

$$= \alpha_{p-1}n^{p-1} + \alpha_{p-2}n^{p-2} + \ldots + \alpha_2 n^2 + \alpha_1 n^1 + \alpha_0 n^0 \ . \qquad (****)$$

Damit ist eine Codierungsregel für beliebige rationale Codewortlängen gegeben. Mit
$q = 1$ und $p \geq 1$ erhält man den bisher betrachteten Fall einer Codierung mit $n \leq k$.
Für $p = 1$ und $q \geq 1$ erhält man die Codierung einer Zeichenmenge in einen Code, dessen Stufenzahl $n \geq k$ größer als die Zeichenmenge ist. Man kann dann offenbar q
verschiedene Zeichen durch ein Codeelement beschreiben. Für beliebige p und q
schließlich müssen q Zeichen durch p Codeelemente ausgedrückt werden. Die Koeffi-
zienten α_i bei gegebenen β_i bzw. die Koeffizienten β_i bei gegebenen α_i lassen sich
dabei stets eindeutig entsprechend Gl.(***) ermitteln.

Will man z.B. $k = 8$ Zeichen mit $n = 4$ codieren, so folgt aus Gl.(5.1) oder Gl.(5.3)
$r_n = 3/2$, d.h. $p = 3$ und $q = 2$. Man kann zwei Zeichen durch ein Codewort der Länge
3 beschreiben.

Abschließend sei auf die starke Änderung der Stufenzahl n des Codes mit der Codewortlänge r_n (bei gegebener Zeichenmenge k) hingewiesen. Nach Gl.(5.1) führt jede
Halbierung von r_n zum Quadrat bzw. jede Verdoppelung zur Wurzel aus der ursprüng-

lichen Stufenzahl n. Diese exponentielle Abhängigkeit spielt für die Eigenschaften
der Pulscodemodulation eine wesentliche Rolle (vgl. Abschnitt 5.5). ■

Wichtig an den bisherigen Erörterungen ist vor allem die nach Gl.(5.3) gegebene
Möglichkeit, die Auswahl eines Zeichens aus einer Zeichenmenge k durch die Codewortlänge r_0 im *Binärcode*, d.h. durch die Anzahl der erforderlichen Binärentscheidungen angeben zu können, ganz gleich, ob die Zeichen uncodiert oder codiert sind.
Man gibt daher einer Binärentscheidung eine besondere Einheit:

$$1 \text{ Binärentscheidung} = 1 \text{ bit.} \tag{5.4}$$

Dies ist eine Abkürzung für das englische "binary digit" (Binärziffer). Man bezeichnet das bit auch als Nachrichteneinheit NE *).

Im Beispiel 5.1a ergibt sich mit k = 16 aus Gl.(5.3) in jedem Falle r_0 = 4 bit/
Zeichen, ganz gleich, ob die Stufenzahl zu n = k = 16 (r_{16} = 1), zu n = 4 (r_4 = 2)
oder zu n = 2 (r_0 = 4) gewählt wird. Ebenso findet man im Beispiel 5.1b stets
r_0 = 2 bit/Zeichen, auch wenn die Stufenzahl n = 16 (r_{16} = 1/2) beträgt. Man nennt
daher die Codewortlänge r_0 nach Gl.(5.2b) bzw. Gl.(5.3) auch den *Entscheidungsgehalt*
der Zeichen.

Im Zusammenhang mit den besprochenen Begriffen ist noch folgendes zu beachten: Die
Gleichungen in diesem Text sind sog. Größengleichungen. Solche Gleichungen enthalten
jede physikalische Größe als Produkt aus Zahlenwert und Einheit. Sie gelten unabhängig von der Wahl der Einheiten und benötigen daher keine diesbezüglichen Angaben.
Größen wie "Binärentscheidung" oder "Zeichen" usw. sind jedoch keine physikalischen
Größen, da sie in den Gleichungen als reine Zahlenwerte auftreten. Man nennt sie daher auch *Pseudogrößen* und sie besitzen Pseudodimensionen und Pseudoeinheiten (z.B.
"bit"). Ein bekanntes Beispiel für eine Pseudogröße ist die Dämpfung mit der Pseu-
doeinheit Np (Neper) bzw. dB (Dezibel). Da man in der Nachrichtentechnik zweckmäßigerweise mit solchen "Einheiten" rechnet, sind den folgenden Gleichungen bei Bedarf
die Grundeinheiten in Klammern hinzugefügt. Diese Angaben gehören nicht zu den Gleichungen. Sie dienen lediglich dem Überblick über Dimensionen und Pseudodimensionen,
der sonst leicht verloren geht.

---

*) Anstelle des Zweierlogarithmus (ld) kann man in Gl.(5.2b) auch den natürlichen
(ln) oder dekadischen (lg) Logarithmus verwenden. Es entstehen dann die wenig ge-
bräuchlichen Nachrichteneinheiten "nit" oder "dit".

5.2 Informationsgehalt der Zeichen

Im Abschnitt 5.1 ergab sich als Maß für die eindeutige Auswählbarkeit eines Zeichens aus einer Zeichenmenge k die Codewortlänge r_0 in bit/Zeichen. Man könnte nun annehmen, daß damit bereits auch ein Maß für den "informativen Wert" eines Zeichens gegeben ist. Dies ist intuitiv richtig, denn je größer die Zeichenmenge k ist, um so "interessanter" ist es für den Empfänger, welches dieser Zeichen gesendet wurde. Diese einfache Annahme stimmt jedoch nur in einem noch zu besprechenden Sonderfall.

Eine Nachrichtenquelle ist nämlich nicht nur durch ihre Zeichenmenge k charakterisiert, sondern auch durch die *Statistik* der Zeichen und ggf. der Zeichenfolgen. Diese Statistik ist u.U. sehr kompliziert, wie z.B. bei der Sprache. Hier kann daher nur der einfachste Fall betrachtet, und es können nur die wichtigsten Grundprinzipien der Informationstheorie besprochen werden.

Wie bereits im Abschnitt 1.3 erwähnt, ist die Nachricht kein determinierter, sondern ein zufälliger Vorgang. Selbst wenn die Zeichenmenge k bekannt ist, kann die Auswahl eines dieser Zeichen nicht vorhergesagt werden. Der einfachste Fall einer Nachrichtenquelle läßt sich daher am mathematischen Modell eines Zufallsexperimentes nach Abschnitt 2.2.2 beschreiben: Die endliche Zeichenmenge k entspricht einer diskreten Merkmalsmenge M mit den Elementarereignissen $m_i = x_i$ *) mit $1 \le i \le k$, die nach Gl.(2.4) disjunkt sind. Jedes dieser Elementarereignisse habe nach Bild 2.2b eine Wahrscheinlichkeit $P(x_i)$, wobei für die Summe der Wahrscheinlichkeiten für alle k Elementarereignisse Gl.(2.9b) gilt.

Identifiziert man nun jedes Zeichen einer Nachrichtenquelle mit einem Merkmal der Merkmalsmenge, so ergibt sich außer der Anzahl k der Zeichen x_i noch deren Wahrscheinlichkeit $P(x_i)$ als zusätzliche Eigenschaft. Die Informationstheorie [24] definiert danach den *Informationsgehalt* (kurz: die Information) eines Zeichens x_i als

$$I(x_i) = \mathrm{ld} \frac{1}{P(x_i)} = -\mathrm{ld}\, P(x_i) \quad \text{(bit)} \quad ; \quad \sum_{i=1}^{k} P(x_i) = 1 \quad , \tag{5.5}$$

d.h. als den Zweierlogarithmus des Kehrwertes der Wahrscheinlichkeit, mit der das Zeichen x_i auftritt.

---

*) Die Elementarereignisse werden hier, entsprechend dem primären Signal x(t) im Kanalmodell Tab.1.1, mit x_i bezeichnet. Die Mengenklammer {} wird der Einfachheit wegen weggelassen. Die Numerierung kann auch $0 \le i \le k-1$ lauten, was bei Zuordnung der Elementarereignisse zu den ganzen Zahlen oft zweckmäßiger ist.

Dieses Maß ist intuitiv verständlich. Die Information ist um so größer, je geringer
die Wahrscheinlichkeit, d.h. je unerwarteter das Zeichen ist (Bild 5.1). Der Logarithmus sorgt dafür, daß einem Zeichen der Wahrscheinlichkeit 1 die Information 0
und daß einem Zeichen der Wahrscheinlichkeit 0 die Information ∞ zukommt. Die Ver-

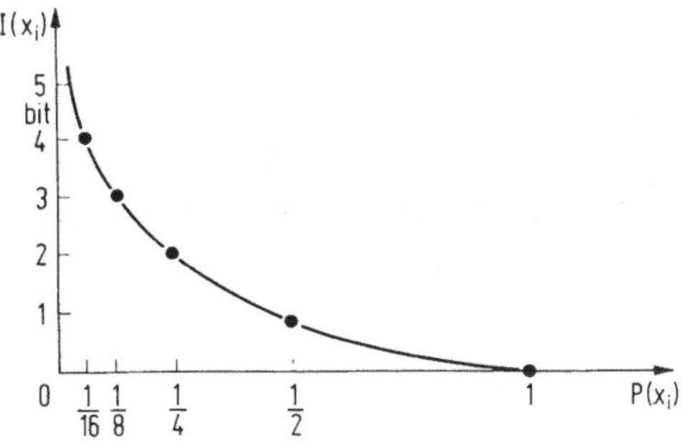

Bild 5.1
Informationsgehalt I
eines Zeichens x_i als
Funktion seiner Wahr-
scheinlichkeit P

wendung des Zweierlogarithmus ermöglicht zudem die Messung des Informationsgehaltes
in bit nach Gl.(5.4).

Bisher war laut Gl.(5.5) nur vom Informationsgehalt eines Zeichens x_i aus der Zeichenmenge k der Nachrichtenquelle die Rede. Ein Maß für die statistischen Eigenschaften der gesamten Quelle ist der aus allen ihren Zeichen folgende *mittlere Informationsgehalt*, d.h. der statistische Mittelwert oder Erwartungswert H der Größe
$I(x_i)$ nach Gl.(5.5):

$$H = \overline{I(x_i)} = -\sum_{i=1}^{k} P(x_i)\ \mathrm{ld}\ P(x_i) \quad \text{(bit/Zeichen)} \ . \tag{5.6a}$$

Dies entspricht dem Mittelwert über die Schar aller möglichen Zeichen x_i und ist
nichts anderes als das in Gl.(2.19a) definierte Scharmittel, das sich bei diskreten Zufallsvariablen in Summenform schreiben läßt. Man hat der Größe H (in Anleh-
nung an die Thermodynamik) den Namen *Entropie* gegeben. Die Entropie ist also gleich
dem *mittleren* Informationsgehalt je Zeichen einer Nachrichtenquelle.

Es läßt sich zeigen (vgl. z.B. [25]), daß die Entropie nach Gl.(5.6) ein *Maximum*
annimmt, wenn alle Zeichen x_i der Nachrichtenquelle *gleichwahrscheinlich* sind. Nach
Gl.(5.5 rechts) oder nach Gl.(2.11) ist dann $P(x_i) = 1/k$ für alle $i = 1...k$. Dann
liefert Gl.(5.6a)

$$H_0 = -\frac{1}{k}\sum_{i=1}^{k}\mathrm{ld}\ \frac{1}{k} = \mathrm{ld}\ k \quad \text{(bit/Zeichen)} \ . \tag{5.6b}$$

In diesem *Sonderfall* stimmt also der für jedes Zeichen gleich große Informationsgehalt H_0 mit der binären Codewortlänge r_0 nach Gl.(5.2b) überein. Die Information jedes Zeichens kann in diesem Fall einfach durch die Anzahl r_0 der zu seiner Auswahl erforderlichen Binärentscheidungen gemessen werden. Man nennt daher die maximal mögliche Entropie $H_0 = r_0$ einer Quelle anschaulich auch ihren *Entscheidungsgehalt*, da hierbei nur die zur Auswahl aus den k Möglichkeiten benötigten Binär*entscheidungen* gezählt werden.

Ein Maß für die Abweichung der Entropie H einer Nachrichtenquelle nach Gl.(5.6a) von ihrem Entscheidungsgehalt H_0 nach Gl.(5.6b) ist die sog. (relative) *Redundanz* (Weitschweifigkeit)

$$\rho_Q = \frac{H_0 - H}{H_0} = 1 - \frac{H}{H_0} \; . \tag{5.7}$$

Die Redundanz ρ_Q einer Nachrichtenquelle ist ein Maß dafür, um wieviel geringer der mittlere Informationsgehalt ihrer Zeichen - bedingt durch deren Wahrscheinlichkeitsverteilung - gegenüber dem maximal möglichen Wert (Entscheidungsgehalt) ist (vgl. Beispiel 5.2a).

Diese Tatsache läßt sich mit anderen Worten folgendermaßen erklären: Senden zwei Nachrichtenquellen in hinreichend langer Zeit dieselbe Anzahl von Zeichen aus, so liefert die redundantere Quelle dabei weniger In*f*rmation als die weniger (oder nicht) redundante Quelle. Die Quellenredundanz ist dabei durch ihre "naturgegebene" Verteilung der A-priori-Wahrscheinlichkeiten bestimmt und hat zunächst nichts mit der Codierung und Übertragung der Zeichen zu tun.

Allerdings kann bei der *Übertragung* die Redundanz durch Codierung verändert werden. Analog zu Gl.(5.7) definiert man die (relative) Redundanz eines Codes als

$$\rho_C = \frac{r - H}{r} = 1 - \frac{H}{r} \; , \tag{5.8}$$

wobei r der *Mittelwert* der den Zeichen x_i zugeordneten binären Codewortlängen $r(x_i)$ ist, der sich in Analogie zu Gl.(5.6a) aus

$$r = \overline{r(x_i)} = \sum_{i=1}^{k} P(x_i) \, r(x_i) \quad \text{(bit/Zeichen)} \tag{5.9a}$$

ermitteln läßt. Je nachdem, ob r kleiner, gleich oder größer als $r_0 = H_0$ in Gl.(5.7) ist, bewirkt die Codierung eine verringerte, gleiche oder erhöhte Redundanz (Beispiel 5.2a). In vielen Fällen codiert man ohne Rücksicht auf die Wahrscheinlichkeitsverteilung der Quelle, (d.h. gegebenenfalls mit $\rho_C > 0$ nach Gl.(5.8)), mit Codewörtern *gleicher Länge* (vgl. Beispiel 5.2b). Dann folgt aus Gl.(5.9a) die mittlere Codewortlänge

$$r = r_0 = \text{ld } k = r_n \text{ ld } n \quad (\text{bit/Zeichen}) \quad , \qquad\qquad (5.9b)$$

die demnach identisch ist mit der Codewortlänge nach Gl.(5.3).

Mehr als diese elementaren Begriffe der Informationstheorie können hier nicht erörtert werden. Probleme statistisch komplizierter Nachrichtenquellen (bei denen, wie etwa bei der Sprache, aufeinanderfolgende Zeichen statistisch voneinander abhängig sind), Betrachtungen über die Schädlichkeit oder Nützlichkeit der Redundanz, Probleme optimaler Codierung mit Möglichkeiten der Fehlererkennung und der Fehlerkorrektur sowie die Verhältnisse bei Informationsaustausch zwischen Nachrichtenquelle und Nachrichtensenke, gehören in das Gebiet der Informations- und Codierungstheorie (vgl. z.B. [26, 25, 27, 28]).

Ebenso wurden hier lediglich diskrete Nachrichtenquellen mit endlicher Zeichenmenge k betrachtet. Die erörterten Begriffe lassen sich auch auf kontinuierliche Quellen mit nicht abzählbarer Zeichenmenge erweitern. Hierauf wird hier nicht eingegangen, da in der praktischen Nachrichtenübertragung wegen der immer vorhandenen Störungen eine kontinuierliche Nachrichtenquelle stets durch eine disktrete, d.h. ein analoges Signal stets durch ein digitales ersetzbar ist (vgl. Beispiel 5.3b und Abschnitt 5.4).

Die folgenden Betrachtungen beschränken sich daher auf die Übertragung des durch eine vorgegebene Quelle und eine vorgegebene Codierung sich ergebenden Signals.

Beispiel 5.2

a) Die Begriffe Quellenentropie, Quellenredundanz und Coderedundanz sollen an einem äußerst einfach Beispiel nach Tab.B 5.2 erläutert werden. Die Zeichenmenge bestehe aus den k = 4 Zeichen a, b, c, d. Damit ist der Entscheidungsgehalt $H_0 = r_0 = $ ld 4 = 2 bit/Zeichen der Nachrichtenquelle nach Gl.(5.6b) und Gl.(5.2b) bereits festgelegt, da beide Größen nur von der vorgegebenen Zeichenmenge k abhängen.

Die Statistik der Quelle hängt jedoch von der Wahrscheinlichkeit ihrer Zeichen ab. Hierfür sind in Tab.B 5.2 zwei Fälle angegeben, die sich durch die Wahrscheinlichkeitsverteilung $P(x_i)$ der Zeichen unterscheiden.

Im *Fall 1* sind alle Zeichen gleichwahrscheinlich. Die Entropie H nach Gl.(5.6a) ist also gleich der maximal möglichen Entropie H_0 nach Gl.(5.6b), d.h. die Quelle emittiert ihren Entscheidungsgehalt $H = H_0 = 2$ bit/Zeichen, weswegen ihre Redundanz nach Gl.(5.7) auch $\rho_Q = 0$ ergibt. Codiert man diese Quelle mit Code 1, so ergibt sich die mittlere Codewortlänge nach Gl.(5.9a) zu $r = r_0 = 2$ bit/Zeichen, die Coderedundanz nach Gl.(5.8) also ebenfalls zu $\rho_c = 0$. Dieser Code ist "redundanzoptimal", da er die ohnehin nicht mehr zu verbessernde Redundanz der Quelle ungeändert läßt.

Tabelle B 5.2 Entropie und Redundanz zweier Nachrichtenquellen, Änderung der Redundanz durch Codierung (H und r in bit/Zeichen)

Zeichen x_i	Fall 1			Fall 2		
	$P(x_i)$	Code 1	Code 2	$P(x_i)$	Code 1	Code 2
a	1/4	00	0	1/2	00	0
b	1/4	01	10	1/4	01	10
c	1/4	10	110	1/8	10	110
d	1/4	11	111	1/8	11	111
$k = 4$	$H = 2$ $= H_0$	$r = 2$ $= r_0$	$r = 2,25$ $> r_0$	$H = 1,75$ $< r_0$	$r = 2$ $= r_0$	$r = 1,75$ $< r_0$
	$\rho_Q = 0$	$\rho_c = 0$	$\rho_c = 0,11$	$\rho_Q = 0,125$	$\rho_c = 0,125$	$\rho_c = 0$

Im *Fall 2* haben die Zeichen unterschiedliche Wahrscheinlichkeit. Die Entropie nach Gl.(5.6a) beträgt lediglich $H = 1,75$ bit/Zeichen, ist also kleiner als der Entscheidungsgehalt $H_0 = 2$ bit/Zeichen nach Gl.(5.6b). Die Nachrichtenquelle hat demnach laut Gl.(5.7) eine Redundanz $\rho_Q = 0,125$. Verwendet man Code 2, so beträgt dessen mittlere Codewortlänge nach Gl.(5.9a) $r = 1,75$ bit/Zeichen $< r_0$, die Coderedundanz nach Gl.(5.8) demnach $\rho_c = 0$. Dieser Code ist also für die Quelle des Falles 2 redundanzoptimal, da er die "naturgegebene" Quellenredundanz zum Verschwinden gebracht hat.

Versucht man dagegen, die Quelle im Fall 1 mit Code 2 oder die Quelle im Fall 2 mit Code 1 zu codieren, so ergibt sich in beiden Fällen eine Erhöhung der Redundanz ρ_c. Dieses Beispiel zeigt, daß durch Codierung die vorgegebene Redundanz einer Nachrichtenquelle nach beiden Richtungen hin (mit der Grenze $\rho \geq 0$) verändert werden kann. Diese Grenze bedeutet, daß es für gleichwahrscheinliche Zeichen keinen besseren Code als den mit der Codewortlänge nach Gl.(5.9b) gibt.

b) Beim Fernschreiben nach Abschnitt 1.2 besteht die Zeichenmenge aus $k = 32$ Zeichen (Buchstaben). Der Entscheidungsgehalt nach Gl.(5.6b) beträgt:

$$H_0 = \text{ld } 32 = 5 \text{ bit/Zeichen} \quad . \tag{*}$$

Das Fernschreibalphabet wird (von zusätzlichen für den Betrieb erforderlichen Zeichen abgesehen) tatsächlich mit einer Codewortlänge $H_0 = r_0 = 5$ bit/Zeichen nach Gl. (5.2b) übertragen. Es wird dabei keine Rücksicht auf die Wahrscheinlichkeit der Buchstaben sowie ihrer Kombination zu Buchstabengruppen, Wörtern und Sätzen genommen. Umfangreiche Untersuchungen dieser statistischen Zusammenhänge ergeben die Abschätzung, daß die Entropie der Schrift (z.B. Englisch und Deutsch), d.h. der mittlere Informationsgehalt pro Buchstabe in einem hinreichend langen Text, in der Grössenordnung von

$$H \approx 1 \text{ bit/Zeichen} \tag{$**$}$$

liegt. Die Schrift hat daher nach Gl.(5.7) eine Redundanz

$$\rho_Q \approx 1 - \frac{H}{H_0} = 1 - \frac{1}{5} = 0,8 \quad .$$

Die Fernschreibübertragung ist also stark redundant. Die Gründe (und auch die Vorteile) dieser Tatsache können hier nicht erörtert werden. ∎

Wichtig an diesem Beispiel ist folgende Überlegung: Die technische mittlere Codewortlänge in bit/Zeichen braucht keineswegs mit dem Informationsgehalt in bit/Zeichen übereinzustimmen. Man spricht daher vom *Signalgehalt* (Übertragungsgehalt, scheinbaren Informationsgehalt) gegenüber dem *Informationsgehalt* (wahren Informationsgehalt) eines Zeichens. Dividiert man den Gehalt eines Zeichens (bit/Zeichen) durch die zu seiner Übertragung erforderlichen Zeit (sec/Zeichen), so ergeben sich die im nächsten Abschnitt besprochenen Begriffe des Signalflusses in bit/sec (Übertragungsflusses, scheinbaren Informationsflusses) gegenüber dem Informationsfluß (wahren Informationsfluß).

5.3 Signal- und Informationsfluß

Eine diskrete Nachrichtenquelle mit k verschiedenen Zeichen (Zeichenmenge, Abschnitt 5.1) emittiere eine Zeichen*folge* mit der Entropie (mittlerer Informationsgehalt je Zeichen) von H bit/Zeichen nach Gl.(5.6a) und einer mittleren Codewortlänge von r bit/Zeichen nach Gl.(5.9). Die *Dauer* eines Zeichens aus der Zeichenmenge k betrage t_p sec/Zeichen. Dann definiert man den *Signalfluß* zu:

$$R = \frac{r}{t_p} \quad \text{(bit/sec)} \quad . \tag{5.10a}$$

Man nennt diese Größe auch Übertragungsfluß oder *scheinbarer* Informationsfluß *). Die
mittlere Codewortlänge r bit/Zeichen hängt von der Entropie H der Quelle und der Codierung ab. Es gilt stets r ≥ H, d.h. sie ist größer oder höchstens gleich der Entropie der Quelle (vgl. etwa Beispiel 5.2a). Wegen möglicher (und technisch oft gegebener) *Redundanz* (r > H, Gl.(5.8)), nennt man den Signalfluß R nach Gl.(5.10a)
den *scheinbaren* Informationsfluß. Nur bei verschwindender Redundanz (r = H) ist
der Signalfluß R = r/t_p identisch mit dem *Informationsfluß* H/t_p (*wahren* Informationsfluß). Nur dann überträgt man keine größere Anzahl von Binärentscheidungen
pro Sekunde, als es dem "wahren" mittleren Informationsgehalt (d.h. der Entropie)
der Nachrichtenquelle entspricht.

Wie bei Gl.(5.9b) erwähnt, codiert man aufgrund technischer Gegebenheiten oft mit
Codewörtern gleicher Länge. In diesem Fall folgt aus Gl.(5.10a) ein Signalfluß:

$$R = \frac{r_0}{t_p} = \frac{1}{t_p} \text{ ld } k = \frac{r_n}{t_p} \text{ ld } n \quad \text{(bit/sec)} \quad . \tag{5.10b}$$

Dabei bedeuten nach wie vor t_p die Dauer eines Zeichens aus der Zeichenmenge k, r_0
die binäre und r_n die einem n-stufigen Code entsprechende Codewortlänge (Gl.(5.9b)).

Von einem Nachrichtensystem ist also der Signalfluß nach Gl.(5.10a) bzw. meist nach
Gl.(5.10b) nach vorgegebenen Gütekriterien zu übertragen. Die folgenden Betrachtungen beschränken sich auf den Signalfluß nach Gl.(5.10b), sei es nun ein scheinbarer
oder ein wahrer Informationsfluß.

Beispiel 5.3

a) Ein Signalfluß ist nach Gl.(5.10b) allgemein durch das Produkt aus der Anzahl
r_n/t_p der Codeelemente pro Zeiteinheit und dem Zweierlogarithmus ld n der Stufenzahl n gegeben. Je nach Wahl der Stufenzahl n kann er also auf verschiedene Weise
aufrechterhalten werden. Für n = k (r_n = 1) handelt es sich direkt um die Zeichenfolge der Quelle, für n = 2 (r_n = r_0) um den Binärcode. Der zeitliche Abstand t_p/r_n
der Codeelemente kann also im Austausch gegen die Stufenzahl n in weiten Grenzen
verändert werden, ohne daß sich der Signalfluß ändert.

Betrachtet werde eine Quelle mit k = 16 Zeichen nach Beispiel 5.1, Bild B 5.1, die
ihre Zeichen im zeitlichen Abstand t_p emittiert. In Bild B 5.3a ist eine solche
Zeichenfolge als bipolares (vgl. Beispiel 3.7b), diskretes und digitales Signal
entsprechend Bild 2.1d dargestellt. Codiert man diese Zeichenfolge in einen Code
mit der Stufenzahl n = 4, so müssen die Codewörter der Länge r_n = 2 (vgl. Bild B

─────────────
*) Oft sagt man auch "Übertragungsrate", "Bitfluß" oder "Bitrate".

5.1a in Beispiel 5.1) innerhalb der Zeit t_p übertragen werden, wenn der Signalfluß nach Gl.(5.10b) aufrechterhalten werden soll. Für ein Element des vierstufigen Codes steht dann nur noch die Zeit $t_p/r_n = t_p/2$ zur Verfügung. Codiert man schließlich in den Binärcode mit n = 2, so müssen die Codewörter der Länge $r_n = r_0 = 4$ (vgl. Bild B 5.1b) innerhalb t_p übertragen werden, so daß ein Codeelement nur noch die Zeit $t_p/4$ beanspruchen darf. Diese Verhältnisse sind in Bild B 5.3b und c dargestellt. Auf die eingetragenen Bandbreiten F und die unterschiedlichen Stufenbreiten Δs wird später eingegangen.

Wie in Beispiel 5.1b gesagt, läßt sich eine Zeichenmenge k auch in einen Code mit n > k codieren. Dies läßt sich anhand des Bildes B 5.3 anschaulich erklären: Faßt man das Signal b) mit k = 4 als gegebene Zeichenfolge auf, so ist das Signal a) eine Codierung in einem 16-stufigen Code nach Gl.(****) in Beispiel 5.1. Anstelle zweier vierstufiger Zeichen der Dauer $t_p' = t_p/2$ überträgt man nur ein 16-stufiges Codeelement der Dauer $2t_p' = t_p$.

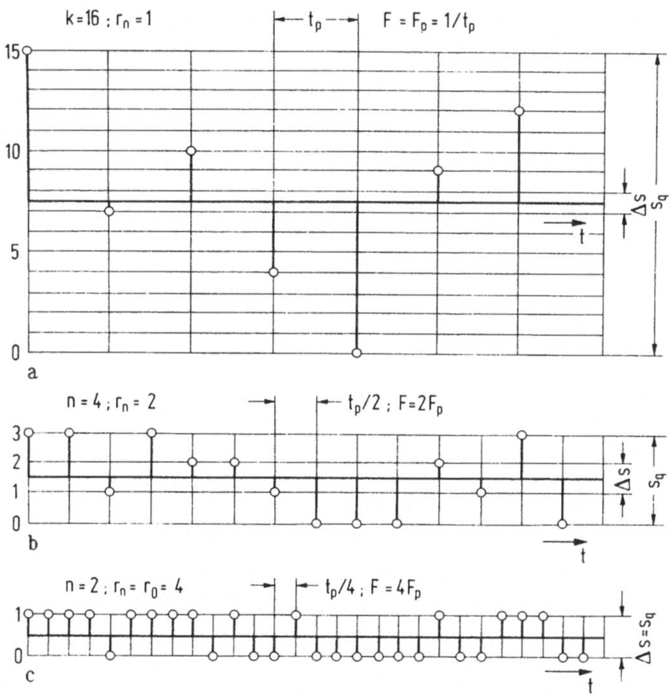

Bild B 5.3 Konstanter Signalfluß bei unterschiedlicher Codierung

b) Beim Fernschreiben beträgt die Codewortlänge nach Beispiel 5.2b $r = r_0 = 5$ bit/Zeichen. Ein Fernschreibzeichen beansprucht noch zusätzliche, für den Betrieb erforderliche Binärzeichen, die weitere 2,5 bit/Zeichen ausmachen, so daß man mit einer

Codewortlänge von 7,5 bit/Zeichen rechnen muß. Die "Telegrafiergeschwindigkeit" der
Fernsprecheinrichtungen beträgt nach Abschnitt 1.2

$$R = 50 \text{ bit/sec} \quad ,$$

wobei hier bit/sec auch "Baud" (Bd) bedeutet *). Die Dauer eines Fernschreibzeichens
ergibt sich damit aus Gl.(5.10) zu t_p = r/R = 7,5/50 sec/Zeichen, d.h. t_p = 150 msec/
Zeichen. Man kann pro Sekunde also rund 7 Zeichen übertragen.

c) Nach Beispiel 3.2 muß die Einschwingzeit eines Fernseh-Video-Verstärkers $T_m \approx$ 100
nsec betragen. Er kann damit alle 100 nsec ein "Zeichen", nämlich einen sog. Grau-
wert (zwischen Schwarz und Weiß liegenden Helligkeitswert) übertragen. Die Zeichendauer nach Abschnitt 5.3 beträgt also

$$t_p = T_m \approx 10^{-7} \text{ sec/Zeichen} \quad .$$

Im Beispiel 3.7b wurde ein quantisiertes (d.h. digitales) Signal betrachtet, dessen
Daten denen eines Fernsehsignals entsprechen. Bei vorgegebenem Amplitudenbereich
s_{max} = 10 V, der Rauschleistungsdichte $N_w = 10^{-9}$ V^2/Hz und vorgegebener Fehlerwahrscheinlichkeit P(F) = 10^{-2} folgte eine Zahl $q \approx$ 20 von unterscheidbaren Amplitudenstufen, die bei diesem Fernsehsignal dem "Repertoire" der Quelle, d.h. der Zahl der
unterscheidbaren Graustufen und damit der Zeichenmenge k = $q \approx$ 20 entspricht. Verwendet man wegen der dort vorausgesetzten Gleichwahrscheinlichkeit der Zeichen Codewörter gleicher Länge, so folgt mit Gl.(5.9b)

$$r = r_0 = \text{ld } k = \text{ld } 20 \approx 4,3 \text{ bit/Zeichen} \quad .$$

Damit ergibt sich nach Gl.(5.10a oder b) ein Signalfluß von

$$R = \frac{r_0}{t_p} = 4,3 \cdot 10^7 \text{ bit/sec} \quad .$$

Man verfalle nicht in die Vorstellung, dieses sei schlechthin der Signalfluß eines
Fernsehsignals. Die Größe R repräsentiert lediglich den Signalfluß eines mit vorgegebener Fehlerwahrscheinlichkeit quantisierten, ursprünglich analogen Signals. Wie
bereits in Beispiel 3.7b ausgeführt, hängt die Zahl der unterscheidbaren Quantisierungsstufen (d.h. die Zeichenmenge) q = k und damit auch der zu übertragende Signalfluß R von der zulässigen Fehlerwahrscheinlichkeit ab. Diese Überlegungen weisen
bereits auf die Problematik des folgenden Abschnittes hin. ■

---

*) Dies gilt nur für einen Binärcode (n = 2). Allgemein ist das Baud als sog.
Schrittgeschwindigkeit definiert, d.h. als Anzahl der pro Sekunde übertragenen
Codeelemente. Für einen n-stufigen Code gilt daher: 1 Bd = (ld n) bit/sec. Hier-
nach treten z.B. in Bild B 5.3 bei konstantem Signalfluß in bit/sec drei verschiedene Schrittgeschwindigkeiten in Bd auf. Übereinstimmung herrscht nur für n = 2.

5.4 Signalkapazität eines Nachrichtenkanals

Dem Begriff der "Signalkapazität" liegt folgende Fragestellung zugrunde: Welchen maximalen Signal- oder Informationsfluß R_{max} nach Gl.(5.10), d.h. wieviel Binärentscheidungen je Zeiteinheit (bit/sec) kann ein Nachrichtensystem höchstens übertragen und welche Eigenschaften des Systems bestimmen diese "Übertragungsfähigkeit"? Anders ausgedrückt: Wieviel (scheinbare oder wahre) Information $I = TR$ bit kann in einem vorgegebenen Zeitintervall T höchstens übertragen werden? Gesucht sind also in Gl.(5.10b) die kürzestmögliche Dauer $t_{min} = (t_p/r_n)_{min}$ eines Codeelements sowie seine größtmögliche Stufenzahl n_{max}. Mit diesen Werten nimmt der Signalfluß R seinen größtmöglichen Wert R_{max} an.

Zwei wesentliche Umstände beschränken die Übertragungsfähigkeit eines Systems: a) seine *Bandbreite* und b) sein *Rauschabstand*. Dies wird im folgenden erläutert.

a) Jedes Nachrichtensystem hat praktisch eine begrenzte *Bandbreite* $F = 2B$. Dann ist nach dem *Abtasttheorem* für Zeitfunktionen (Abschnitt 3.4) die kürzestmögliche Dauer für die Übertragung eines Codeelementes

$$t_{min} = 1/F \ . \tag{5.11}$$

Es können also höchstens F Elemente pro Sekunde oder TF Elemente im Zeitintervall T übertragen werden. Man sagt auch, das System habe $T \cdot F$ *Freiheitsgrade* im Zeitintervall T (vgl. Beispiel 3.3b).

b) Jedes System hat einen endlichen *Rauschabstand* nach Gl.(3.34)

$$\nu = \frac{P_s}{P_n} \ , \tag{5.12}$$

da die Signalleistung P_s stets begrenzt und die Rauschleistung P_n stets von Null verschieden ist. Für digitale Signale bedeutet dies nach Gl.(3.48), daß zwei Amplitudenstufen im Abstand $\Delta s = s_1 - s_2$ von einem Empfänger niemals fehlerfrei voneinander unterschieden werden können. Im Beispiel 3.7b wurde daraus abgeleitet, daß eine nach Gl.(*) vorgegebene Fehlerwahrscheinlichkeit

$$P(F) \ \leq \ 2 \ Q\left(\frac{\Delta s}{2 \ \sqrt{N_w F}}\right) \qquad *) \tag{5.13a}$$

---

*) Das Gleichheitszeichen gilt für eine große Anzahl q von Amplitudenstufen. In allen Stufen, außer den am Rand liegenden, führt ein Überschreiten nach beiden Richtungen zu einem Fehler. Anhand einer Erweiterung der Gl.(3.42) auf q gleichwahrscheinliche Signale im Abstand Δs findet man für die Fehlerwahrscheinlichkeit den exakten Wert $P(F) = 2(1-1/q) \cdot Q( )$. Für $q \gg 1$ geht dies in Gl.(5.13a) über. Für ein binäres Signal $q = 2$ entfällt der Faktor 2 (siehe Gl.(3.48)). Gl.(5.13a) stellt also eine Abschätzung nach oben dar.

auf eine endliche Anzahl

$$n_{max} = q = \frac{s_{max}}{\Delta s} = \frac{s_q}{\Delta s} + 1 \qquad\qquad (5.13b)$$

unterscheidbarer Amplitudenstufen führt. Dabei bedeuten P(F) die Fehlerwahrscheinlichkeit, Q( ) die Komplementfunktion nach Tab.2.5, Δs die "Breite" der unterscheidbaren Amplitudenstufen, N_W die Rauschleistungsdichte und F die Bandbreite. Die Grössen s_{max} bzw. $s_q = s_{max} - \Delta s$ sind die Amplitudenbereiche des analogen bzw. digitalen
(quantisierten oder codierten) Signals (vgl. Bild B 5.3 und Bild 5.4). Sie sind proportional der Wurzel aus der Signalleistung. Der Zusammenhang kann erst bei bekannter Signalart (z.B. unipolar, bipolar) und Wahrscheinlichkeitsverteilung der Amplitudenwerte angegeben werden (vgl. Beispiel 3.7b und Abschnitt 5.5).

Setzt man $t_{min} = (t_p/r_n)_{min}$ aus Gl.(5.11) und n_{max} aus Gl.(5.13b) in den rechten Teil
der Gl.(5.10b) ein, so erhält man den maximal möglichen Signalfluß, die sog. *Signalkapazität* $C = R_{max}$ des Systems *(Gesetz von Hartley)*

$$C = F \text{ ld } q \quad (\text{bit/sec}) \qquad\qquad (5.14a)$$

und die innerhalb eines Zeitintervalls T maximal übertragbare (scheinbare oder wahre)
Information:

$$I = T C = T F \text{ ld } q \quad (\text{bit}) \quad . \qquad\qquad (5.14b)$$

Die Übertragungsfähigkeit eines Systems läßt sich anschaulich mit Hilfe des sog.
Nachrichtenquaders (vgl. z.B. [30]) nach Bild 5.2 darstellen. Seine schraffierte
Vorderfläche entspricht der Signalkapazität nach Gl.(5.14a), sein Volumen der Information nach Gl.(5.14b). Die Vorderfläche hat als Grundlinie die *Bandbreite* F
nach Gl.(5.11) und als Höhe den Zweierlogarithmus aus der Stufenzahl q nach Gl.
(5.13b). Diese Höhe ist ein Maß für das Verhältnis des größtmöglichen (s_{max} bzw. s_q)
zum kleinstmöglichen (Δs) Amplitudenbereich, weswegen man ld q bzw. q auch als *Dynamik* des Systems bezeichnet. Bei gegebener Fehlerwahrscheinlichkeit und Bandbreite

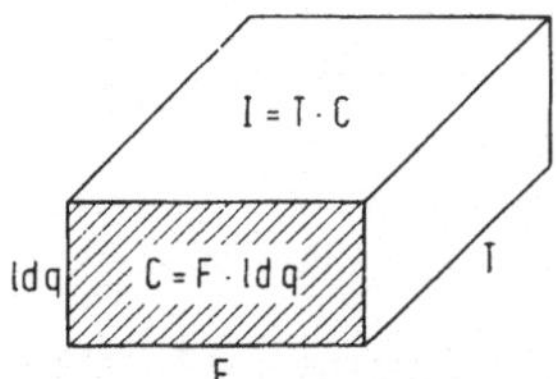

Bild 5.2 Nachrichtenquader

liegt die Stufenbreite Δs nach Gl.(5.13a) fest. Dann ist die Dynamik bzw. Stufenzahl q, wie bereits erwähnt, ein Maß für die *Signalleistung*. Umgekehrt ist sie bei
gegebener Signalleistung ein Maß für die Fehlerwahrscheinlichkeit. Da für die Sig-

nalkapazität C nach Gl.(5.14a) nur die Vorderfläche des Nachrichtenquaders maßgebend ist, sind bei der Übertragung eines gegebenen Signalflusses offenbar Bandbreite und Signalleistung (bzw. Fehlerwahrscheinlichkeit) gegeneinander *austauschbar*. Die dritte Dimension des Nachrichtenquaders ist die *Übertragungsdauer* T. Für die Information I nach Gl.(5.14b) ist nur das Volumen des Quaders vorgschrieben, so daß man ggf. auch Signalkapazität gegen Übertragungsdauer austauschen kann.

Es muß hier ausdrücklich betont werden, daß Gl.(5.14) ein zwar realistisches, aber *kein absolutes* Maß für die Übertragungsfähigkeit eines Nachrichtenkanals darstellt, da dieses Maß an die zugelassene *Fehlerwahrscheinlichkeit* nach Gl.(5.13a) gebunden ist, für jede Fehlerwahrscheinlichkeit also verschieden ausfällt. Man kann zunächst lediglich folgendes aussagen: Bei vorgegebener Fehlerwahrscheinlichkeit P(F) nach Gl.(5.13a) darf der Signalfluß R nach Gl.(5.10) höchstens den Wert der Signalkapazität C nach Gl.(5.14a) erreichen:

$$R \leq C \ . \tag{5.15a}$$

Andernfalls wird die vorgegebene Fehlerwahrscheinlichkeit überschritten. (Der Zusammenhang zwischen Fehlerwahrscheinlichkeit Gl.(5.13a) und Rauschabstand Gl.(5.12) bleibt dabei, wie bereits erwähnt, noch offen.) Nimmt man an, daß die Nachrichtenquelle aus Abschnitt 5.3 ihre Zeichenfolge über ein primäres Signal der Bandbreite F_p emittiert, so gilt für die Zeichendauer t_p nach dem Abtasttheorem entsprechend Gl.(5.11)

$$t_p = 1/F_p \ . \tag{5.16}$$

Führt man dies in Gl.(5.10b) ein, so folgt aus Gl.(5.15a)

$$R = F_p \, r_0 = F_p \, \mathrm{ld} \, k = F_p \, r_n \, \mathrm{ld} \, n \leq F \, \mathrm{ld} \, q = C \ . \tag{5.15b}$$

Diese Gleichung beschreibt die Möglichkeiten der "Anpassung" zwischen einem Signalfluß R und einem System mit der Signalkapazität C. Die Bandbreite F des Systems muß mit der Bandbreite $F_p \cdot r_n$ des Signals, die Stufenzahl q des Systems mit der Stufenzahl n des Codes übereinstimmen, wenn man in Gl.(5.15b) das Gleichheitszeichen zugrundelegt. Diese Übereinstimmung kann (in weiten Grenzen) durch Codierung erzielt werden, was im Abschnitt 5.5 im Zusammenhang mit der Pulscodemodulation noch näher erörtert wird. Schließlich kann man (mit Hilfe von Speichern) noch die Zeichendauer t_p nach Gl.(5.16) und damit die Bandbreite F_p in Gl.(5.15b) ändern. Dadurch ändert sich die benötigte Signalkapazität. Bei der Übertragung einer vorgegebenen Information I nach Gl.(5.14b) ergibt sich dann eine entsprechend geänderte Übertragungsdauer T.

Beispiel 5.4

a) Im Beispiel 5.3a, Bild B 5.3a bis c, ist eine Zeichenfolge in drei verschiedenen
Codierungen dargestellt. Aufgrund der Dauer der einzelnen Codeelemente beanspruchen
die drei diskreten Signale bei der Übertragung unterschiedliche Bandbreiten entsprechend Gl.(5.11) und unterschiedliche Stufenzahlen q nach Gl.(5.13b). In allen
drei Fällen, nämlich mit a) $F = F_p$, $q = k = 16$, b) $F = 2F_p$, $q = n = 4$ und c) $F = 4F_p$,
$q = n = 2$ benötigt man die gleiche Signalkapazität nach Gl.(5.14a)

$$C = 4\,F_p \quad \text{(bit/sec)} \quad ,$$

da die Signale gleichen Signalfluß haben. Die Vorderfläche des Nachrichtenquaders
in Bild 5.2 hat in allen drei Fällen den gleichen Flächeninhalt, jedoch völlig verschiedene Abmessungen (Bild B 5.4).

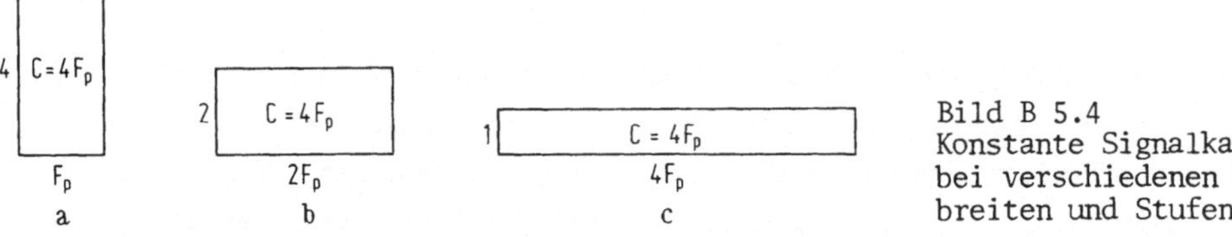

Bild B 5.4
Konstante Signalkapazität
bei verschiedenen Band-
breiten und Stufenzahlen

Hieran erkennt man die Möglichkeiten der Anpassung zwischen Signalfluß und Signalkapazität entsprechend Gl.(5.15b). Bild B 5.3 in Beispiel 5.3 verdeutlicht den dabei stattfindenden Austausch zwischen Bandbreite und Signalleistung. Mit zunehmender Bandbreite nimmt der Amplitudenbereich s_q und damit die Signalleistung (vgl.
Abschnitt 5.5) ab. Soll dabei die Fehlerwahrscheinlichkeit nach Gl.(5.13a) ungeändert bleiben, muß das Argument der Q-Funktion konstant sein, d.h. die Stufenbreite
Δs mit der Wurzel aus der Bandbreite F ansteigen *). Dies ist in Bild B 5.3 berücksichtigt: Die Stufenbreite Δs beträgt im Fall b das $\sqrt{2}$-fache und im Fall c das Doppelte des Wertes aus Fall a.

Wie in den Beispielen 5.1 und 5.3 kann man auch hier den Fall n = 4 als die ursprüngliche Zeichenfolge betrachten. Dann wird deutlich, daß die Codierung eine Anpassung nach beiden Seiten ermöglicht, daß also die zur Übertragung benötigte Bandbreite sowohl größer als auch kleiner sein kann als die der ursprünglichen Zeichenfolge.

---

*) Laut Fußnote zu Gl.(5.13a) gilt dies für kleine Stufenzahlen q nicht exakt. Die
Abweichung im Argument der Q-Funktion ist jedoch bei kleinen Fehlerwahrscheinlichkeiten P(F) äußerst gering, wie man z.B. aus Tab.2.5a ersehen kann. Zur Fehlerwahrscheinlichkeit nach der Decodierung vgl. Beispiel 5.5.

b) Im Beispiel 5.3c wurde der Signalfluß eines Fernsehsignals berechnet. Dieses ursprünglich analoge Signal hatte eine Bandbreite F = 2B = 10 MHz und einen Amplitudenbereich s_{max} = 10 V. Es war durch eine Rauschleistungsdichte N_W = 10^{-9} V^2/Hz gestört. Durch Vorgabe einer Fehlerwahrscheinlichkeit P(F) = 10^{-2} (nach Gl.(5.13a)) ergab sich eine Anzahl q $\approx$ 20 unterscheidbarer Amplitudenstufen nach Gl.(5.13b). Daraus folgte der im Beispiel 5.3c genannte Signalfluß R = 4,3 $\cdot$ 10^7 bit/sec. Es wurde betont, daß diese Größe kein absolutes, sondern ein an die zugelassene Fehlerwahrscheinlichkeit gebundenes Maß ist.

Dieses Signal beansprucht nach Gl.(5.15) einen Kanal mit der Signalkapazität C = R nach Gl.(5.14a). Dieser Kanal sei vorhanden, d.h. der Nachrichtenquader in Bild 5.2 habe eine "Vorderfläche" mit den Abmessungen F = 10 MHz und ld q = ld 20 = 4,3 bit. Beim Fernsehen werden nach Beispiel 3.2 25 Bilder/sec übertragen; die dritte Dimension T des Nachrichtenquaders beträgt also T = 40 msec/Bild. Damit folgt der "Inhalt" I des Nachrichtenquaders, d.h. die Information I eines Fernsehbildes nach Gl. (5.14b) mit C = R zu:

$$I = T\,C = 1{,}72 \cdot 10^6 \text{ bit/Bild} \quad . \hspace{6cm} (*)$$

c) Die Weltraum-Bodenstation nach Beispiel 3.8b hat eine Bandbreite F = 10 Hz, eine Signalleistung P_s = 2 $\cdot$ 10^{-19} W und einen Rauschabstand v = 50. Welche Signalkapazität C nach Gl.(5.14a) ergibt sich daraus und welche Übertragungsdauer T benötigt man für ein Fernsehbild nach Teil b dieses Beispiels, d.h. für die Information I nach Gl.(*)? Als Vergleichsmaßstab diene die gleiche Fehlerwahrscheinlichkeit P(F) = 10^{-2}.

Zur Berechnung der Signalkapazität C nach Gl.(5.14a) benötigt man neben der gegebenen Bandbreite F die zunächst unbekannte Stufenzahl q. Diese folgt aus Gl.(5.13) nach einigen Umrechnungen:

Aus der gegebenen Signalleistung folgt nach Beispiel 3.7b, Gl.(****) unter den dort getroffenen Voraussetzungen

$$s_{max} = \sqrt{12 P_s} = 1{,}55 \cdot 10^{-9} \text{ V} \quad .$$

Aus Signalleistung und Rauschabstand findet man die Wurzel der Rauschleistung zu:

$$\sqrt{P_n} = \sqrt{P_s / v} = \sqrt{N_W F} = 0{,}63 \cdot 10^{-10} \text{ V} \quad .$$

Nun kann man aus der gegebenen Fehlerwahrscheinlichkeit die Stufenbreite Δs nach Gl. (5.13a) bestimmen

$$2Q\left(\frac{\Delta s}{2\sqrt{N_W F}}\right) = 2Q\left(\frac{\Delta s}{1{,}26 \cdot 10^{-10} \text{ V}}\right) = 10^{-2} \quad ,$$

bzw. mit Tab.2.5a:

$$\frac{\Delta s}{1,26 \cdot 10^{-10} \text{ V}} = 2,576 \qquad \text{oder} \qquad \Delta s = 3,25 \cdot 10^{-10} \text{ V} \quad .$$

Damit folgt aus Gl.(5.13b) die bei der hier vorgegebenen Fehlerwahrscheinlichkeit unterscheidbare Stufenzahl q zu

$$q = \frac{s_{max}}{\Delta s} = \frac{1,55 \cdot 10^{-9} \text{ V}}{3,25 \cdot 10^{-10} \text{ V}} = 4,76 \quad ,$$

und mit der Bandbreite F die Signalkapazität C nach Gl.(5.14a) zu

$$C = F \text{ ld } q = 10 \cdot 2,25 \text{ bit/sec} = 22,5 \text{ bit/sec} \quad .$$

Diese Kapazität steht nach Gl.(5.15) in krassem Mißverhältnis zu dem in Teil a dieses Beispiels ermittelten Signalfluß von $R = 4,3 \cdot 10^7$ bit/sec. Die "Vorderfläche" des Nachrichtenquaders Bild 5.2 ist also äußerst klein. Zur geforderten Übertragung der Information I nach Gl.(*) muß sein Volumen jedoch erhalten bleiben, d.h. seine dritte Abmessung, die Übertragungsdauer T, muß entsprechend groß werden:

$$T = \frac{I}{C} = \frac{1,72 \cdot 10^6 \text{ bit/Bild}}{22,5 \text{ bit/sec}} = 7,6 \cdot 10^4 \text{ sec/Bild} \quad .$$

Rechnet man dieses Ergebnis mit 1 Stunde $= 3,6 \cdot 10^3$ sec um, so folgt

$$T = 21 \text{ Stunden/Bild} \quad .$$

Teil b und c dieses Beispiels sind eine Abschätzung der Verhältnisse bei der Übertragung einer Nachricht vorgegebenen Informationsgehaltes I über zwei Nachrichtenkanäle extrem verschiedener Signalkapazität C. Die Nachricht bestand aus einem Fernsehbild mit 625 Zeilen mit den üblichen Anforderungen an die "Schärfe" (Beispiel 3.2) sowie an die Störfreiheit (Beispiel 3.8a). Als Vergleichsmaßstab diente die gleiche Fehlerwahrscheinlichkeit. Der in Teil c betrachtete Empfang einer solchen Nachricht aus dem Weltraum durch eine Bodenstation nach Beispiel 3.8b führt auf die scheinbar absurde Übertragungsdauer von 21 Stunden pro Bild. Als historisches Beispiel möge die erste Übertragung von Bildern des Planeten Mars durch eine Raumsonde (Mariner 4) dienen. Die Bodenstation hatte etwa die hier zugrundegelegten Daten; die Bilder waren von geringerer Qualität als hier angenommen. Die Übertragung eines Bildes dauerte 8,4 Stunden.

An dieser Stelle muß auf die Bemerkung am Schluß des Beispiels 3.8 zurückverwiesen werden. Bei den Ergebnissen in Teil b und c sind die Rauscheigenschaften des verwendeten Modulationsverfahrens nicht berücksichtigt. Signal- und Rauschleistung an

der Antenne wurden mit Signal- und Rauschleistung nach der Demodulation gleichgesetzt. Dies ist nur dann richtig, wenn die betrachteten Rauschabstände durch die Demodulation nicht geändert werden. In der Terminologie des Abschnittes 4.6.1 bedeutet
diese Voraussetzung, daß der primäre Rauschabstand v_p nach Gl.(4.29) identisch ist
mit dem Vergleichs-Rauschabstand v_0 nach Gl.(4.30). Dies ist gleichbedeutend mit einem Rauschabstandsgewinn $\gamma = 1$ nach Gl.(4.31). Trifft diese Voraussetzung nicht zu,
müssen die Ergebnisse mit dem tatsächlichen Rauschabstandsgewinn des verwendeten
Modulationsverfahrens korrigiert werden. ∎

Die bisherigen Erörterungen lassen scheinbar den Schluß zu, daß Nachrichtenübertragung prinzipiell nur mit Fehlern möglich ist. Wenn dies auch für alle praktischen
Systeme zutrifft, so hat diese Vorstellung durch die Informationstheorie [24] eine
fundamentale theoretische Erweiterung erfahren. Danach ist, selbst bei einem gestörten Übertragungskanal, eine Übertragung mit beliebig kleiner Fehlerwahrscheinlichkeit möglich, sofern der Signalfluß R nach Gl.(5.10) unterhalb einer durch die sog.
Kanalkapazität C_0 gegebenen Grenze bleibt:

$$R \le C_0 = F \; \text{ld} \sqrt{1 + v} \quad (\text{bit/sec}) \quad . \tag{5.17}$$

Dabei bedeutet v den Rauschabstand nach Gl.(5.12).

Diese Bedingung, die man zur Abgrenzung gegenüber dem Gesetz von Hartley (Gl.(5.14))
als *Kapazitätstheorem* von *Shannon* bezeichnet, liefert eine *absolute* Grenze für die
Übertragungsfähigkeit von Nachrichtensystemen, da sie - im Gegensatz zu Gl.(5.14a) -
nicht mehr an eine (willkürliche) Vorgabe einer Fehlerwahrscheinlichkeit gebunden
ist (vgl. etwa [26-29]). Die Kanalkapazität stellt eine theoretische Idealgrenze
dar, die nur unter speziellen (und praktisch kaum zu realisierenden) Bedingungen erreicht werden kann. Sie dient daher in der Regel nur als Vergleichsmaßstab für die
Übertragungsfähigkeit praktischer Systeme, die nach wie vor der durch Gl.(5.14a)
gegebenen Kapazität gehorchen. Diese Größe wird hier als Signalkapazität bezeichnet, um einer kritiklosen Gleichsetzung mit der Kanalkapazität Gl.(5.17) vorzubeu-
gen.

Zusammenfassung: Die bisherigen Abschnitte dieses Kapitels befaßten sich mit dem
Begriff der Information und der Fähigkeit von Nachrichtensystemen, Information zu
übertragen. Zunächst wurden die allgemein und in unterschiedlichem Sinne gebrauch-
ten Begriffe "Nachricht" bzw. "Information" präzisiert, und zwar mit Hilfe eines
Maßes für den Informationsgehalt eines Zeichens. Voraussetzung dafür ist die Charakterisierung einer Nachrichtenquelle durch ihre Zeichenmenge ("Repertoire", "Alphabet") und durch die Wahrscheinlichkeitsverteilung der Zeichen. Nur bei Kenntnis
dieser Daten kann man den Informationsgehalt eines Zeichens sowie den mittleren In-

förmationsgehalt pro Zeichen (die Entropie) angeben. Es sei noch einmal betont, daß
es sich hierbei um rein technische Maße handelt, die nichts über den subjektiven
Wert oder Unwert einer Nachricht aussagen.

Gemessen an der maximal möglichen Entropie (Entscheidungsgehalt) kann eine Nachrichtenquelle mehr oder weniger Redundanz (Weitschweifigkeit) aufweisen. Die Redundanz kann durch Codierung der Zeichen verändert werden. Als Vergleich dient dabei stets der Binärcode, d.h. die Länge der binären Codewörter. Ist die mittlere
Codewortlänge gleich der Entropie (dem mittleren Informationsgehalt) der Quelle,
so ist die Übertragung redundanzfrei. Ist sie größer, so ist die Übertragung redundant.

Aus der mittleren Codewortlänge pro Zeichen und der Dauer eines Zeichens folgt der
Begriff des Signalflusses. Dieser ist "wahr" oder "scheinbar", je nachdem ob die
Übertragung redundanzfrei ist oder nicht. Ein redundanzfreier Code beansprucht bei
der Übertragung nur so viele "Bit", wie es dem Informationsgehalt der Quelle entspricht; ein redundanter beansprucht dagegen mehr.

Das technische System hat jedoch in allen Fällen den durch eine gegebene Quelle und
eine gegebene Codierung bestimmten Signalfluß zu übertragen, sei dies nun ein wahrer
oder ein scheinbarer Informationsfluß. Seine Fähigkeit, dieser Aufgabe mit vorgegebener Fehlerwahrscheinlichkeit gerecht zu werden, ist praktisch durch seine Bandbreite und seinen Rauschabstand begrenzt. Diese beiden Größen bestimmen die Signalkapazität eines Nachrichtenkanals, die zusammen mit der Übertragungsdauer die insgesamt in diesem Zeitintervall übertragbare Information begrenzt. Diese Zusammenhänge lassen sich anschaulich am Modell des Nachrichtenquaders darstellen.

Wie bereits angedeutet, lassen sich die Bestimmungsstücke des Nachrichtenquaders,
nämlich Bandbreite, Rauschabstand und Übertragungsdauer, gegeneinander austauschen.
Dazu ist jeweils eine "Anpassung" des Signals an das Nachrichtensystem durch Umcodierung erforderlich. Ein geeignetes Verfahren hierzu ist die im folgenden besprochene Pulscodemodulation.

5.5 Pulscodemodulation

Wie schon im Abschnitt 4.1 erwähnt, zählt man die Pulscodemodulation(PCM) nicht zu
den üblichen Modulationsverfahren mit Pulsträger. Sie stellt vielmehr ein gesonder-
tes Übertragungsverfahren dar, weswegen sie bereits in Tab.1.1 und Abschnitt 1.2
getrennt aufgeführt wurde. Sie ist insbesondere auch als Bindeglied zwischen analogen zeitkontinuierlichen und digitalen zeitdiskreten Signalen (vgl. Abschnitt 2.1)
wichtig. Eine als PCM-Signal vorliegende Nachricht läßt sich stets "messen", d.h.
der Signalfluß oder der Signal- oder Informationsgehalt ist angebbar.

Die Grundlagen der PCM [31,14] sind in den bisherigen Abschnitten dieses Kapitels
implizit bereits enthalten, weswegen dieser Abschnitt lediglich noch einer zusam-
menfassenden Darstellung dienen möge. Die PCM basiert auf den im Abschnitt 5.4 genannten Beschränkungen durch Bandbreite und Rauschabstand, denen jedes praktische
Nachrichtensystem unterworfen ist. Dieser Gesichtspunkt soll hier noch einmal her-
ausgestellt werden.

Ein beliebiges zeitkontinuierliches und analoges (amplitudenkontinuierliches) Signal nach Abschnitt 2.1 unterliegt weder in Zeit- noch in Amplitudenrichtung irgend-
welchen Einschränkungen. Selbst in einem endlichen Zeit- und Amplitudenbereich bedarf es zu seiner Beschreibung in beiden Bereichen je einer nicht abzählbaren Menge
von Angaben. Technisch betrachtet hat es also eine unendlich große Bandbreite F und
eine unendliche Anzahl q von Amplitudenstufen. Zu seiner Übertragung wäre eine Signalkapazität C bzw. ein Informationsgehalt I nach Gl.(5.14) erforderlich, die - anschaulich ausgedrückt - in doppelter Hinsicht (F und q) unendlich sind. Die technische Übertragung eines solchen Signals ist deswegen - ebenfalls in doppelter Hinsicht - unmöglich, da jedes Nachrichtensystem den im Abschnitt 5.4 genannten Beschränkungen unterworfen ist. Hiervon wird bei der PCM Gebrauch gemacht.

Das Prinzip ist bereits im Abschnitt 1.2 anhand des Kanalmodells Tab.1.1 erklärt
worden. Zur Präzisierung sei dieses Kanalmodell entsprechend Bild 5.3 abgewandelt,
das allerdings nur die wichtigsten Teile eines PCM-Systems wiedergibt. Der Sender
besteht im wesentlichen aus Abtaster, Quantisierer und Codierer, der Empfänger aus
Regenerator, Decodierer und Tiefpaß. Die Einzelheiten werden im folgenden erörtert.
Zum Verständnis der Ausführungen ist dabei die durch Gl.(3.15) gegebene Äquivalenz
bandbegrenzter zeitkontinuierlicher Signale mit den entsprechenden zeitdiskreten Signalen zu beachten: Ein bandbegrenztes kontinuierliches Signal ist durch die Folge
seiner Abtastwerte (d.h. durch eine Folge von Zahlenwerten) vollständig beschrieben.
Es läßt sich aus diesen Abtastwerten durch Interpolation mit einem idealen Tiefpass
wieder rekonstruieren. Auch seine mittlere Leistung ist nach Beispiel 3.3c durch
diese Abtastwerte gegeben. Von dieser Äquivalenz wird im folgenden Gebrauch gemacht.

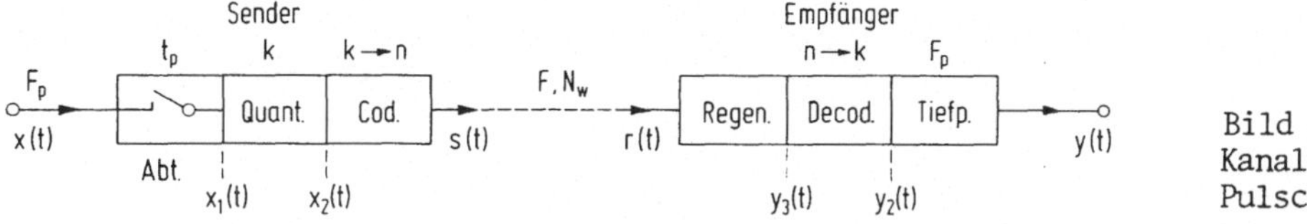

Bild 5.3
Kanalmodell für
Pulscodemodulation

Dem Sender wird das voraussetzungsgemäß auf die Bandbreite F_p begrenzte primäre Signal x(t) zugeführt. Ein *Abtaster* entnimmt diesem Signal Amplitudenproben im zeitlichen Abstand $t_p = 1/F_p$ nach Gl.(5.16). Damit ist zunächst die Bandbegrenzung des
Systems berücksichtigt. Es entsteht ein zeitdiskretes, aber immer noch analoges Sig-

nal $x_1(t)$ (vgl. etwa Bild 2.1b). Dieses Signal wird einem *Quantisierer* mit k Amplitudenstufen zugeführt, wodurch jedem (analogen) Abtastwert die nächstgelegene Amplitudenstufe k_i zugeordnet wird. Damit ist zusätzlich der Rauschabstand des Systems berücksichtigt. Es entsteht ein zeitdiskretes und digitales Signal $x_2(t)$ (vgl. Bild 2.1d oder Bild B 5.3a in Beispiel 5.3).

Damit ist zunächst der Hauptzweck der PCM erfüllt: Aus einem zeitkontinuierlichen analogen Signal ist eine Zeichenfolge mit endlicher Zeichenmenge k und mit der Zeichendauer $t_p = 1/F_p$ entstanden. Dadurch sind alle Möglichkeiten der Umcodierung in ein Signal $s(t)$ mit Hilfe des *Codierers* in Bild 5.3 und damit der Anpassung zwischen Signalfluß und Signalkapazität nach Gl.(5.15b) gegeben, wie sie bereits im Abschnitt 5.4 und in den Beispielen 5.4 und 5.3a dargestellt wurden. Man spricht im allgemeinen Fall von *n-stufiger* PCM. Unter PCM im engeren Sinne versteht man jedoch den Fall n = 2, d.h. die Übertragung im *Binärcode*.

Die PCM überträgt also, mit Hilfe der Codewörter des Signals $s(t)$, ausschließlich eine Folge von Zahlenwerten $x_2(t)$, nämlich fortlaufend in Abstand t_p die "Nummer" der jeweiligen Quantisierungsstufe k_i. Wie bereits im Abschnitt 1.2 ausgedrückt, wird dem Empfänger in regelmäßigen Abständen "telegrafiert", in welchem Quantisierungsbereich sich das primäre Signal gerade befindet.

Der eigentliche Kanal ist in Bild 5.3 nicht dargestellt. Die Zahlenfolge $s(t)$ kann nach Gl.(5.15b) durch einen Kanal der Bandbreite $F = F_p r_n$ und der Stufenzahl q = n übertragen werden, entweder direkt oder mit Hilfe eines Modulationsverfahrens. Setzt man auch hier einen Rauschabstandsgewinn $\gamma = 1$ voraus (vgl. die Bemerkung am Schluß des Beispiels 5.4), so enthält die aus dem demodulierten Signal gewonnene Zahlenfolge $r(t)$ gegenüber der Zahlenfolge $s(t)$ Störungen, die durch additives Rauschen der Leistungsdichte N_W innerhalb der Bandbreite F verursacht werden *).

Der *Regenerator* in Bild 5.3 arbeitet nach dem Prinzip der Signalerkennung (vgl. etwa Bild 3.9). Diese für die Eigenschaften der PCM wichtige Funktion ist nichts anderes als eine erneute Quantisierung. Sie eliminiert das Rauschen der Zahlenfolge $y_3(t)$, die gegenüber der Zahlenfolge $s(t)$ die Fehlerwahrscheinlichkeit P(F) nach Gl.(5.13) aufweist.

---

*) Ein weiteres Problem sind die linearen Verzerrungen im Kanal. Sie können dazu führen, daß sich in der rekonstruierten Zahlenfolge $r(t)$ die aufeinanderfolgenden Werte der gesendeten Zahlenfolge $s(t)$ gegenseitig beeinflussen. Diese als "Übersprechen" bzw. englisch als "intersymbol interference" bezeichnete Erscheinung (vgl. z.B. [14,22]) wird gemäß den im Abschnitt 4.1 getroffenen idealisierenden Voraussetzungen hier nicht erörtert.

Der *Decodierer* in Bild 5.3 decodiert die n-stufige Zahlenfolge $y_3(t)$ in die k-stufige Zeichenfolge $y_2(t)$. Deren Fehlerwahrscheinlichkeit $P_k(f)$ ergibt sich aus $P(F)$ für den praktisch wichtigen Fall $P(F) \ll 1$ sowie $n \leq k$ ($r_n \geq 1$) näherungsweise durch Multiplikation mit der Codewortlänge r_n (vgl. Beispiel 5.5):

$$P_k(F) \approx r_n P(F) \quad . \tag{5.18}$$

Wählt man die Fehlerwahrscheinlichkeiten hinreichend klein, so erhält man am Empfangsort eine praktisch störungsfreie Rekonstruktion $y_2(t)$ der gesendeten Zeichenfolge $x_2(t)$. Aus $y_2(t)$ läßt sich durch Interpolation mit einem idealen Tiefpaß der Bandbreite F_p nach Gl.(3.15) das kontinuierliche Empfangssignal $y(t)$ bilden.

Beispiel 5.5

Bei der Übertragung der n-stufigen Codewörter des Signals s(t) in Bild 5.3 über einen Kanal der Bandbreite F und der Stufenzahl q = n tritt die Fehlerwahrscheinlichkeit $P(F)$ nach Gl.(5.13) auf. Dies ist die Wahrscheinlichkeit für einen Fehler in einem Codeelement, d.h. die Wahrscheinlichkeit für das Ereignis "falsches Element". Die Wahrscheinlichkeit für das Ereignis "richtiges Element" ist nach Tab.2.1 die des Komplementes, nämlich 1 - $P(F)$. Ein Zeichen aus der Zeichenmenge k ist nur dann richtig, wenn alle Elemente des dazugehörigen Codewortes der Länge r_n richtig sind. Die Wahrscheinlichkeit für dieses Verbundereignis aus r_n statistisch unabhängigen Einzelereignissen ist nach Tab.2.1 das Produkt $[1 - P(F)]^{r_n}$. Die Wahrscheinlichkeit für einen Fehler in einem Zeichen erhält man dann wieder durch Komplementbildung zu

$$P_k(F) = 1 - [1 - P(F)]^{r_n} \quad . \tag{*}$$

Für $P(F) \ll 1$ geht dies mit der Näherung $(1 - \varepsilon)^p \approx 1 - p\varepsilon$ in Gl.(5.18) über.

Gl.(*) gilt für den praktisch wichtigen Fall $n \leq k$ ($r_n \geq 1$). Insbesondere nennt man bei der Übertragung im Binärcode (q = n = 2) die Größe $P(F)$ "Bitfehlerwahrscheinlichkeit" und die Größe $P_k(F)$ "Zeichenfehlerwahrscheinlichkeit".

Bei dem seltenen Fall der Codierung mit einer Stufenzahl n > k ($r_n < 1$) (vgl. Beispiele 5.1b, 5.3a und 5.4a) muß man damit rechnen, daß ein Fehler in einem n-stufigen Codeelement alle $1/r_n$ dazugehörigen Zeichen verfälscht. In diesem ungünstigen Fall ist dann $P_k(F) = P(F)$.

Auch für Gl.(5.18) gilt die in der Fußnote in Beispiel 5.4 gemachte Bemerkung, daß bei kleinen Fehlerwahrscheinlichkeiten ein Faktor vor der Q-Funktion bereits durch kleine Änderungen im Argument der Q-Funktion wettgemacht werden kann. Für mäßige Codewortlängen r_n kann man daher bei Überschlagsrechnungen auch für die Zeichenfeh-

lerwahrscheinlichkeiten die Gl.(5.13a) mit dem Gleichheitszeichen verwenden, zumal
sich die Abweichungen teilweise kompensieren. Für genauere Rechnungen kann Gl.(5.18)
bzw. Gl.(*) verwendet werden, wobei für P(F) der exakte Wert laut Fußnote zu Gl.
(5.13a) eingesetzt werden muß. ∎

Die PCM scheint also eine beliebig störungsarme Übertragung zu ermöglichen. Dies
trifft in der Tat zu, allerdings nur für die quantisierten Signale $y_2(t) \approx x_2(t)$.
Deren Quantisierung muß (bei sonst gegebenen Daten) nach Gl.(5.15b) um so "gröber",
d.h. die Zeichenmenge k muß um so kleiner sein, je fehlerfreier die Übertragung sein
soll. Die digitalen Werte $y_2(t) \approx x_2(t)$ entsprechen dann auch um so weniger den
analogen Abtastwerten $x_1(t)$. Im Empfänger sucht man vergeblich nach einem "Dequan-
tisierer" und damit nach einem Gegenstück zum Signal $x_1(t)$, da eine Quantisierung
nicht mehr rückgängig zu machen ist. Das Empfangssignal y(t) enthält daher gegenüber dem primären Signal x(t) die sog. Quantisierungsverzerrungen, die man auch
Quantisierungsgeräusch oder *Quantisierungsrauschen* nennt. An die Stelle der Rauschleistung bei analogen Signalen tritt demnach bei praktisch fehlerfreier Übertragung
durch PCM die Quantisierungsrauschleistung als maßgebende Größe für die "Güte" des
Signals.

Zur Erläuterung dieser Zusammenhänge werden im folgenden die Leistungsbeziehungen
zwischen analogen und digitalen Signalen betrachtet. Um die Ergebnisse allgemein
zu halten, wird als Stufenzahl des digitalen Signals die Größe q und als Stufenbreite die Größe Δs nach Gl.(5.13) verwendet, weil q nach Gl.(5.15b) sowohl k als auch
n bedeuten kann, wenn man das Gleichheitszeichen voraussetzt. Die Ergebnisse sind
dann mit q = k für das k-stufige quantisierte Signal und mit q = n für das n-stufige codierte Signal sinngemäß anwendbar (vgl. etwa Bild B 5.3 in Beispiel 5.3). Dabei gelten folgende (oft vereinfachende) *Voraussetzungen*:

Die Signale seien *bipolar*, ihre Amplitudenwerte innerhalb eines gegebenen Amplitudenbereiches seien *gleichwahrscheinlich*. Das Signal x(t) in Bild 5.4 stelle ein
analoges Signal mit diesen Eigenschaften dar. Es hat den Amplitudenbereich s_{max}
und nach Gl.(***) aus Beispiel 3.7b die mittlere Leistung

$$P_s = \frac{|s_{max}|^2}{12} = \frac{(\Delta s)^2}{12} q^2 \; . \tag{5.19}$$

Dabei wurde vorausgesetzt, daß es in q Stufen nach Gl.(5.13b) mit der Stufenbreite
Δs quantisiert wird (in Bild 5.4 ist q = 4 angenommen). Die Quantisierung bedeutet,
daß die Abtastwerte des quantisierten Signals, also etwa der Signale $y_2(t) \approx x_2(t)$
in Bild 5.3, jeweils die dem analogen Signal x(t) nächstgelegene Quantisierungsstufe
einnehmen, d.h. stets auf der in Bild 5.4 eingezeichneten Treppenkurve liegen müssen.
Das quantisierte Signal hat nur noch den Amplitudenbereich $s_q = s_{max} - \Delta s$ nach Gl.
(5.13b). Seine Abtastwerte nehmen voraussetzungsgemäß mit jeweils der gleichen Wahr-

scheinlichkeit 1/q eine der Quantisierungsstufen ein. Ihre Wahrscheinlichkeitsdichtefunktion ist also diskret (vgl. etwa Bild B 2.4/3 in Beispiel 2.4) mit Impul-
sen des Gewichtes 1/q an den Stellen $\pm$ $\Delta s/2$, $\pm$ 3 $\Delta s/2$,..., $\pm$ (q - 1) $\Delta s/2$. Die mittlere Leistung des quantisierten Signals ergibt sich damit nach Beispiel 3.3c, Gl.
(***) zu:

$$P_{sq} = \frac{2}{q}\left(\frac{\Delta s}{2}\right)^2 \left[1^2 + 3^2 + \ldots + (q - 1)^2\right] \quad .$$

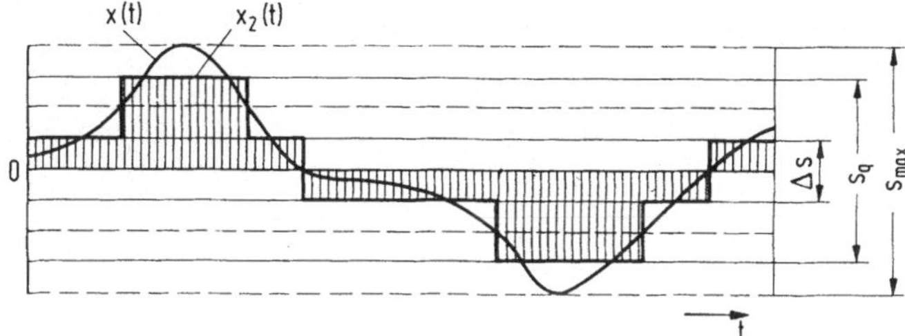

Bild 5.4 Quantisiertes Signal

Die Summe der Reihe in der eckigen Klammer (vgl. [23, S.137]) beträgt q $(q^2 - 1)/6$.
Damit ergibt sich

$$P_{sq} = \frac{(\Delta s)^2}{12} (q^2 - 1) \quad . \tag{5.20}$$

Diese Gleichung gibt ganz allgemein die Signalleistung eines bipolaren Signals mit
q gleichwahrscheinlichen Stufen im Abstand Δs an. Mit q = k erhält man z.B. für die
Größen in Bild 5.3 die Leistung der *quantisierten* Signale $x_2(t)$, $y_2(t)$ bzw. y(t),
mit q = n die im Kanal erforderliche Leistung zur Übertragung des *codierten* Signals s(t). Gl.(5.20) wurde zwar für eine gerade Stufenzahl q abgeleitet, gilt jedoch auch für ungerade Stufenzahlen.

Das analoge Signal x(t) in Bild 5.4 weicht um maximal $\pm$ $\Delta s/2$ vom quantisierten Signal $x_2(t)$ ab; die Abweichungen innerhalb dieses Bereiches sind voraussetzungsgemäß
gleichwahrscheinlich. Das Quantisierungsrauschen ist die mittlere Leistung dieser
Abweichung, die sich genauso berechnen läßt wie die Leistung eines bipolaren Signals mit dem Amplitudenbereich Δs. Es folgt daher aus dem linken Teil der Gl.(5.19)
nach Ersetzen von s_{max} durch Δs die Leistung des *Quantisierungsrauschens* zu

$$P_{nq} = \frac{(\Delta s)^2}{12} \quad . \tag{5.21}$$

Die "Güte" eines praktisch fehlerfrei übertragenen PCM-Signals wird demnach durch
den sog. *Quantisierungsrauschabstand* bestimmt. Man erhält ihn aus Gl.(5.20) und
(5.21):

$$\nu_q = \frac{P_{sq}}{P_{nq}} = q^2 - 1 \ . \tag{5.22}$$

Als Gütemaß verwendet man alternativ auch den sog. Quantisierungs-*Klirrfaktor*

$$\kappa_q = \frac{1}{\sqrt{\nu_q}} = \frac{1}{\sqrt{q^2 - 1}} \approx \frac{1}{q} \ , \tag{5.23}$$

wobei die Näherung für $q^2 \gg 1$ gilt. Aus Gl.(5.19) bis (5.21) folgt schließlich noch
die Leistungsbilanz:

$$P_s = P_{sq} + P_{nq} \ , \tag{5.24}$$

d.h. die Leistung des analogen Signals ist die Summe aus der Leistung des quantisierten Signals und der Leistung des Quantisierungsrauschens.

Zur Quantisierung sind noch einige Bemerkungen zu machen. Eine nach Bild 5.4 gewählte Quantisierung würde für $x(t) = 0$ (also etwa in Sprechpausen bei einem Fernsprechsignal) das sog. *Ruhegeräusch* aufweisen, da das Empfangssignal wegen des Rauschens
zufällig zwischen den Werten $\pm \Delta s/2$ schwanken würde. Das Ruhegeräusch vermeidet man,
indem man den nicht ausgesteuerten Zustand des Systems mit einer Quantisierungsstufe
gleichsetzt, also z.B. durch Hinzufügen einer Gleichspannung der Amplitude $\Delta s/2$ oder
durch Wahl einer ungeraden Anzahl von Quantisierungsstufen.

Ein weiteres Problem ist die bisher angenommene konstante Stufenbreite Δs. Ein zeit-
weise auftretendes Signal $x(t)$ geringerer Amplitude als s_{max} (also etwa leise Sprache beim Fernsprechen) nützt nur wenige Quantisierungsstufen aus und führt zu einem
relativ ungünstigen Quantisierungsrauschabstand nach Gl.(5.22). Aus diesem Grunde
kann man das primäre Signal vorverzerren, so daß die kleinen Amplituden bevorzugt
und die großen Amplituden durch einen sog. Kompressor benachteiligt werden. Am Empfangsort wird die Verzerrung durch einen sog. Expander wieder korrigiert. Die Ge-
samtanordnung von Kompressor und Expander bezeichnet man kurz als *Kompander*. Die
Wirkung ist die gleiche, als ob das unverzerrte Signal mit unterschiedlichen Stufenbreiten quantisiert würde, als ob also kleine Amplituden sehr "fein" und größere
Amplituden zunehmend "gröber" gestuft wären.

Das *Ergebnis* der bisherigen Betrachtungen lautet: Die PCM erlaubt die digitale
Übertragung analoger Signale und liefert ein rauschfreies Empfangssignal. Dafür
handelt man sich die auftretende Fehlerwahrscheinlichkeit und das Quantisierungs-

rauschen bzw. den Quantisierungs-Klirrfaktor ein. Man fragt sich daher, worin die
Vorteile der PCM bestehen.

Die wichtigsten Vorteile der PCM sollen durch eine abschließende *Näherungsbetrach-*
tung zusammenfassend besprochen und an Beispielen erläutert werden. Die Näherung
besteht darin, daß die Fehlerwahrscheinlichkeit stets nach Gl.(5.15a) berechnet wird
(vgl. Beispiel 5.5) und daß einige Zahlenwerte gerundet werden. Die Ergebnisse gelten ferner nur für Signale mit den bisher vorausgesetzten Eigenschaften (bipolar
mit gleichwahrscheinlichen Amplitudenstufen) sowie für konstante Stufenbreite.

Vorgegeben sei die Bandbreite F_p des primären Signals und der gewünschte Quantisierungsrauschabstand v_q nach Gl.(5.22) bzw.der Klirrfaktor κ_q nach Gl.(5.23). Dadurch liegt die erforderliche Zahl q = k der Quantisierungsstufen (die Zeichenmenge)
ebenfalls fest und der Signalfluß R bzw. die benötigte Signalkapazität C nach Gl.
(5.15b) ist bekannt: $R = F_p$ ld k. Für eine beliebige Codierung muß nach Gl.(5.15b)
der Kanal die Bandbreite

$$F = F_p \, r_n \tag{5.25}$$

und die Stufenzahl q = n haben, die sich nach Gl.(5.1) in der Zeichenmenge k ausdrücken läßt:

$$q = n = k^{1/r_n} \, . \tag{5.26}$$

Die Codewortlänge $r_n = F/F_p$ spielt offenbar die Rolle des *Bandbreitenbedarfs* der PCM
(in Analogie zu Gl.(4.27)). Die Stufenzahl n des Codes ändert sich sehr stark in Abhängigkeit von diesem Bandbreitenbedarf, nämlich nach einer Exponentialfunktion.

Betrachtet sei zunächst die Übertragung mit *konstanter Fehlerwahrscheinlichkeit,*
und zwar die praktisch fehlerfreie Übertragung. Hierunter versteht man $P(F) \approx 10^{-7}$ *).
Aus Gl.(5.13a) folgt dann nach Tab.2.5a für das Argument der Q-Funktion die Forderung

$$\frac{\Delta s}{2\sqrt{N_w F}} = 5{,}326 \tag{5.27}$$

---

*) Eine Vorstellung von dieser Fehlerwahrscheinlichkeit kann man sich etwa anhand
dieses Textes verschaffen: Bei rund 65 Buchstaben pro Zeile und 38 Zeilen pro Seite hat eine Seite etwa 2500 Buchstaben. Eine Fehlerwahrscheinlichkeit von 10^{-7} bedeutet dann, daß im Mittel auf 4000 Seiten nur ein falscher Buchstabe auftritt.

und man erhält durch Einsetzen von Δs in Gl.(5.20) die erforderliche Signalleistung
im Kanal zu

$$P_{sq} \approx 10 \; N_W \; F \; (q^2 - 1) \quad . \tag{5.28a}$$

Dabei wurde der sich ergebende Faktor 9,46 gleich 10 gesetzt. Führt man in diese
Gleichung die Größen nach Gl.(5.25) und Gl.(5.26) ein, so ergibt sich:

$$P_{sq} \approx 10 \; N_W \; F_p \; r_n \; (k^{2/r_n} - 1) \quad . \tag{5.28b}$$

Die erforderliche Signalleistung bei konstanter Fehlerwahrscheinlichkeit hängt bei
gegebenen Daten (F_p,k) des primären Signals und bei gegebener Rauschleistungsdichte
N_W nur noch von der Codewortlänge r_n (dem Bandbreitenbedarf) ab.

Gibt man dagegen *konstante Signalleistung* vor, so erhält man durch Einsetzen von Δs
aus Gl.(5.20) in Gl.(5.13a) die auftretende Fehlerwahrscheinlichkeit zu

$$P(F) = 2Q \left(\sqrt{\frac{3 P_{sq}}{N_W F (q^2 - 1)}} \right) \quad . \tag{5.29a}$$

Mit den Größen aus Gl.(5.25) und Gl.(5.26) ergibt sich hieraus:

$$P(F) = 2Q \left(\sqrt{\frac{3 P_{sq}}{N_W F_p r_n (k^{2/r_n} - 1)}} \right) \tag{5.29b}$$

Die Fehlerwahrscheinlichkeit bei konstanter Signalleistung hängt bei gegebenen Daten (F_p,k) des primären Signals und bei gegebener Rauschleistungsdichte N_W ebenfalls nur noch von der Codewortlänge r_n (dem Bandbreitenbedarf) ab.

Damit lassen sich die wichtigsten *Vorteile* der PCM erörtern:

a) Analoge Signale können digital übertragen werden. Die dabei auftretenden Störungen, nämlich Quantisierungsrauschen und Fehlerwahrscheinlichkeit, können hinreichend
klein gehalten werden. Durch geeignete Codierung kann der Signalfluß der Signalkapazität angepaßt werden. Dadurch kann ein primäres Signal der Bandbreite F_p nach
Gl.(5.25) sowohl über Kanäle *größerer* $(r_n > 1)$, als auch *kleinerer* $(r_n < 1)$ Bandbreite F übertragen werden. Der Bandbreitenbedarf (die Codewortlänge r_n) geht dabei
außerordentlich stark in die benötigte Signalleistung nach Gl.(5.28b) oder in die
auftretende Fehlerwahrscheinlichkeit nach Gl.(5.29b) ein. Bereits eine geringfügige
Banderweiterung bringt eine erhebliche Reduktion der Signalleistung oder der Fehlerwahrscheinlichkeit, während eine Reduktion der Bandbreite die Signalleistung oder

die Fehlerwahrscheinlichkeit sehr rasch ansteigen läßt (Beispiel 5.6a). Aus diesem
Grunde wird praktisch nur von der Banderweiterung Gebrauch gemacht. Die Grenze stellt
der Binärcode dar, der die geringste Signalleistung benötigt oder die geringste Fehlerwahrscheinlichkeit aufweist. Im Vergleich mit anderen Modulationsverfahren, etwa mit der Winkelmodulation (WM), ergibt sich folgendes: Die WM gestattet nur eine
Banderweiterung, nicht jedoch eine Reduktion. Auch dort führt eine Banderweiterung
entweder zu einer Ersparnis an Signalleistung oder zu einer Verringerung der Störungen, wie man aus Gl.(4.81) erkennen kann. Die Grenze der Ausnutzbarkeit ist dabei
durch die FM-Schwelle gegeben. Jedoch ist bei der WM die Abhängigkeit bestenfalls
quadratisch, während sie bei der PCM laut Gl.(5.28b) nach einer Exponentialfunktion
bzw. laut Gl.(5.29b) nach der Q-Funktion verläuft. Die PCM hat daher einen wesentlich höheren "Gewinn" als Funktion der Banderweiterung, nämlich Ersparnis an Signalleistung oder Gewinn an Störfreiheit. Die Grenze der Ausnutzbarkeit ist dabei durch
den Binärcode gegeben. Von Rauschabstandsgewinn kann man dabei nicht sprechen, da
der Rauschabstand nach Gl.(5.22) nur von der Quantisierung, nicht jedoch von der
Übertragungsbandbreite abhängt. Weiterhin ermöglicht die PCM ggf. noch einen Austausch zwischen Signalkapazität und Übertragungsdauer, worauf bereits im Abschnitt
5.4 hingewiesen wurde (vgl. hierzu Beispiel 5.4c).

b) Ein Nachrichtensystem zur Überbrückung großer Entfernungen besteht in der Regel
aus mehreren Teilstrecken. Mit zunehmendem Abstand vom Sendeort wird die Nutzleistung mehr und mehr gedämpft. Die Länge einer Teilstrecke ist so zu bemessen, daß
die Nutzleistung gegenüber dem unterwegs eindringenden Rauschen noch hinreichend
groß bleibt. Bei analoger Übertragung muß die Nutzleistung am Ende jeder Teilstrecke
verstärkt, d.h. wieder auf den ursprünglichen Wert erhöht werden. Dabei wird unver-
meidlicherweise auch die Rauschleistung mit verstärkt; sie wächst proportional der
Anzahl der Teilstrecken. Bei der PCM dagegen wird das Signal am Ende jeder Teilstrecke nicht einfach verstärkt (denn das wäre kein Vorteil), sondern *regeneriert*
(vgl. Bild 5.3). Der Empfänger entscheidet (mit gewissen Fehlern) zwischen den einzelnen Codierungsstufen, bringt diese dann jedoch rauschfrei auf ihren ursprünglichen Abstand. Dadurch wächst zwar die Fehlerwahrscheinlichkeit (näherungsweise)
proportional der Anzahl der Teilstrecken, nicht aber die Rauschleistung. Das Quantisierungsrauschen dagegen bleibt unabhängig von der Anzahl der Teilstrecken. Dies
ist einer der entscheidenden Vorteile der PCM. Vgl. hierzu Beispiel 5.6b.

c) Durch Verwendung von PCM ist die Übertragung vieler primärer Signale über einen
Kanal im sog. *Zeitmultiplex* möglich (vgl. Abschnitt 1.2). Die Vorteile der PCM werden mit relativ hohem Aufwand für die Aufbereitung des Signals erkauft, der sich
für eine einzige Nachrichtenverbindung (also etwa für ein Ferngespräch) nicht lohnt.
Beim Zeitmultiplexverfahren werden mit Hilfe eines dem Abtaster in Bild 5.3 vorge-
schalteten Verteilers mehrere primäre Signale in zyklischer Folge abgetastet, ihre

Abtastwerte also zeitlich "ineinandergeschachtelt". Im Empfänger sorgt ein synchron
laufender Verteiler hinter dem Decodierer für die Trennung, d.h. für die richtige
Zuordnung der zyklischen Folge von Abtastwerten zu den einzelnen Signalen. Der Signalfluß im Kanal bzw. die benötigte Signalkapazität wächst bei diesem Verfahren proportional der Anzahl der übertragenen Signale. Vgl. hierzu Beispiel 5.6c.

Bevor die genannten Vorteile der PCM durch einige Zahlenbeispiele veranschaulicht
werden, folgt abschließend noch ein *Vergleich* der Signalkapazität eines PCM-Kanals
mit dem theoretischen Wert der Kanalkapazität nach Gl.(5.17). Er ergibt sich für
praktisch fehlerfreie Übertragung nach Gl.(5.27) unmittelbar aus Gl.(5.28a). Löst
man nach der Stufenzahl q auf, so ergibt sich

$$q \approx \sqrt{1 + 0{,}1\nu} \quad . \tag{5.30}$$

Dabei wurde das Verhältnis der Signalleistung P_{sq} zur Rauschleistung $N_w F$ definitionsgemäß gleich dem Rauschabstand ν nach Gl.(5.12) gesetzt. Mit diesem Wert für q
ergibt sich für die Signalkapazität aus Gl.(5.14a)

$$C \approx F \, \mathrm{ld} \sqrt{1 + 0{,}1\nu} \quad (\mathrm{bit/sec}) \quad . \tag{5.31}$$

Diese Gleichung entspricht bis auf den Faktor 0,1 der theoretischen Kanalkapazität
nach Gl.(5.17) und besagt: Ein PCM-System braucht für eine praktisch fehlerfreie
Übertragung (nämlich mit $P(F) = 10^{-7}$ nach Gl.(5.27)) rund die zehnfache Signalleistung gegenüber einem Idealsystem, das den theoretisch möglichen Maximalwert der
Signalkapazität, nämlich die Kanalkapazität C_0 nach Gl.(5.17) hat. Die PCM stellt
(im Vergleich mit anderen Übertragungsverfahren) eine gute Annäherung an den theoretischen Grenzfall dar. Dies liegt an der bereits erwähnten Tatsache, daß die PCM
eine vorgegebene Übertragungsbandbreite besser ausnützt als andere Übertragungsverfahren.

Beispiel 5.6

a) Die Abhängigkeit der Signalleistung nach Gl.(5.28b) oder der Fehlerwahrscheinlichkeit nach Gl.(5.29b) von der Bandbreite F bzw. Codewortlänge r_n nach Gl.(5.25)
soll an einem Zahlenbeispiel verdeutlicht werden. Die Daten sind willkürlich angenommen und nicht an einem praktischen Beispiel orientiert, da sie nur dem Vergleich
dienen.

Ein primäres Signal der Bandbreite $F_p = 10^3$ Hz soll mit PCM mit einem Klirrfaktor
$\kappa_q = 0{,}07$ über einen Kanal mit der Rauschleistungsdichte $N_w = 10^{-6}$ W/Hz übertragen
werden. Der Kanal habe wahlweise die Bandbreiten α) $F = F_p = 10^3$ Hz, β) $F = 4F_p = 4 \cdot 10^3$ Hz und γ) $F = F_p/4 = 250$ Hz.

Mit dem gegebenen Klirrfaktor folgt aus Gl.(5.23) mit q = k die erforderliche Anzahl der Quantisierungsstufen, d.h. die Zeichenmenge k = 14,3. Mit Rücksicht auf die Umcodierung wählt man zweckmäßigerweise die nächsthöhere Zweierpotenz, in diesem Fall also k = 16.

Für die drei genannten Bandbreiten des Kanals findet man die Codewortlänge aus Gl. (5.25), die Stufenzahl des Codes aus Gl.(5.26), die Signalleistung aus Gl.(5.28b) und die Fehlerwahrscheinlichkeit aus Gl.(5.29b). Die Ergebnisse sind in Tab.B 5.6 zusammengestellt.

Tabelle B 5.6   Vergleich dreier Codierungen

Fall	F	r_n	n	P_{sq} $P(F) = 10^{-7}$	$P(F)$ $P_{sq} = 1$ W
α	F_p	1	16	2,55 W	$\approx 0,5\cdot 10^{-3}$
β	$4F_p$	4	2	0,12 W	$\to 0$
γ	$F_p/4$	1/4	65536	$1,07\cdot 10^7$ W	$\to 1$

Betrachtet sei zunächst die erforderliche Signalleistung P_{sq} bei konstanter Fehlerwahrscheinlichkeit $P(F) = 10^{-7}$. Das uncodierte Signal im Fall α benötigt einige Watt. Eine Banderweiterung um den Faktor 4 (Fall β) ermöglicht die Verwendung des Binärcodes und reduziert die Signalleistung um mehr als den Faktor 20. Eine Reduktion der Bandbreite um den Faktor 4 (Fall γ) führt auf eine absurd hohe Stufenzahl und erhöht die Signalleistung um etwa den Faktor 10^8 auf rund 10 Megawatt.

Betrachtet man dagegen die Fehlerwahrscheinlichkeit $P(F)$ bei (willkürlich angenommener) konstanter Signalleistung $P_{sq} = 1$ W, so ergibt sich im Fall α ein Wert von $P(F) \approx 0,5 \cdot 10^{-3}$. Die Banderweiterung bringt die Fehlerwahrscheinlichkeit praktisch völlig zum Verschwinden, da das Argument der Q-Funktion in Gl.(5.29b) etwa den Wert 16 annimmt (in Tab.2.5a nicht mehr enthalten). Die Bandreduktion führt zu total gestörter Übertragung, da das Argument der Q-Funktion die Größenordnung 10^{-3} annimmt.

Aus diesem Beispiel geht hervor, warum praktisch nur von der Banderweiterung Gebrauch gemacht wird: Die bei der Bandreduktion erforderliche Signalleistung ist nicht realisierbar bzw. die auftretende Fehlerwahrscheinlichkeit nicht tolerabel.

b) Als praktisch fehlerfreie Übertragung eines digitalen Signals betrachtet man den Wert $P(F) = 10^{-7}$. Nach Gl.(5.27) bedarf es hierzu des Verhältnisses

$$\frac{\Delta s}{2\sqrt{N_w F}} = 5,326 \ . \tag{*}$$

Man denke sich eine Nachrichtenverbindung aus 10 Teilstrecken zusammengesetzt. Jede dieser Teilstrecken sei durch weißes Rauschen der Leistungsdichte N_w gestört. Betrachtet werden zwei Fälle:

Fall 1: Am Ende jeder Teilstrecke erfolge eine einfache Verstärkung des Signals, so daß die Codierungsstufen wieder ihren ursprünglichen Abstand Δs einnehmen. Die Rauschleistung $N_w F$ wird dabei mit verstärkt, d.h. nach 10 Teilstrecken beträgt sie 10 $N_w F$. Für die gesamte Fehlerwahrscheinlichkeit folgt dann aus Gl.(5.13a) und Tab. 2.5a mit Gl.(*)

$$P(F) = 2Q\left(\frac{5,326}{\sqrt{10}}\right) \approx 2Q(1,7) > 10^{-1} \quad .$$

Die Nachrichtenverbindung ist damit extrem stark gestört (praktisch unbrauchbar). Der Einfluß müßte laut Gl.(5.29) durch eine Leistungserhöhung um den Faktor 10 korrigiert werden.

Fall 2: Am Ende jeder Teilstrecke erfolge eine Entscheidung zwischen den empfangenen Signalen. Diese kann nur mit der Fehlerwahrscheinlichkeit 10^{-7} erfolgen. Das Signal kann dann aber rauschfrei regeneriert werden. Bei 10 Teilstrecken summieren sich demnach nicht die Rauschleistungen, sondern die Fehlerwahrscheinlichkeiten, und es wird für die Gesamtstrecke:

$$P(F) = 10 \cdot 10^{-7} = 10^{-6} \quad .$$

Die Störungen sind nach wie vor gering. Der Einfluß läßt sich laut Tab. 2.5a durch eine Erhöhung des Arguments der Q-Funktion um ca. 9% korrigieren, was nach Gl.(5.29) einer Leistungserhöhung von ca. 18% entspricht.

c) In Beispiel 3.3a wurde die Abtastrate für ein Fernsprechsignal angegeben. Mit den Bezeichnungen dieses Abschnittes lautet sie

$$t_p = \frac{1}{F_p} = 125 \text{ µsec} \quad , \tag{**}$$

was einer Bandbreite F_p = 8 kHz entspricht. Wünscht man einen Klirrfaktor unter 0,5%, so ist die Anzahl k der Quantisierungsstufen nach Gl.(5.23) zu k = q > 200 zu wählen. Bei der Übertragung von Ferngesprächen wählt man die nächsthöhere Zweierpotenz, nämlich

$$k = 256 \quad .$$

Jeder Amplitudenwert benötigt dann nach Gl.(5.9b) eine binäre Codewortlänge von $r_0 = ld\ k = 8$ bit/Zeichen. Der Signalfluß folgt aus Gl.(5.15b) zu:

$$R = F_p\ ld\ k = 6{,}4 \cdot 10^4\ \text{bit/sec}\ \ .$$

Ein Binärkanal mit $q = 2$ benötigt laut Gl.(5.15b) eine Übertragungsbreite von $F = F_p\ r_0 = 6{,}4 \cdot 10^4\ \text{Hz} = 64\ \text{kHz}\ (B = 32\ \text{kHz})$.

Wie bereits erwähnt, lohnt sich die Übertragung eines einzigen Ferngespräches über ein PCM-System nicht. Man läßt vielmehr den Abtaster in Bild 5.3 z verschiedene Fernsprechsignale nacheinander abtasten. Für jeden dieser Abtastwerte steht dann nur noch die Zeichendauer $t_p\ /z$ (mit t_p nach Gl.(**)) zur Verfügung. Dies entspricht einer scheinbaren Bandbreite $z \cdot F_p$ des primären Signals. Signalfluß und Übertragungsbandbreite erhöhen sich um den Faktor z.

Für $z = 32$ z.B. ergibt sich ein Signalfluß von ca. $2 \cdot 10^6$ bit/sec = 2 Mbit/sec und eine Übertragungsbandbreite des Binärkanals von ca. $2 \cdot 10^6$ Hz = 2 MHz $(B = 1\ \text{MHz})$. ∎

5.6 Zusammenfassung

Der Zweck eines Nachrichtensystems, wie es etwa im Kanalmodell Tab.1.1 dargestellt wurde, ist die Übertragung von Zeichen (Symbolen) von der Nachrichtenquelle zur Nachrichtensenke. Die Zeichen entstammen einem der Quelle und Senke gemeinsamen Zeichenvorrat, der sog. Zeichenmenge. Beschränkt man sich auf *diskrete* Quellen, d.h. solche mit *endlicher Zeichenmenge*, so läßt sich die Auswahl eines Zeichens, d.h. jedes von der Quelle gesendete Zeichen, durch ein digitales Signal eindeutig kennzeichnen. Dieses Signal kann eine unterschiedliche Anzahl von Zuständen, d.h. unterschiedliche *Stufenzahl* haben und besteht demgemäß aus einer unterschiedlichen Anzahl aufeinanderfolgender Elemente, hat also eine bestimmte *Codewortlänge*. Der Zusammenhang zwischen Stufenzahl und Codewortlänge gehorcht den Regeln der Kombinatorik. Die Auswahl eines Zeichens mit Hilfe solcher digitaler Signale nennt man *Codierung*. Da Stufenzahl und Codewortlänge verschieden wählbar sind, lassen sich die Zeichen auch umcodieren, wobei insbesondere der *Binärcode* (Stufenzahl 2) praktisch und theoretisch wichtig ist. Jedes Zeichen aus einer endlichen Zeichenmenge kann daher durch ein binäres Codewort endlicher Länge, d.h. durch eine endliche Anzahl sog. *Binärentscheidungen* (bit) ausgewählt werden. Diese Anzahl nennt man den *Entscheidungsgehalt* der Quelle.

Aus der A-priori-Wahrscheinlichkeit, mit der ein bestimmtes Zeichen auftritt, definiert man ein technisches Maß für seinen *Informationsgehalt*, der sich ebenfalls in bit angeben läßt. Ein Zeichen hat einen um so größeren Informationsgehalt, je weniger wahrscheinlich es ist. Den statistischen Mittelwert des Informationsgehaltes aller Zeichen nennt man die *Entropie* der Nachrichtenquelle. Für den Sonderfall, daß die Zeichen gleichwahrscheinlich sind, ist die Entropie identisch mit dem Entscheidungsgehalt. In allen anderen Fällen ist die Entropie stets kleiner. Als Maß für diese Abweichung definiert man die *Redundanz* der Nachrichtenquelle. Durch geeignete Codierung der Zeichen kann die Redundanz der Quelle bei der Übertragung verändert werden.

Sendet eine gegebene Quelle bei gegebener Codierung eine *Zeichenfolge* aus, so entsteht der *Signalfluß*, der sich in bit/sec angeben läßt. Für den Sonderfall redundanzfreier Übertragung ist er identisch mit dem *Informationsfluß*. Andernfalls ist er stets größer, weswegen man ihn auch den scheinbaren Nachrichtenfluß nennt.

Ein Nachrichtenkanal hat die Aufgabe, einen gegebenen Signalfluß zu übertragen. Seine Übertragungsfähigkeit ist durch endliche Bandbreite und endlichen Störabstand begrenzt und wird mit Hilfe der *Signalkapazität* gekennzeichnet. Die Signalkapazität ist *kein* absolutes Maß für die Übertragungsfähigkeit, da sie an eine vorgegebene Fehlerwahrscheinlichkeit gebunden ist. Der Signalfluß darf höchstens gleich der Signalkapazität sein, wenn diese Fehlerwahrscheinlichkeit nicht überschritten werden soll. Die Informationstheorie liefert zwar eine *absolute* obere Grenze für den übertragbaren Signalfluß, die sog. *Kanalkapazität*. Bis zu dieser Grenze kann dabei ein Signalfluß sogar *fehlerfrei* übertragen werden. Diese Grenze läßt sich praktisch nicht erreichen, sie kann jedoch als Vergleichsgröße für praktische Systeme dienen.

Ein Kanal gegebener Signalkapazität überträgt in einem gegebenen Zeitintervall eine bestimmte Information. Die hierfür maßgebenden Bestimmungsstücke lassen sich anschaulich am Modell des sog. Nachrichtenquaders darstellen. Kanaleigenschaften und Übertragungsdauer sind dabei in weiten Grenzen gegeneinander austauschbar.

Ein im Hinblick auf die Übertragungsfähigkeit von Nachrichtenkanälen besonders flexibles Übertragungsverfahren ist die *Pulscodemodulation* (PCM). Durch Abtasten, Quantisieren und Codieren ermöglicht sie eine digitale Übertragung analoger Signale, eine sehr weitgehende Anpassung des Signalflusses an die Signalkapazität und eine sehr gute Ausnutzung der Bandbreite eines Nachrichtenkanals. Das digitale Signal kann praktisch fehlerfrei übertragen werden, auch über zahlreiche Teilstrecken eines Nachrichtensystems. Durch geeignete Wahl der Codierung kann der Einfluß des Rauschens (und auch anderer Störungen) beliebig klein gehalten werden. Bei der Rekonstruktion des analogen Signals tritt dafür das Quantisierungsrauschen als Störung (Verzerrung) auf und bestimmt die Grenzen des Verfahrens.

Zu erwähnen sind noch gewisse *Abarten* der PCM, die sich in der Art der Codierung unterscheiden und deren Ziel es ist, die Redundanz zu vermindern. Bei der PCM wird jeder quantisierte Abtastwert mit voller Codewortlänge codiert und übertragen, ohne Rücksicht darauf, ob er sich von anderen (z.B. benachbarten) Abtastwerten stark unterscheidet oder nicht. Dies kann, je nach Quellenstatistik, zu großer Redundanz führen. Demgegenüber sendet man bei der sog. *Delta-Modulation* lediglich ein binäres Zeichen dafür, ob ein Abtastwert größer oder kleiner ist als der vorhergehende, arbeitet also mit einem extrem kurzen Code. Es ergibt sich dabei jedoch kaum ein Vorteil gegenüber der PCM, da für eine befriedigende Übertragung die Abtastfrequenz stark erhöht werden muß. Aus diesem Grund hat die Delta-Modulation auch wenig Verbreitung gefunden. Etwas anders arbeitet die sog. *Differenz-Pulscodemodulation* (DPCM). Hier wird aus vergangenen Abtastwerten ein Schätzwert für den jeweils folgenden Abtastwert gebildet, und es wird nur die Differenz zwischen dem wirklichen Abtastwert und diesem Schätzwert quantisiert und übertragen. Bei redundanter Quelle besitzt diese Differenz im Mittel eine geringere Dynamik und kann mit geringerer Stufenzahl quantisiert werden. Dadurch ergeben sich kürzere Codewörter und ein reduzierter Signalfluß (Datenkompression). Das Verfahren eignet sich vorwiegend für stark redundante Quellen, wie etwa Fernsehbilder [35] (Bildkompression). Es befindet sich noch in der Entwicklung und ist z.B. für das geplante Bildfernsprechen (Fernseh-Telefon) vorgesehen.

Die Ausführungen dieses Kapitels lassen sich abschließend und als Hinweis auf weiterführende Gedankengänge folgendermaßen zusammenfassen und einordnen:

Das *Problem der Nachrichtenübertragung* wurde im Abschnitt 1.3 durch die beiden Forderungen umrissen: a) Das Empfangssignal soll so gut wie erforderlich sein und b) dieses Ziel soll mit möglichst geringem Aufwand erreicht werden. Etwas später ergaben sich dort im Zusammenhang mit der *Optimalität* die beiden Fragen: 1. Worin besteht die zu übertragende Nachricht und 2. welches sind die Kriterien für eine optimale Übertragung und wie müssen entsprechende Systeme arbeiten? Diese beiden Fragen hängen direkt mit den beiden genannten Forderungen zusammen und werden durch die Shannonsche Informationstheorie bezüglich ihrer theoretischen Grenzen (nicht jedoch ihrer technischen Realisierung) beantwortet:

Frage 1 muß offensichtlich von der Forderung a) her beantwortet werden: Man braucht nicht mehr Information zu übertragen, als für die Güte des Signals erforderlich ist. Dies ist das Problem der sog. *Quellencodierung*. Bei diskreten (digitalen) Nachrichtenquellen, wie sie im Abschnitt 5.1 betrachtet wurden, liegt infolge endlicher Zeichendauer und endlicher Zeichenmenge die zu übertragende Nachricht fest. Hier reduziert sich das Problem auf die Suche nach dem der Quellenstatistik anzupassenden redundanzoptimalen Code (vgl. Beispiel 5.2). Anders bei kontinuierlichen (analogen Quellen, die z.B. die primären Signale für eine PCM-Übertragung liefern.

Die Zeichendauer folgt zwar bei bandbegrenzten Signalen aus dem Abtasttheorem, die
Zeichenmenge dagegen und damit der Signalfluß hängt von der Quantisierung, d.h. von
den zulässigen Verzerrungen ab. Selbst bei festgelegter Quantisierung überträgt man
jedoch im Falle redundanter Quellen einen unnötig großen Signalfluß (vgl. die in
dieser Zusammenfassung erwähnte DPCM). Alle diese Beispiele führen auf die eingangs
gestellte Frage zurück, nämlich wieviel Information bei einem festgelegten Gütemaß
mindestens übertragen werden muß. Die theoretische Grenze hierzu liefert die sog.
"rate-distortion theory" [36; 37]. Das Problem der Quellencodierung ist es, dieser
Grenze möglichst nahe zu kommen, d.h. die "Kompression" des Signalflusses auf das
unbedingt nötige Minimum zu erreichen.

Frage 2 schließlich muß von der Forderung b) her beantwortet werden: Man braucht
kein aufwendigeres Übertragungssystem zu verwenden, als es für einen gegebenen Signalfluß erforderlich ist. Dies ist das Problem der sog. *Kanalcodierung*. Es läßt
sich am Beispiel der PCM verdeutlichen, nämlich anhand der Möglichkeit, einen gegebenen Signalfluß einem gegebenen Kanal in weiten Grenzen anzupassen. Die theoretische Grenze für den über einen Kanal maximal übertragbaren Signalfluß liefert das
im Abschnitt 5.4 erwähnte *Kapazitätstheorem* [24], und es ist das Problem der Kanalcodierung, dieser Grenze möglichst nahe zu kommen, d.h. einen vorgegebenen Kanal
möglichst gut auszunützen.

Literaturverzeichnis

Im Text zitierte Literatur (in Reihenfolge der Zitate):

1 Feldtkeller, R.; Bosse, G.: Einführung in die Technik der Nachrichtenübertragung. 3. Aufl. Stuttgart: Wittwer 1968.

2 Gnedenko, B.W.: Lehrbuch der Wahrscheinlichkeitsrechnung. 3. Aufl. Berlin: Akademie-Verlag 1962.

3 Kreyszig, E.: Statistische Methoden und ihre Anwendungen. 3. Aufl. Göttingen: Vandenhoek & Ruprecht 1968.

4 Papoulis, A.: Probability, Random Variables and Stochastic Processes. New York: McGraw-Hill 1965.

5 Harmuth, H.F.: Transmission of Information by Orthogonal Functions. 2. Aufl. New York, Heidelberg, Berlin: Springer 1972.

6 Sansone, G.: Orthogonal Functions. New York: Interscience 1959.

7 Doetsch, G.: Anleitung zum praktischen Gebrauch der Laplace-Transformation und der z-Transformation. 3. Aufl. München: Oldenbourg 1967.

8 Wolf, H.: Lineare Systeme und Netzwerke. Berlin, Heidelberg, New York: Springer 1971 (Hochschultext).

9 Papoulis, A.: The Fourier Integral and its Applications. New York: McGraw-Hill 1962.

10 Marko, H.: Die Reziprozität von Zeit und Frequenz in der Nachrichtentechnik. Nachrichtentechn. Z. 9 (1956) 222-228, 266-271.

11 Baghdady, E.J. (Hrsg.): Lectures on Communication System Theory. New York: McGraw-Hill 1961.

12 Küpfmüller, K.: Die Systemtheorie der elektrischen Nachrichtenübertragung. 3. Aufl. Stuttgart: Hirzel 1968.

13 Wolf, H.: Über Phasen- und Gruppenlaufzeit. Nachrichtentechn. Z. 16 (1963) 457-460.

14 Hölzler, E.; Holzwarth, H.: Theorie und Technik der Pulsmodulation. Berlin, Göttingen, Heidelberg: Springer 1957

15 Wolf, H.: Über den Zusammenhang zwischen Bandbreite und Anstiegszeit. Elektronik 12 (1963) 303-308; mit Druckfehlerberichtigung in Elektronik 13 (1964) 22.

16 Bode, H.W.; Shannon, C.E.: A Simplified Derivation of Linear Least Squares Smoothing and Prediction Theory. Proc. IRE 38 (1950) 417-425.

17 Van Trees, H.L.: Detection, Estimation and Modulation Theory. New York: Wiley Teil I 1968, Teile II und III 1971.

18 Schwarz, R.J.; Friedland, B.: Linear Systems. New York: McGraw-Hill 1965.

19 Wozencraft, J.M.; Jacobs, I.M.: Principles of Communication Engineering. New York: Wiley 1967.

20 Bittel, H.; Storm, L.: Rauschen. Berlin, Heidelberg, New York: Springer 1971.

21 Kühne, F.: Modulationssysteme mit Sinusträger. Arch. f. elektr. Übertragung 24 (1970) 139-150 und 25 (1971) 117-128.

22 Schwartz, M.: Information Transmission, Modulation and Noise. 2. Aufl. New York: McGraw-Hill 1970.

23 Bronstein, I.N.; Semendjajew, K.A.: Taschenbuch der Mathematik. Leipzig: Teubner 1958.

24 Shannon, C.E.: A Mathematical Theory of Communication. Bell Syst. Techn. J. 27 (1948) 379-424, 623-657.

25 Raisbeck, G.: Informationstheorie. München: Oldenbourg 1970.

26 Steinbuch, K.; Rupprecht, W.: Nachrichtentechnik. 2. Aufl. Berlin, Heidelberg, New York: Springer 1973.

27 Fano, R.M.: Informationsübertragung. München: Oldenbourg 1966.

28 Harman, W.W.: Principles of the Statistical Theory of Communication. New York: McGraw-Hill 1963.

29 Fischer, F.A.: Einführung in die statistische Übertragungstheorie. Mannheim/ Zürich: Bibliographisches Institut 1969 (B.I-Hochschultaschenbücher Nr. 130/130a).

30 Meinke, H.; Gundlach, F.W.: Taschenbuch der Hochfrequenztechnik. 3. Aufl. Berlin, Göttingen, Heidelberg: Springer 1968.

31 Oliver, B.M.; Pierce, J.R.; Shannon, C.E.: The Philosophy of PCM. Proc. IRE 36 (1948) 1324-1332.

32 Healy, T.J.: An Electrical Network - Probability Theory Analogy. IEEE Trans. Education E-15 (1972) 60-63.

33 Kroschel, K.: Statistische Nachrichtentheorie, 1. Teil: Signalerkennung und Parameterschätzung. Berlin, Heidelberg, New York: Springer 1973 (Hochschultext).

34 Kroschel, K.: Statistische Nachrichtentheorie, 2. Teil: Signalschätzung. Berlin, Heidelberg, New York: Springer (im Druck) (Hochschultext).

35 O'Neal, J.B.: Predictive Quantizing Systems (Differential Pulse Code Modulation) for the Transmission of Television Signals. Bell Syst. Techn. J. 45 (1966) 689-721.

36 Shannon, C.E.: Coding Theorems for a Discrete Source with a Fidelity Criterion. IRE Nat. Conv. Record Teil 4 (1959) 142-163.

37 Berger, T.: Rate-Distortion Theory. Englewood Cliffs: Prentice Hall 1971.

Weitere Literatur:

Lange, F.H.: Signale und Systeme, Bd. 1, Braunschweig: und Bd. 3, Berlin: Verlag Technik 1971.

Wunsch, G.: Systemanalyse, Bd. II: Statistische Systemanalyse. Heidelberg: Hüthig 1970.

Cooper, G.R.; McGillem, C.D.: Methods of Signal and System Analysis. New York: Holt, Rinehart and Winston 1967.

Mix, D.F.: Random Signal Analysis. Reading, Mass.: Addison Wesley 1969.

Sakrison, D.: Communication Theory: Transmission of Waveforms and Digital Information. New York: Wiley 1968.

Fritzsche, G.: Theoretische Grundlagen der Nachrichtentechnik. Berlin: VEB Verlag Technik 1972.

Spataru, A.: Theorie der Informationsübertragung (Signale und Störungen). Braunschweig: Vieweg 1973.

Unbehauen, R.: Systemtheorie, eine Einführung für Ingenieure. München: Oldenbourg 1969.

Beneking, H.: Praxis des elektronischen Rauschens. Mannheim/Wien/Zürich: Bibliographisches Institut 1971 (B.I.-Hochschulskripten Nr. 734/734a-d).

Sachverzeichnis